Jedes Experiment ist mit einem karierten Grund unterlegt.

Experiment: Einen Deich testen

Material: *Getränkedose mit Sand gefüllt als Welle, flache Holzplatte als Deich, Holzbrett als Anlauffläche.*

Durchführung: *Ein Schüler lässt die „Dosenwelle" die Anlauffläche herunterrollen, während ein anderer die Holzplatte flach geneigt in den Weg hält.*

Beim nächsten Versuch wird der Deich viel steiler gegen die Rampe gehalten.

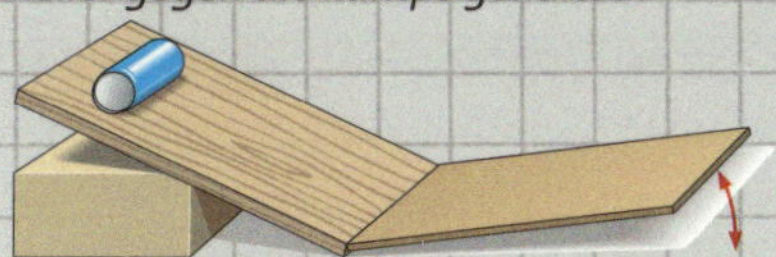

Auswertung: *Vergleicht die Beobachtungen der Versuche mit unterschiedlichem Neigungswinkel. Überlegt wie der Bau eines idealen Deiches aussehen müsste.*

→ Dieser Pfeil ist der Hinweis auf andere Seiten, wo du weitere wichtige Informationen zum Thema findest.

Neu im Medienverbund:
„TERRA Arbeitsheft"

Was diese Piktogramme bedeuten:

Teste dich selbst
Dieses Piktogramm findest du auf den Abschlussseiten. Lösungen zu den hier genannten Aufgaben stehen im Anhang.

Kaum zu glauben
Hier stehen außergewöhnliche Angaben zum jeweiligen Thema.

Leicht zu merken
Hier findest du interessante Tipps, wie du dir Wissen leicht aneignen kannst.

Mehr rund um TERRA im Internet unter:
www.klett-verlag.de/geographie/terra-extra

Und nun viel Spaß und gute Lernerfolge bei der Arbeit mit diesem Buch!

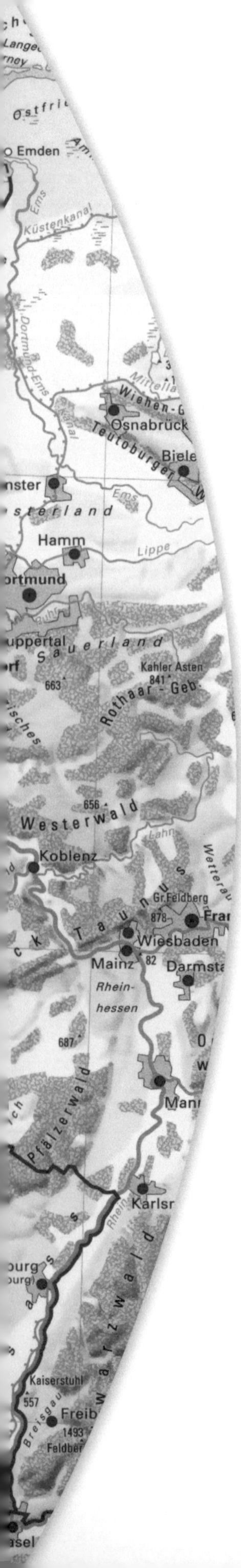

→ Impressum

Geographie 5/6

Herausgeber
Dieter Czekalla, Falkensee
Steffen Werner, Berlin

Autoren
Michele Barricelli, Berlin
Dieter Czekalla, Falkensee
Ute Gutt, Treuenbrietzen
Silke Pflüger, Berlin
Steffen Werner, Berlin

Mit Beiträgen von
Markus Altmann, Regensburg
Dr. Joachim Bierwirth, Neu-Anspach
Dr. Egbert Brodengeier, Lichtenberg
Dr. Michael Geiger, Landau
Helmut Geiger, Sonthofen
Tanja Götz, Sonthofen
Irina Gühl, Weinbach
Dr. Thomas Hoffmann, Achern-Sasbachried
Max Huber, Schierling
Siegfried Ketterl, Stephansposching
Bodo Lehnig, Großdubrau
Helmut Obermann, Ettlingen
Paul Palmen, Alsdorf
Herbert Paul, Asperg
Bernd Pohlers, Leipzig
Prof. Dr. Lothar Rother, Schwäbisch Gmünd
Günther Sagan, Petersberg
Dr. Andrea Schmidt, Dossenheim
Dr. Thomas Schneider, Augsburg
Joachim Schwab, Buchen
Barbara Smielowski, Bochum
Dr. Bernd Stallhofer, Regensburg
Herrmann Summer, Hohenpeißenberg
Michael Wehmöller, Ascheberg
Dr. Volker Wilhelmi, Mainz
Michael Wolfrum, Traitsching

1. Auflage
1 5 4 3 2 | 2009 2008 2007 2006

www.klett.de
ISBN 3-623-22110-4

Redaktion und Produktion
Jens Bickel, Dagmar Thume
Einband-Design und Layoutkonzept
pandesign, Büro für visuelle Kommunikation, Karlsruhe
Zeichnungen
Steffen Butz, Karlsruhe
Ulf S. Graupner, Berlin
Rudolf Hungreder, Leinfelden-Echterdingen
Diana Jäckel, Erfurt
Matthia Lux, Falkensee
Wolfgang Schaar, Stuttgart
Ursula Wedde, Göppingen
Satz und Reproduktion
dmz, Gotha

9 783623 221106

Geographie 5/6

Berlin, Brandenburg, Mecklenburg-Vorpommern, Thüringen

TERRA

Klett-Perthes Verlag
Gotha und Stuttgart

Inhalt

Geographie 5/6

Auf den Seiten „TERRA**Praxis**" lernst du interessante Projekte zum Mitmachen kennen.

Inhalt

Geographie 5/6

Im hinteren Buchdeckel
Karte: Europa politisch, mit Symbolen für die inhaltlich behandelten Orte

Unsere Erde

*Unsere Erde hat viele Gesichter. Auch die Lebensweisen ihrer Bewohner sind verschieden. Wir laden dich ein mit uns in deinem neuen Fach **Geographie** auf Entdeckungsreise zu gehen.*

Bochum
Essen-Kray
40
40
Essen
-Frillendorf
-Stoppenberg
100 m
200 m
SMILE
SMILE

1

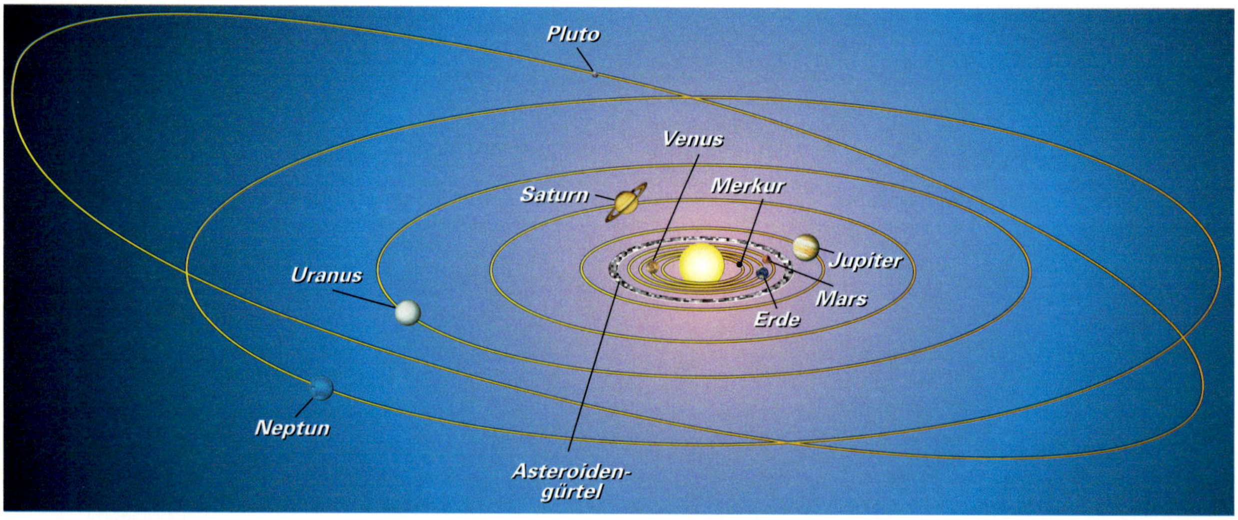

① ***Auf Umlaufbahnen kreisen die Erde und die anderen Planeten um die Sonne.***

② ***Weltbild im Mittelalter***

Kaum zu glauben

Der sonnenfernste Planet Pluto benötigt 248 Erdjahre für einen Umlauf um die Sonne.

Planet Erde

Lange glaubten die Menschen, die Erde sei der Mittelpunkt des Universums. In sehr alten Karten wird sie als Scheibe dargestellt. Seit etwa 500 Jahren haben Astronomen (Sternenforscher) mithilfe von Berechnungen und besseren Fernrohren bestätigt,

- dass die Erde ein kugelförmiger **Planet** ist, der zusammen mit acht weiteren Planeten die Sonne umkreist (**Erdrevolution**);
- dass sich die Erde um die „eigene Achse" dreht (**Erdrotation**);
- dass viele Planeten von Monden umkreist werden, und dass auch die Erde einen Mond hat.

Im Laufe der Jahrhunderte gelang es den Menschen immer mehr Einzelheiten über unser Sonnensystem zu erfahren. Riesige Weltraumfernrohre (Teleskope) wurden gebaut. 1961 umkreiste der erste Raumfahrer in einer Weltraumkapsel die Erde. Er berichtete: „Die Sonne ist hier um ein Vielfaches heller als auf der Erde. Der Weltraum selbst ist dunkel, die Sterne sind hell und deutlich. Ich sehe heute zum ersten Mal die Kugelgestalt der Erde."

1969 landete schließlich der erste Mensch auf dem Mond. Etwas bis dahin Unvorstellbares war für die Menschen Wirklichkeit geworden.

Heute umkreisen Tausende von Satelliten die Erde und übertragen Fotos, Telefonate, Wetterdaten und Fernsehbilder in jeden beliebigen Teil der Erde.

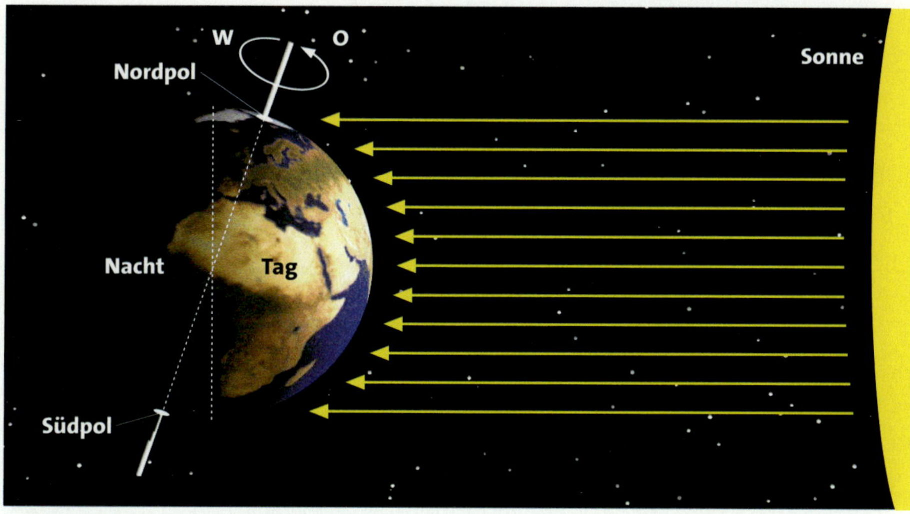

3 *Tag und Nacht auf der Erde*

Jahr und Monat – Tag und Nacht
Die heutige Einteilung der Zeit hat viel mit unserem Sonnensystem zu tun. Die Erde braucht 365 Tage und 6 Stunden, um einmal um die Sonne zu kreisen. Diese Zeitspanne nennen wir ein Jahr.
Der Mond braucht für einen Umlauf um die Erde etwa 28 Tage. Daraus hat man den „Monat“ abgeleitet.
Die Erde dreht sich in 24 Stunden einmal um ihre „eigene Achse“. Diese, auch **Erdachse** genannte gedachte Linie, verläuft vom Nordpol zum Südpol. Wir bemerken die Erddrehung jeden Tag mit dem Sonnenaufgang im Osten und dem Sonnenuntergang im Westen. Eine Hälfte der Erde wird jeweils von der Sonne beschienen (dort ist **Tag**), die andere bleibt im Dunkeln (dort ist **Nacht**), da sie von der Sonne abgewandt ist.
Selbst die Lufthülle bewegt sich mit der Erddrehung in einer atemberaubenden Geschwindigkeit von etwa 30 km pro Minute!

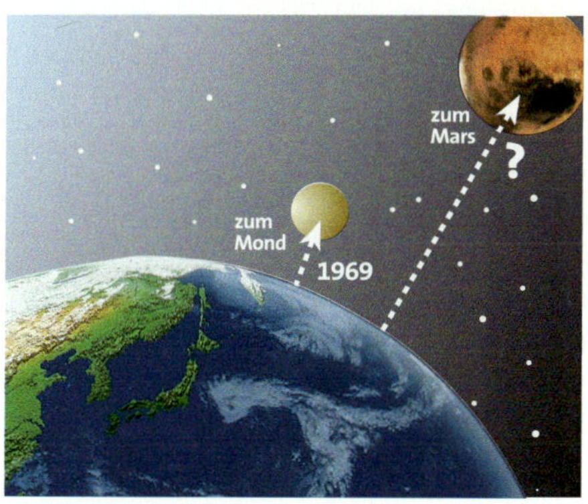

4 *Der Mensch erobert das Weltall*

1 *Satelliten können besser als Funktürme Telefongespräche oder Fernsehsendungen über große Entfernungen übermitteln. Warum ist dies so?*
2 *Warum kommt es alle vier Jahre zu einem „Schaltjahr“, das einen Tag mehr hat?*
3 *Wie kannst du dir mithilfe der Bewegung von Mond, Sonne und Erde „Vollmond“ sowie „abnehmenden Mond“ bzw. „zunehmenden Mond“ erklären?*

5 *Erscheinungsformen des Mondes*
Vollmond
abnehmender Mond
Neumond
zunehmender Mond

Leicht zu merken
Unser Gehirn kann sich komplizierte Sachverhalte durch einprägsame Zeichen besser merken.

a *abnehmender Mond*
z *zunehmender Mond*

1

2

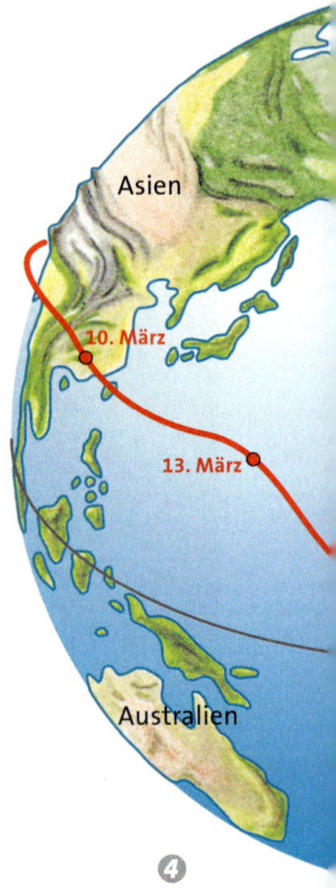

4

Kontinente und Ozeane

Leicht zu merken
Wenn du beim Lernen eine bestimmte Reihenfolge einhältst, kannst du dir den Lernstoff besser merken.

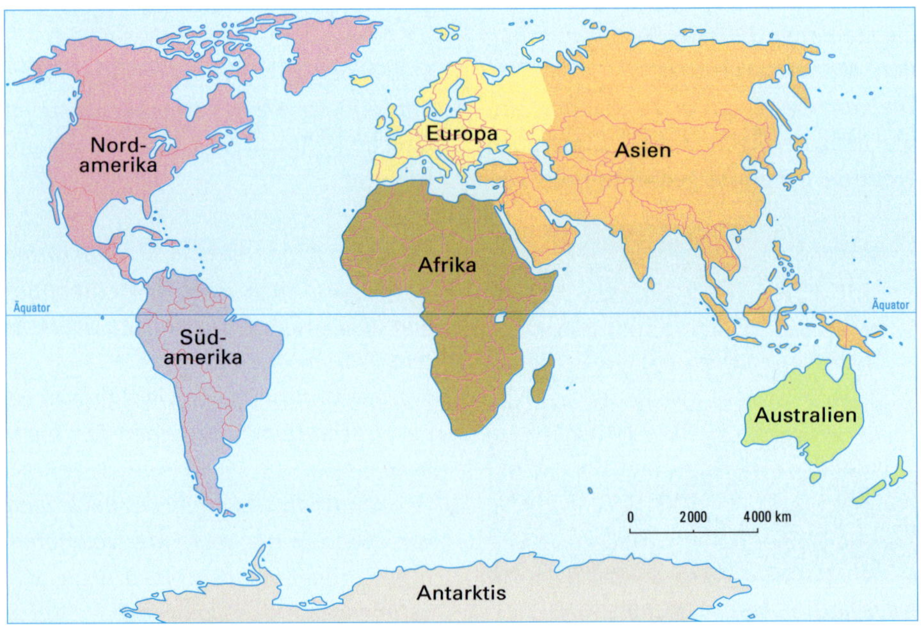

3 ***Die Kontinente der Erde***

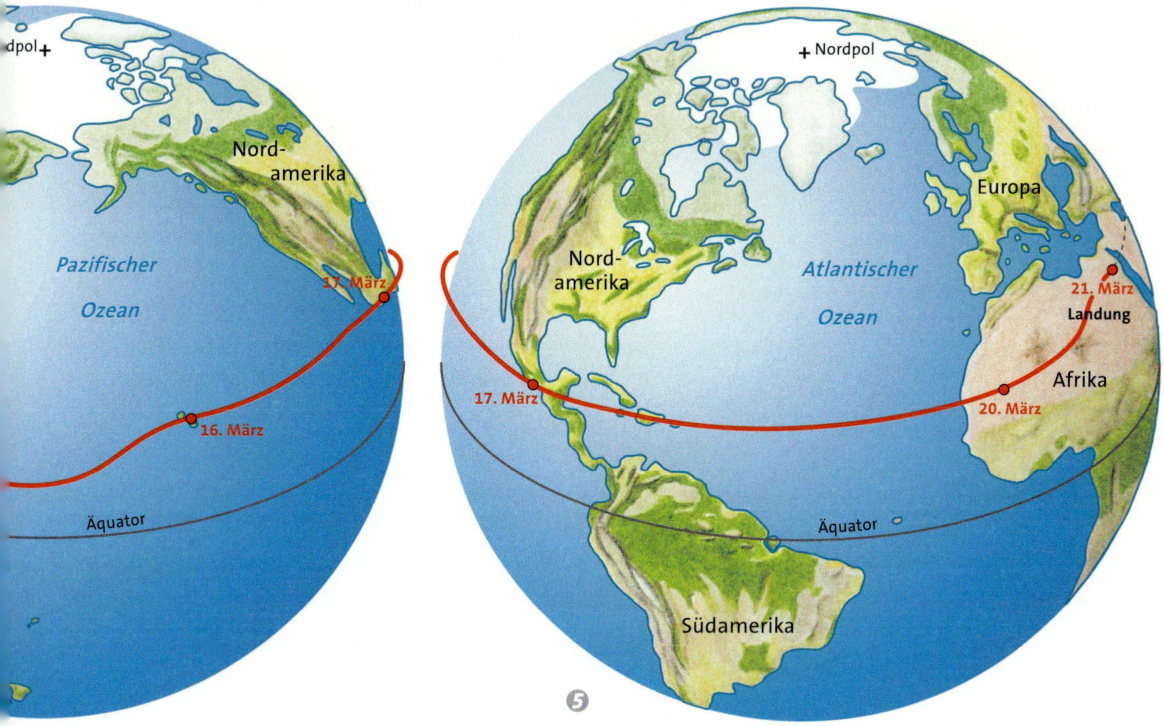

5

Am 1. März 1999 starteten Bertrand Picard und Brian Jones in einem kleinen schweizerischen Gebirgsort zu einem fantastischen Abenteuer. 20 Tage später landeten sie nach über 40 000 Kilometern in der ägyptischen Wüste. Als erste Menschen hatten sie die Erde ohne Zwischenlandung in einem Ballon umrundet.

Picard und Jones haben auf ihrer Ballonfahrt alle **Ozeane**, die Weltmeere, und fast alle **Kontinente**, die großen Landmassen der Erde, überquert. In einer Höhe von teilweise mehr als 10 km trieben sie nach Osten, bis sie die Windströmung in die Nähe des Ausgangspunktes ihrer Reise zurückführte. Die Weltumrundung war geschafft, als sie die Ziellinie im nordwestlichen Afrika passierten.

1 *Welche Kontinente haben die beiden Ballonfahrer bei ihrer Reise nicht überflogen?*

2 *Addiere mithilfe von Diagramm 6 die Flächen aller Kontinente und die Flächen aller Ozeane und vergleiche sie miteinander.*

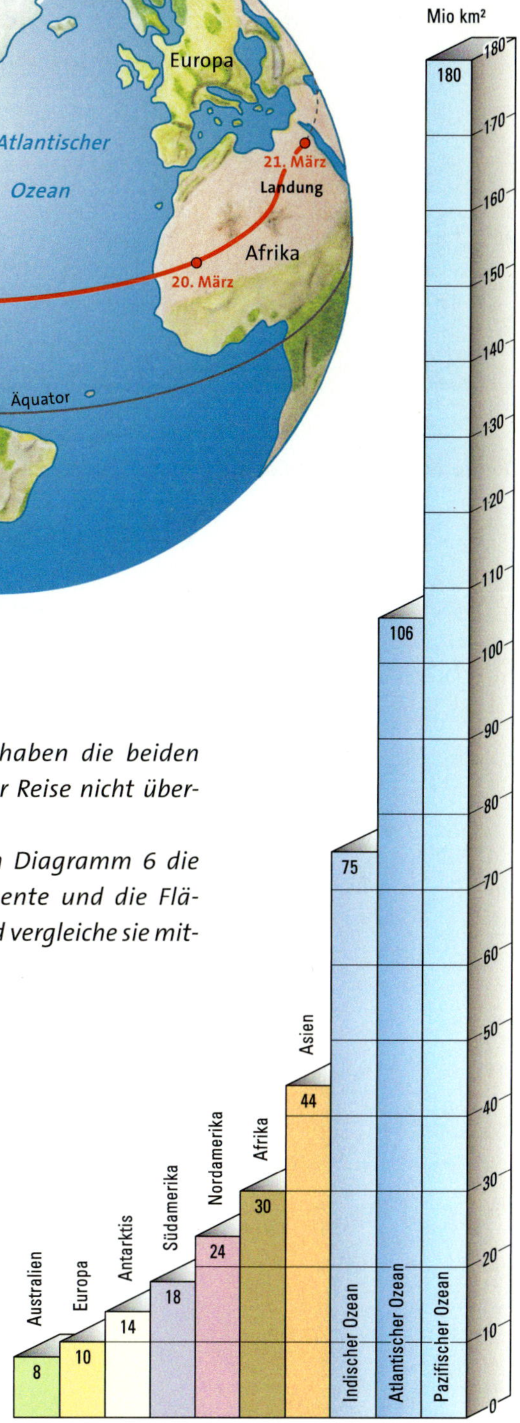

6 ***Die Flächengrößen der Kontinente und Ozeane***

1 *Der Untergang der Titanic*

In der Nacht vom 14. zum 15. April 1912 stößt um 23.40 Uhr das Passagierschiff Titanic auf dem Atlantik mit einem Eisberg zusammen. In den aufgeschlitzten Schiffsrumpf dringt sofort Wasser ein. Das Schiff mit 2206 Menschen an Bord beginnt zu sinken. Um 0.10 Uhr sendet der Funker das Notsignal und meldet seine Position, um in der Nähe fahrende Schiffe zu Hilfe zu rufen. Um 2.18 Uhr versinkt das Schiff. Kurz nach 4 Uhr erreicht die herbeieilende Carpathia die Unglücksstelle. Nur 705 Menschen werden gerettet. Wie konnte die Carpathia die Unglücksstelle finden?

3

Orientierung mit dem Gradnetz

Das Gradnetz der Erde

Auf dem **Globus** kannst du ein Netz von Linien, das **Gradnetz,** erkennen. Diese gedachten Linien benutzt man, um eine genaue Lage oder Position auf der Erde angeben zu können.

In west-östlicher Richtung umspannen die **Breitenkreise** die Erde. Der längste von ihnen heißt **Äquator**. Die Breitenkreise werden vom Äquator jeweils zum Nordpol und Südpol von 0 bis 90 durchnummeriert.

In nord-südlicher Richtung verlaufen die **Längenhalbkreise** oder **Meridiane** von **Pol** zum Pol. Vom **Nullmeridian**, der durch Greenwich bei London verläuft, nummeriert man die Meridiane nach Ost bzw. West jeweils von 0 bis 180. Für die Bestimmung der Lage des Punktes A in Grafik 2 kannst du sagen: 60° nördliche Breite und 20° westliche Länge. Oder kürzer: A liegt 60° N und 20° W. Oder noch kürzer gesagt: A: 60° N / 20° W.

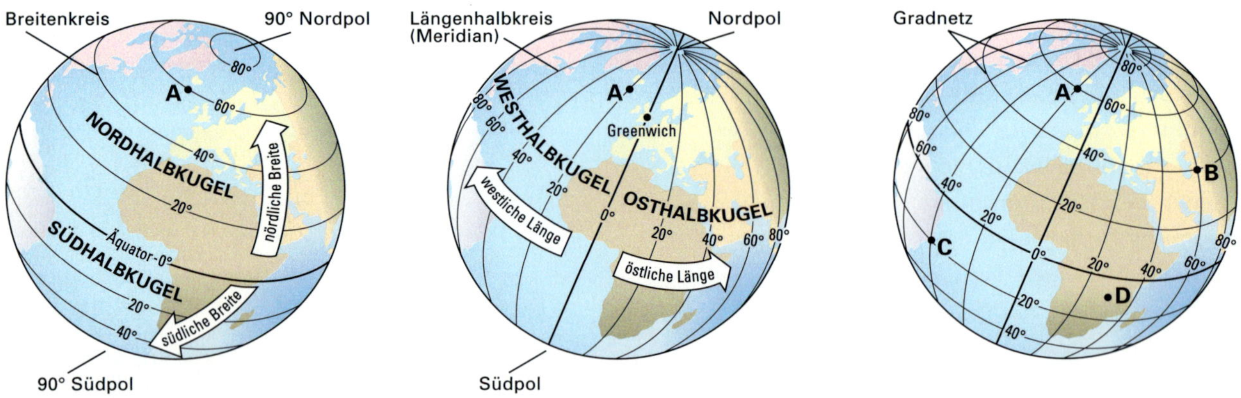

2 *Das Gradnetz der Erde*

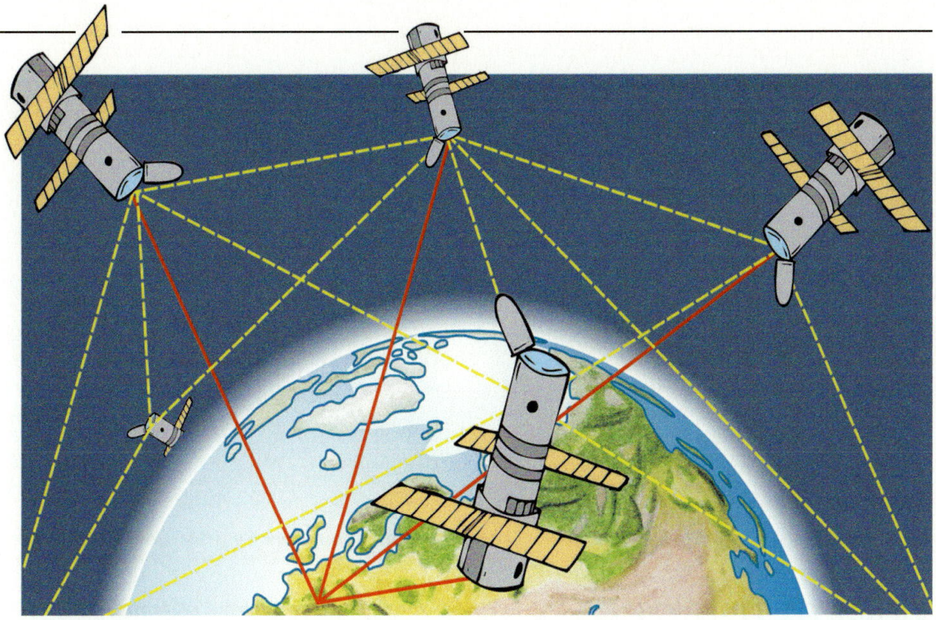

4 *Orientieren mit dem GPS*

5 *GPS-Empfänger*

Orientieren mit GPS

Seit 1993 kreisen 24 Satelliten in 20 200 km Höhe um die Erde und bilden zusammen mit Bodenstationen das erdumspannende Navigationssystem GPS (global positioning system). Dieses wird in Flugzeugen, Schiffen und Autos zur Standortbestimmung genutzt. Das GPS ist so aufgebaut, dass zu jeder Zeit und an jedem Ort der Erde die Signale von mindestens vier Satelliten empfangen werden können. So kann zum Beispiel ein Autofahrer mit einem GPS-Gerät aus der Laufzeit von mindestens drei Signalen seinen Standort genau bestimmen.

1 *Was findest du in deinem Atlas unter diesen Positionsangaben?*
A: 30°N/90°W
B: 60°N/45°W
C: 15°N/120°O
D: 30°S/32°O

2 *Ein Notsignal wird von der Position 0°/0° gesendet. Mit welchem Verkehrsmittel können die Rettungskräfte diesen Ort erreichen?*

Kaum zu glauben

Früher konnten sich die Seeleute hauptsächlich mit dem Kompass orientieren. Heute wissen wir, dass der magnetische Pol wandern kann.

➊ ***Eisbär auf einem Müllplatz in Churchill***

Christianskoog 22/23 DE1
Christmasinsel 92/93 C5
Chromtau 85/87 E4
Chubut 118 B4
Churchill, Stadt in
Kanada 106/107 J4
Churchill, Fluss zur
Hudson Bay 106/107 M4
Cienfuegos 108/109 E4
Cima dell' Argentera 60/61 I3
Cincinnati 108/109 E3

➌ ***Ausschnitt aus dem Register eines Atlas***

Wer mit dem Atlas richtig umgehen kann, wird schnell und sicher einen bestimmten Ort oder eine bestimmte Karte finden.
Im Atlas gibt es dazu drei wichtige Hilfsmittel:
1. das Inhaltsverzeichnis (Kartenverzeichnis),
2. die Kartenübersichten,
3. das Register (Verzeichnis geographischer Namen).

Wie du mit dem Atlas arbeitest

➋ **Die „Stadtstreicher" von Churchill**

Immer wenn es Winter wird, im Oktober, schweben die Menschen von Churchill Town in Lebensgefahr. Raubtiere im weißen Pelz streifen durch ihre Straßen. Auf der Suche nach bequemer Nahrung schlagen sich die „Stadtstreicher" auf den Müllplätzen der Stadt den Wanst voll. Ganz gefährlich wird es für die Bewohner, wenn die „weißen Ungetüme" die Mülltonnen an den Häusern plündern oder gar in ihre Häuser einbrechen.
Nach etwa zwei Monaten ist der Spuk vorbei. Mit schmutzigem Fell verlassen die „Stadtstreicher" Churchill und die Gegend um Churchill und ziehen sich auf die im Winter zugefrorene Hudson Bay zurück: In Churchill geht die gefürchtete „Eisbär-Saison" zu Ende.

Eine interessante Nachricht aus einer Zeitschrift. Aber weißt du, wo Churchill liegt?

Geographische Namen auffinden

Jeder Atlas enthält, alphabetisch angeordnet, ein Verzeichnis geographischer Namen wie Orte, Flüsse, Seen, Meere. Du nutzt dieses ***Register*** *(Abbildung 3) in folgender Weise:*

1. Schritt: *Suche zuerst den Namen im Register. Hinter dem Namen stehen drei Angaben. Die erste Zahl gibt die Kartenseite im Atlas an, die du aufschlagen musst, z. B. Churchill Seite 106/107. Die folgenden Zahlen geben ein Gradnetzfeld an, in dem das Objekt zu finden ist.*

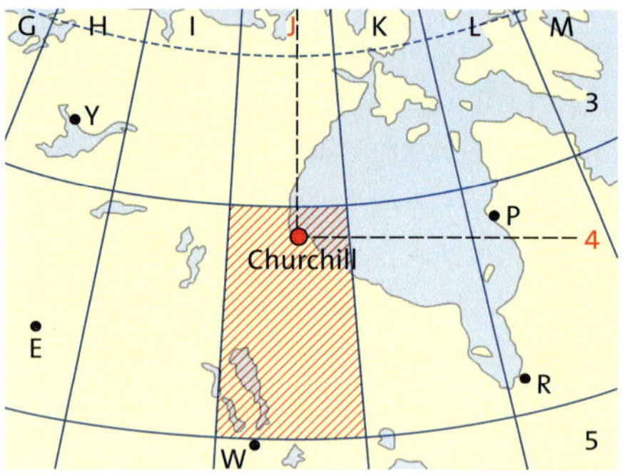

➍

2. Schritt: *Suche dann das angegebene Gradnetzfeld auf, z. B. für Churchill J4.*

3. Schritt: *Entnimm aus der Legende die Angaben über das Objekt, z. B. Churchill: Stadt in Kanada, am gleichnamigen Fluss, hat unter 100 000 Einwohner.*

5 **Singapur**

6 **Quito**

7 **Ayers Rock**

8 **Galapagosinseln**

Bestimmte Karten auffinden

*Der Atlas enthält wie dein Schulbuch ein Inhaltsverzeichnis, das auch Kartenverzeichnis genannt wird. Damit kannst du schnell eine ganz bestimmte **Karte** auffinden, z. B. eine Staatenkarte zu Europa. Denn für jede Karte werden das dargestellte Gebiet der Erde, das Thema und die Atlasseite angegeben.*

***1. Schritt:** Aufschlagen des Inhaltsverzeichnisses und Suchen des Kartenblocks „Europa" und der Staatenkarte.*

***2. Schritt:** Aufschlagen der angegebenen Seite und prüfen, ob die Karte auch die gesuchten Informationen enthält.*

1 *Lustige Namen und Zungenbrecher: Suche die Namen im Register, schlage die angegebenen Seiten auf und notiere:*

Name	ist was	liegt wo
Canberra	Stadt	Australien
Fuji-san		
Honolulu		
Mississippi		
Ouagadougou		
Popocatépetl		
Vatnajökull		
Wladiwostok		

2 *Fotos 5–8: Finde heraus, wo die Orte oder Gebiete liegen. Lege eine Tabelle an:*

Ort bzw. Gebiet	Atlasseite	Feld
Singapur	...	...
.		
.		
.		

3 *Suche in deinem Atlas:*
a) mithilfe des Inhaltsverzeichnisses die Karte „Europa: Landwirtschaft",
b) mithilfe der Kartenübersicht oder des Kartenweisers die Karte „Bergbau und Industrie Nordamerika".

Wortbedeutungen aufgeführter Orte

- *Canberra, austral.: „Treffpunkt"*
- *Fuji-san japan.: „Herr Berg"*
- *Honolulu polynesisch: „Geschützter Hafen"*
- *Mississippi indian.: „Großes Wasser"*
- *Ouagadougou Sprache der Volksgruppe Mossi: „Das Land der Ouaga" (Ouaga war im 15. Jahrhundert ein mächtiges Königreich)*
- *Popocatépetl aztekisch: „Rauchender Berg"*
- *Vatnajökull isländ.: „Wassergletscher"*
- *Wladiwostok russ.: „Beherrsche den Osten"*

1 *Inuit Levi*

4 *Siedlung der Inuit in Grönland*

2 *Schlittenhund*

3 *Karibu*

In den Polargebieten

Levi lebt im Norden Nordamerikas, in Kanada. Clyde River, seine Heimatstadt, liegt an der Küste der Baffin Insel, an der Baffin Bay. Levi ist ein Inuit. Dies sind die Ureinwohner Kanadas, Nordalaskas und Grönlands. In deren **Siedlungsräumen** fallen die Niederschläge meist als Schnee und das Meer ist fast ganzjährig mit einer dicken Eisschicht bedeckt. Der Winter ist sehr kalt und dunkel. Die Sonne geht nur für wenige Stunden auf. Im kurzen kühlen Sommer geht sie dafür tagelang nicht unter.

Aus dem Iglu ins Holzhaus

Die Inuit bezeichnen mit dem Wort „Iglu" alles, was bei uns Haus bedeutet. Bei uns hat sich der Name Iglu für den Schneebau eingebürgert. Es diente den Inuit vor allem als Unterkunft während der Jagd. Nur noch wenige Inuit beherrschen den Bau eines Iglu. Levi wohnt heute in einem gut beheizten Holzhaus auf Stelzen. Diese Bauform isoliert gegen die Kälte aus dem Boden und verhindert im Winter das Einschneien der Häuser. Zum Schutz gegen die kalten Winde und Schneestürme tragen die Inuit Parkas mit Pelz gefütterten Kapuzen. Die Füße schützen Snowboots, damit diese trotz der Minustemperaturen schön warm bleiben.

Das Polarmeer als Nahrungsquelle

Seit Generationen gehen die Inuit jagen und fischen. Fisch und Fleisch sind ihre Hauptnahrungsmittel. Früher wurde beides sogar roh gegessen.
Levis Vater arbeitet als Zimmermann. Im Winter, wenn weniger Arbeit anfällt, geht er gern auf Karibu- und Entenjagd. Im Sommer fährt er, wenn es seine Zeit erlaubt, mit Levi im Kanu auf Kabeljaufang. Er ist froh, dass er Arbeit hat. Viele seiner Nachbarn sind arbeitslos geworden und beziehen staatliche Unterstützung.

5 *Holzhaus der Iunit*

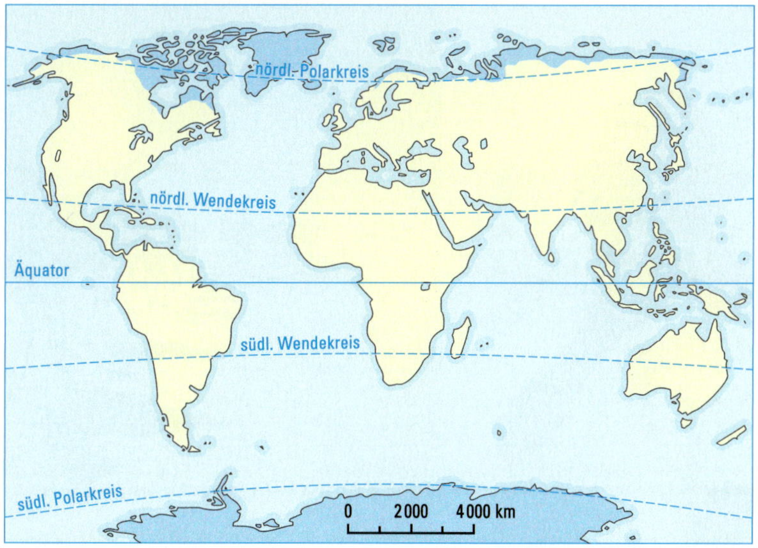

6 *Polargebiete der Erde*

Motorschlitten kontra Hundeschlitten

Das traditionelle Transportmittel war der Hundeschlitten. Diesen sieht man heute nur noch bei Hundeschlittenrennen und Vorführungen für Touristen. Als Transportmittel wurde er schon vor längerer Zeit durch das Schneemobil verdrängt. Das Schneemobil von Levis Vater hat einen Anhänger, damit kann er seine Jagdbeute und schwere Lasten über weite Strecken transportieren.

Lebensraum vieler Tiere

Levi lebt gern im Polargebiet. Er hat es gelernt, sich leise an die schnatternden Wildgänse auf den zugefrorenen Seen heranzuschleichen. Auch bei der Beobachtung der nach Gräsern suchenden Karibus hat er seine Ausdauer bewiesen. Bald darf er deshalb mit seinem Vater zur Jagd gehen. Vielleicht kann er dann auch in der Ferne eine Eisbärin mit ihren Jungen vorbeiziehen sehen.

Schule im Schnee

Seit seinem 6. Lebensjahr geht Levi regelmäßig zur Schule. Im Unterricht ist der Umgang mit Computern selbstverständlich geworden. Daneben lernt er Inukituk, eine alte Inuitsprache. Diese spricht er zu Hause und in der Schule, aber er versteht auch Englisch.

1 *Beschreibe mithilfe der Karte 6 die Verbreitung der Polargebiete der Erde.*

2 *Vergleiche die Lebensbedingungen von Levi mit deinen eigenen. Fertige dir dazu einen Stichwortzettel mit den Themen Wohnung, Bekleidung, Ernährung, Schule und Natur an.*

3 *Sammle selbst Informationen zur Entdeckung und Erforschung der Polargebiete der Erde. Nutze auch das Internet.*

7 *Iglu*

Kaum zu glauben

Im Winter ist das Eis auf den großen Flüssen so dick, dass man darauf Auto fahren kann.

❶ ***Tuaregmädchen Fatima***

❸ ***Salzkarawane der Tuareg***

❷ ***Dornbusch***

In der Wüste

Fatima lebt im Norden Malis. Sie gehört dem Stamm der Tuareg an. Die Tuareg sind ein wanderndes Hirtenvolk (Nomaden), welches im westlichen Teil der Sahara lebt. Die Sahara ist die größte Wüste der Erde. Hier sind die Tage sehr heiß und die Nächte sehr kalt. Oft regnet es jahrelang nicht.

Leben als Nomade

Mit ihren Kamelkarawanen und Ziegenherden ziehen die Tuareg stetig durch das Land. Fatimas Vater besitzt 20 Kamele, mit denen er Handelsgüter, besonders Salz, transportiert. Zum Schutz gegen die Sonne und den Sand trägt Fatima wie alle Tuareg ein um den Kopf geschlungenes Tuch, dazu meist ein besticktes Übergewand aus einem weiten, rechteckigen Tuchstück.

In der Wüste zu Hause

Fatimas Familie lebt noch sehr traditionell. Der Wohnplatz richtet sich nach dem Futterangebot für die Tiere. Finden die Ziegen und Schafe kein Futter mehr, ziehen die Tuareg weiter. Ihre Behausungen müssen daher transportabel sein. Um sich vor Sturm und Hitze zu schützen, wohnt Fatimas Familie in einem großen Lederzelt. Über ein selbststehendes Innengerüst sind 40 Ziegenhäute gespannt. Windschutzmatten aus Schilf bilden die Außenwände. Im Zelt gibt es eine klare Trennung zwischen Mann und Frau. In der Mitte steht das Bett. Auf der Männerseite befinden sich Schwerter, Sättel und das Zaumzeug. Fatima gehört auf die Frauenseite. Hier finden wir das Zubehör zum Kochen, die Geräte für die Milchverarbeitung und den Kleidersack.

Traditionsgemäß ist ihre Mutter Besitzerin des Zeltes. Sie kümmert sich um den Hausrat und um das Auf- und Abbauen des Zeltes. Tuaregfrauen sind sehr selbstbewusst, auch welchen Mann sie heiraten, bestimmen sie selbst.

④ ***Tuaregzelt***

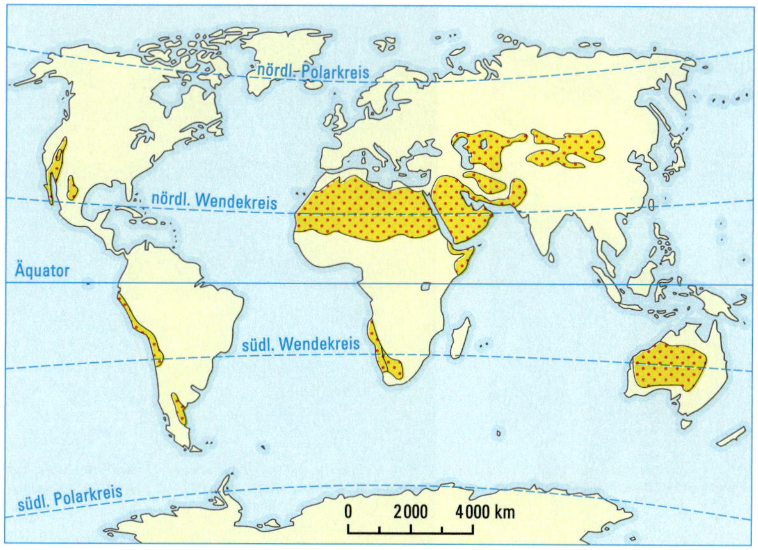

⑤ ***Wüstengebiete der Erde***

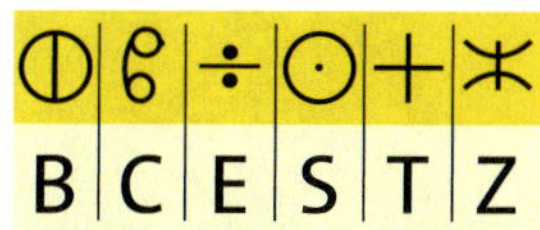

⑥ ***Schriftzeichen der Tuareg***

Essen und Trinken in der Wüste

Die Tuareg versorgen sich mit allen lebensnotwendigen Gütern selbst. Die Organisation des Lebens liegt bei den Frauen. Ihnen gehören die Ziegen und Schafe. Fatima ist zusammen mit ihrer Schwester Sabah für die Versorgung und das Melken dieser Tiere verantwortlich. Aus der Milch wird Käse hergestellt. Die Männer übernehmen den Transport und den Handel. Auf dem Markt tauschen sie Ziegenmilch und Ziegenkäse gegen Hirse und andere Getreidearten. Hirse, Milch und Käse sind die wichtigsten Nahrungsmittel der Tuareg. Nur zu einem Fest wird auch mal ein Schaf oder sogar ein Kamel geschlachtet. Dann gibt es für alle Couscous, eine Speise aus gegartem Weizengrieß, Gemüse und dazu reichlich Fleisch.

Lernen ohne Schule

Das Wissen, welches Fatima für ihr Leben braucht, lernt sie von ihrem Vater und ihrer Mutter. Die Tuareg sprechen Tamaschek, eine alte Berbersprache. Die Schriftsprache der Tuareg heißt Tifinar. Das Alphabet ihrer Sprache besteht aus bis zu 27 geometrischen Zeichen. Diese Zeichen hat Fatima von ihrer Mutter gelernt. Zum Üben malt sie die Zeichen immer wieder in den Sand oder ritzt Informationen für andere in den Fels.

Wandel der Lebensweise

Viele Tuareg sind heute sesshaft und wohnen in festen Häusern. Ihre Kinder lernen in öffentlichen Schulen. Neben der traditionellen Viehzucht wird nun auch verstärkt Ackerbau betrieben. Der Transport von Gütern wird immer mehr mit Lastwagen durchgeführt.

1 *Beschreibe mithilfe der Karte 5 die Verbreitung der Wüstengebiete auf der Erde.*

2 *Vergleiche die Lebensbedingungen von Fatima mit deinen eigenen. Fertige dir dazu einen Stichwortzettel mit den Themen Wohnung, Bekleidung, Ernährung, Schule und Natur an.*

3 *Sammle Informationen zu den Wüsten der Erde. Nutze auch das Internet.*

❶ ***Pygmäe Inono mit Familie***

❹ ***Im Regenwald***

❷ ***Orchidee***

❸ ***Maniokwurzel***

Bei den Pygmäen im Regenwald

Inono ist 7 Jahre alt. Seine Familie lebt im tropischen Regenwald der Zentralafrikanischen Republik an einem kleinen Fluss. Sie gehört zum Volk der Pygmäen. Hier, in der Nähe des Äquators, ist es immer warm und die Nächte sind so lang wie die Tage. Im tropischen Regenwald regnet es fast jeden Tag.

Im Regenwald zu Hause

Zusammen mit seiner Familie wohnt Inono in einem Holzhaus. Was seine Familie zum Leben braucht, baut sie auf einem kleinen Feld neben dem Haus an. Zusätzlich sammelt Inono mit seiner Mutter Früchte, Wurzeln und Heilpflanzen im Regenwald.

Ein Leben in einem festen Haus und Ackerbau waren noch vor wenigen Jahren ungewöhnlich für die Pygmäen. Früher stellten sie als Jäger den Tieren des Regenwaldes nach und wechselten deshalb regelmäßig ihre Lagerplätze.

Große Holzfirmen wollen heute die riesigen Bäume des Regenwaldes fällen, um das begehrte Tropenholz in den Industrieländern teuer zu verkaufen. Deshalb versuchen sie mithilfe der Regierung die Pygmäen aus ihren angestammten Lebensräumen zu vertreiben und zur Sesshaftigkeit zu bewegen.

Auch die Ernährung ändert sich

Bevor Inonos Familie sesshaft wurde, versorgten vor allem die Männer ihre Familien mit dem Fleisch der gejagten Tiere. Sie waren geschickte Jäger: Lautlos konnten sie sich an die Beute anschleichen und sie mit Pfeil und Bogen sicher erlegen.

⑤ ***Wohnhaus***

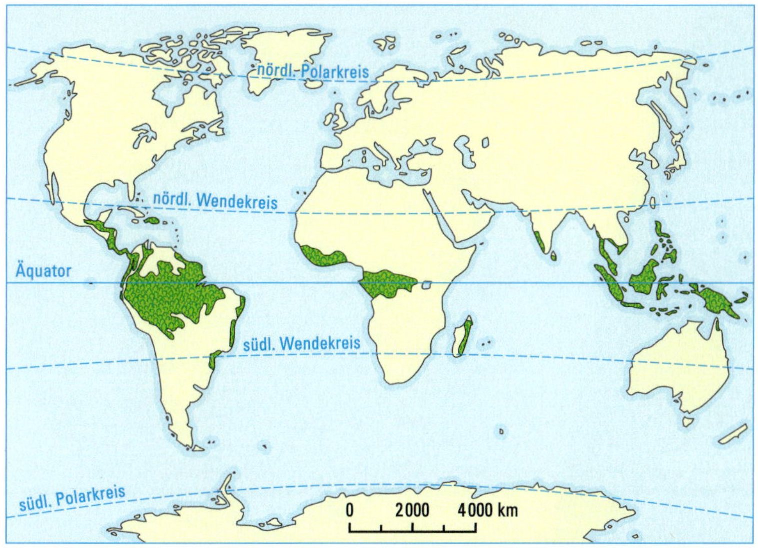

⑥ ***Tropische Regenwälder der Erde***

Fleisch steht heute nur noch selten auf dem Speiseplan. Nur an besonderen Tagen wird eine Ziege oder ein Huhn geschlachtet. Sonst gibt es einfache Gerichte aus der Maniokwurzel.

Singend lernen

Seit einem Jahr geht Inono in eine Schule. Früher gab es keinen Lehrer. Die Pygmäenkinder erfuhren alles, was sie für das Leben im Regenwald wissen mussten, von ihren Eltern. Ungewöhnlich für uns ist, dass die Kinder vor allem singend lernen. Mit ihren Gesängen können sie sich auch in der enormen Geräuschkulisse des Waldes sicher verständigen.

Gefährdeter Lebensraum

Inono geht gerne in den Regenwald. Er liebt die großen hoch aufragenden Urwaldriesen mit ihren Brettwurzeln, den herabhängenden Lianen, den schwirrenden Libellen und den vielen bunten Orchideen. Immer öfter jedoch übertönt das Kreischen von Motorsägen die Geräusche der Tiere des Waldes.

1 *Beschreibe mithilfe der Karte 6 die Verbreitung und Lage der Gebiete des Tropischen Regenwaldes.*
2 *Vergleiche die Lebensbedingungen von Inono mit deinen eigenen. Fertige dir dazu einen Stichwortzettel mit den Themen Wohnung, Ernährung, Schule und Natur an.*
3 *Sammle selbst Informationen zur Tier- und Pflanzenwelt des tropischen Regenwaldes. Nutze auch das Internet.*

⑦ ***Brettwurzeln***

Kaum zu glauben

Bis zu 600 Baumarten, 1 000 Blütenpflanzen, 43 Ameisenarten und 3 000 verschiedene Käferarten hat man auf einem Hektar tropischem Regenwald schon gezählt.

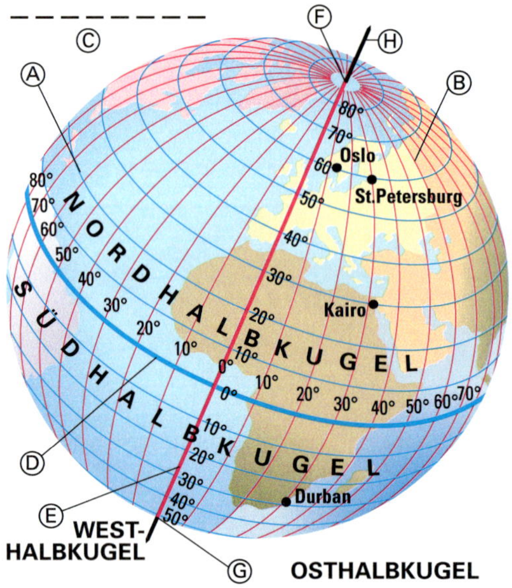

❶

1 Das Gradnetz im Griff

Finde die richtigen Grundbegriffe.

A) Von Westen nach Osten verlaufende Netzlinien heißen ...

B) Von Norden nach Süden verlaufende Netzlinien heißen ... oder ...

C) Beide Linienarten zusammen ergeben das ...

D) Der längste Breitenkreis heißt ...

E) Der durch Greenwich bei London verlaufende Längenhalbkreis heißt ...

F) Der nördlichste Punkt der Erde heißt ...

G) und der ihm gegenüberliegende Punkt ist der ...

H) Die gedachte Drehachse durch den Erdmittelpunkt heißt ...

2 Rätsel „Rekorde der Erde“

Wie heißt das Lösungswort des Rätsels „Rekorde der Erde“? Beim Lösen des Rätsels hilft dir der Atlas.

❷ **Die Rekorde der Erde:**
Amazonas, Arabische Halbinsel, Asien, Baikalsee, China, Grönland, Himalaya, Kaspisches Meer, Mount Everest, Russland, Sahara, Titicacasee, Witjastiefe.

a) Größte Insel der Erde
■ _ _ _ _ _ _ _

b) Größter Kontinent der Erde
_ _ _ ■ _

c) Höchster Berg der Erde
_ ■ _ _ _   _ _ _ _ _ _ _

d) Größtes und höchstes Gebirge der Erde
_ _ ■ _ _ _ _ _

e) Tiefster Binnensee der Erde
_ ■ _ _ _ _ _ _ _

f) Bevölkerungsreichster Staat der Erde
■ _ _ _ _

g) Größte Wüste der Erde
_ _ ■ _ _ _

h) Höchstgelegener schiffbarer See der Erde (in den Anden)
_ _ ■ _ _ _ _ _ _ _ _

i) Flächengrößter Staat der Erde
_ _ ■ _ _ _ _ _

j) Größter Binnensee der Erde
_ _ _ ■ _ _ _ _ _ _   _ _ _ _

k) Größte Halbinsel der Erde (... Halbinsel)
_ _ ■ _ _ _ _ _ _

l) Wasserreichster Fluss der Erde
_ _ _ _ _ _ _ ■

m) Tiefste Stelle auf dem Meeresboden
_ _ _ _ _ ■ _ _ _ _ _

Wichtige Begriffe:
Äquator
Breitenkreis
Erdachse
Erdrevolution
Erdrotation
Geographie
Globus
Gradnetz
Karte
Kontinent
Längenhalbkreis
Meridian
Nacht
Nullmeridian
Ozean
Planet
Pol
Siedlungsraum
Tag

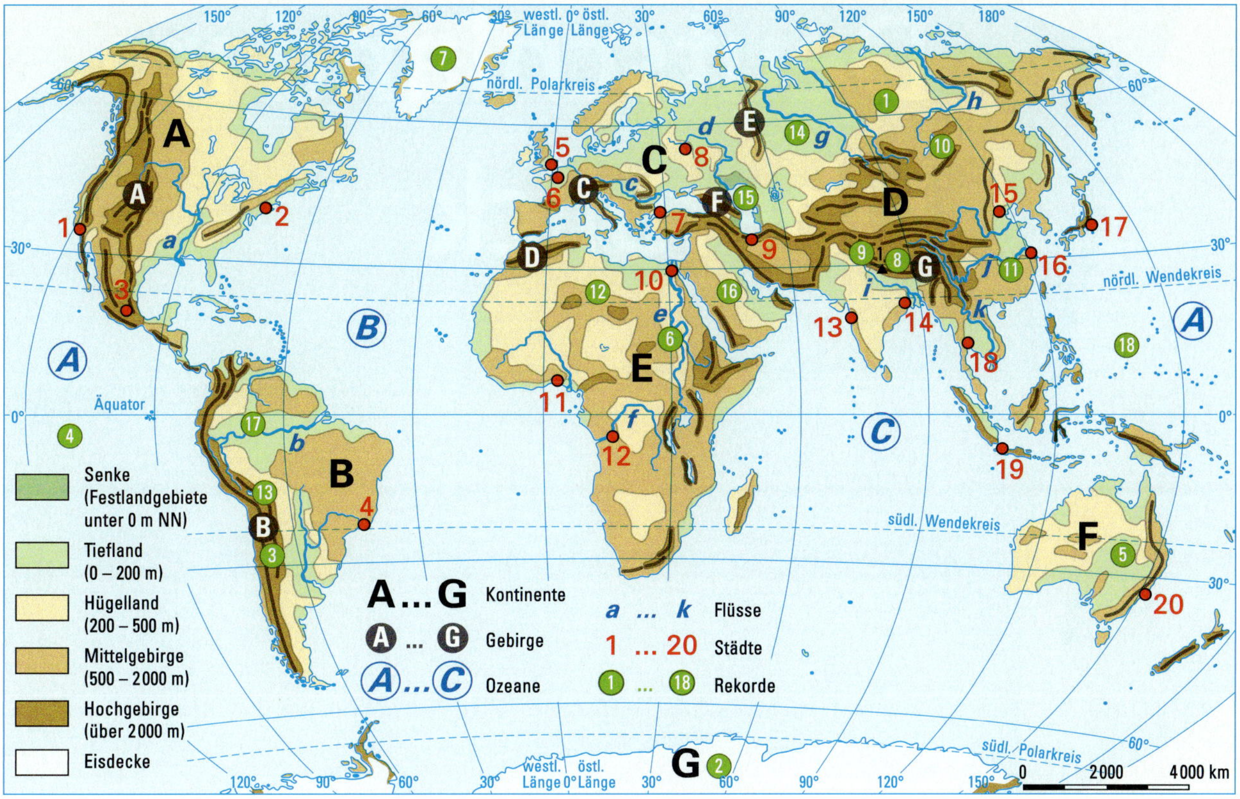

3

3 Arbeite mit der Karte 3 und dem Atlas:

a) Nenne die Ozeane A bis C und die Kontinente A bis G.

b) Wie heißen die braun eingezeichneten Gebirge A bis G?

c) Suche die Namen der Flüsse a bis k.

d) Bestimme die Namen der 20 Städte. Notiere wie folgt:

	Stadt	Staat	Kontinent
z. B.	6. Paris	Frankreich	Europa

4 Finde die richtige Begriffserklärung für die „Rotation der Erde" heraus.

a) Die Sonne und die anderen Planeten drehen sich um die Erde.

b) Die Erde dreht sich um ihre eigene Achse, und zwar im Uhrzeigersinn.

c) Die Erde dreht sich um eine gedachte Achse zwischen den Polen von Westen nach Osten.

5 Kennst du dich aus?

Afrika grenzt im Westen an den Atlantischen Ozean, im Osten an den Indischen Ozean und im Norden an das Mittelmeer. Schreibe ebenso:

a) Nordamerika grenzt im Westen…

b) Australien…

c) Europa…

6 Bilderrätsel

Erkläre den gesuchten Begriff.

Teste dich selbst

mit den Aufgaben 1 a, 2 und 6

Deutschland im Überblick

Deutschland grenzt an zwei Meere und hat Anteil an sehr unterschiedlichen Landschaften: Im Norden sind es Küstenlandschaften, an die sich im Norddeutschen Tiefland große Ebenen anschließen. Abgerundete Berge kennzeichnen die Mittelgebirgslandschaft. Im Süden findest du die felsigen Gipfel der Alpen – ein Hochgebirge.

2

Deutschland in Europa

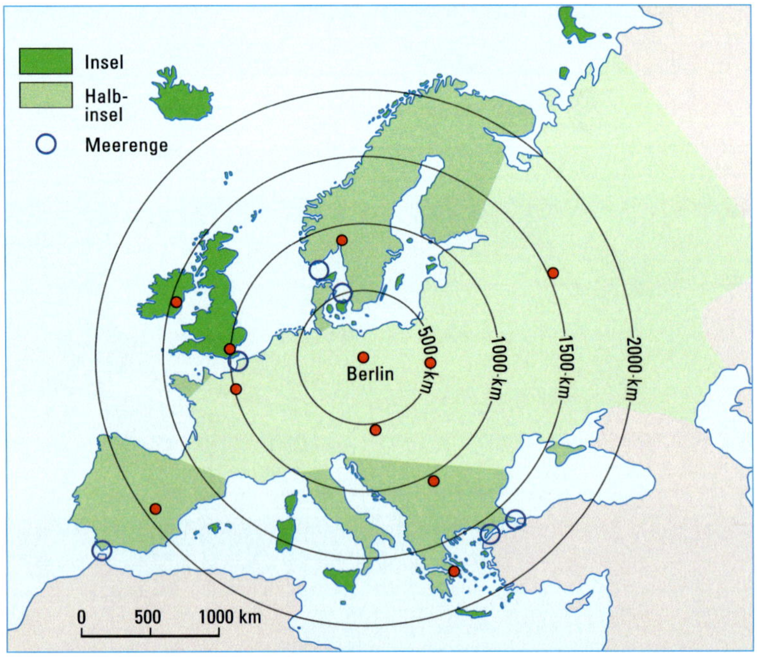

❶ *Entfernungen von Berlin ausgehend*

❷ *Kurzporträts der Nachbarländer*

- Dieses Land liegt westlich von Aachen.
- Fläche: 30158 km²
- Einwohner: 10,2 Millionen

- Das Land liegt südlich von Dresden und grenzt auch an Bayern.
- Fläche: 79000 km²
- Einwohner: 10,2 Millionen

- Der nördliche Nachbar, über Hamburg zu erreichen.
- Fläche: 43000 km²
- Einwohner: 5,2 Millionen

- Ein Land in den Alpen, südlich von Passau.
- Fläche: 84000 km²
- Einwohner: 8,1 Millionen

- Der Nachbar im Nordosten. Er liegt auch an der Ostsee.
- Fläche: 313000 km²
- Einwohner: 38,6 Millionen

- Unser kleinstes Nachbarland im Westen
- Fläche: 2600 km²
- Einwohner: 0,4 Millionen

- Südlich von Stuttgart und Freiburg liegt dieses Land.
- Fläche: 41000 km²
- Einwohner: 7,3 Millionen

- Das größte Nachbarland Deutschlands liegt im Südwesten.
- Fläche: 550000 km²
- Einwohner: 60,4 Millionen

Europa ist einer der 7 Kontinente. Mittendrin, im Herzen Europas, liegt Deutschland.

Von deutschem Boden sind im vergangenen Jahrhundert große Kriege ausgegangen. Der Zweite Weltkrieg forderte in Europa über 50 Millionen Tote.

Heute setzt sich Deutschland für ein friedliches Zusammenleben und eine grenzüberschreitende Zusammenarbeit in ganz Europa ein. So ist Deutschland Gründungsmitglied der Europäischen Union (EU). Dieses Bündnis fördert die Zusammenarbeit seiner Mitgliedsstaaten vor allem auf dem wirtschaftlichen, aber auch auf kulturellem, sozialem, militärischem und politischem Gebiet.

❸ **Deutschland und seine Nachbarstaaten**

❹

Die Niederlande

- Das nördlichste unserer Nachbarländer im Westen
- Königreich
- Hauptstadt: Amsterdam
- Regierungssitz: Den Haag
- Fläche: 41 864 km^2
- Einwohner: 15,8 Millionen
- Rotterdam: größter Seehafen der Welt
- 1/3 der Niederlande liegt tiefer als der Meeresspiegel
- Höchster Berg: Vaalserberg (322 m)
- Es gibt mehr Fahrräder als Menschen.
- Autokennzeichen: NL

1 Finde mithilfe der Karte 1 heraus, wie weit die eingezeichneten europäischen Hauptstädte von Berlin entfernt sind.

2 Wie weit liegt Berlin von Europas Meeren entfernt? Nutze den Atlas.

3 Übertrage den Steckbrief der Niederlande in dein Heft. Fertige mit den Informationen auf dieser Seite ähnliche Steckbriefe der anderen Nachbarstaaten an.

4 Vergleiche die Einwohnerzahlen und die Flächengröße von Deutschland mit seinen Nachbarn.

Leicht zu merken

9+2

Polen
Tschechische Republik
Österreich
Schweiz
Frankreich
Luxemburg
Belgien
Niederlande
Dänemark
*Summe **9***

Ostsee
Nordsee
*Summe **2***

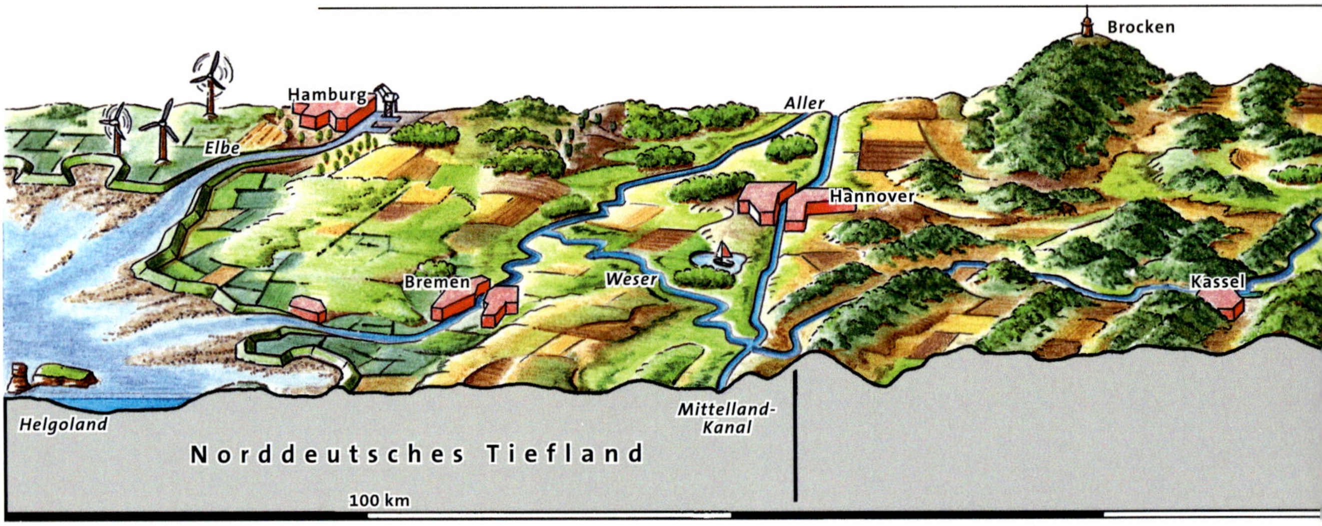

1

2

4

3 **Deutschland-Rekorde**

Flüsse	**Rhein**	**Elbe**	**Donau**
Gesamtlänge	1320 km	1165 km	2860 km
davon in Deutschland	865 km	700 km	647 km
Seen	**Bodensee**	**Müritz**	**Chiemsee**
	571 km²	110 km²	80 km²
Inseln	**Rügen**	**Usedom**	**Fehmarn**
	930 km²	445 km²	185 km²

Deutschlands Großlandschaften

Von der Insel Helgoland in der Nordsee bis zur Zugspitze in den Alpen sind es rund 800 km. Ein Flugzeug würde diese Strecke in einer guten Stunde schaffen. Wärest du an Bord, könntest du mit einem Blick aus dem Fenster erkennen, wie verschieden Deutschlands **Landschaften** sind.

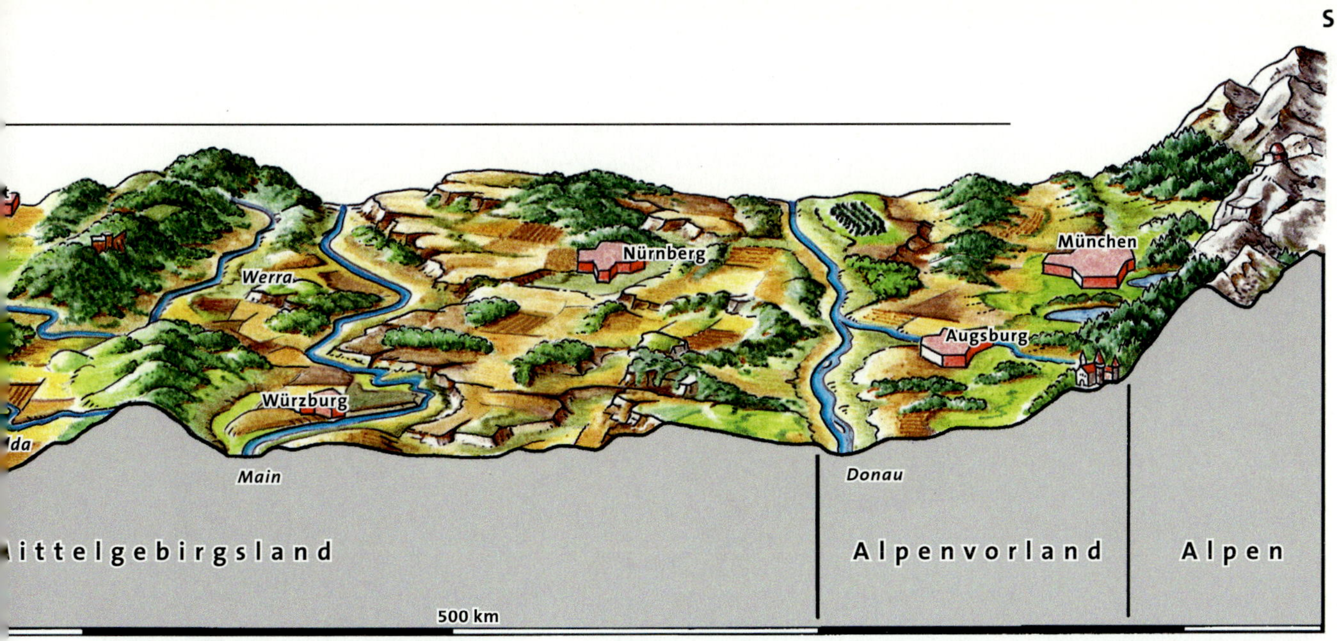

5

6

Diese Einzellandschaften kann man je nach ihrer Höhenlage zu vier Großlandschaften zusammenfassen.

1 *Ordne das Profil 1 in die Karte 7 ein. Benenne die vier deutschen Großlandschaften von Norden nach Süden.*
2 *Beschreibe die Fotos. Verwende dabei die Begriffe: tief, hoch, eben, flach, kahl, steil, bewaldet, abgerundet und spitz.*
3 *Ordne die Fotos den Großlandschaften zu und begründe deine Aussage.*
4 *Suche die in der Tabelle 3 genannten Rekorde in der Atlaskarte und ordne diese den Großlandschaften zu.*

7

Man unterscheidet nach der Höhenlage:
Tiefland:
0–200 m (Höhe über dem Meeresspiegel)
Mittelgebirge:
200–2 000 m
Hochgebirge:
über 2 000 m

❷

Deutschland und seine Bundesländer

Im Laufe der Geschichte hat Deutschland sein Gesicht stark verändert: Von 1871 bis zum Ende des Zweiten Weltkrieges 1945 bestand das Deutsche Reich, das weit über die heutigen Grenzflüsse Oder und Neiße hinausreichte.

Infolge des Zweiten Weltkrieges war Deutschland bis 1990 in zwei deutsche Staaten geteilt: die **Bundesrepublik** Deutschland mit Berlin (West), und die Deutsche Demokratische Republik (DDR). Seit der Wiedervereinigung beider Staaten am 3. Oktober 1990 ist die Bundesrepublik Deutschland in 16 **Bundesländer** gegliedert. Einige sind nur so groß wie eine Stadt (Stadtstaaten), die größeren nennt man Flächenstaaten. Jedes Bundesland hat eine eigene Landesregierung und ein eigenes Parlament. Die Bundesländer bestimmen z.B. selbst über ihre Polizei und die Schulen. Unsere Bundeshauptstadt ist Berlin.

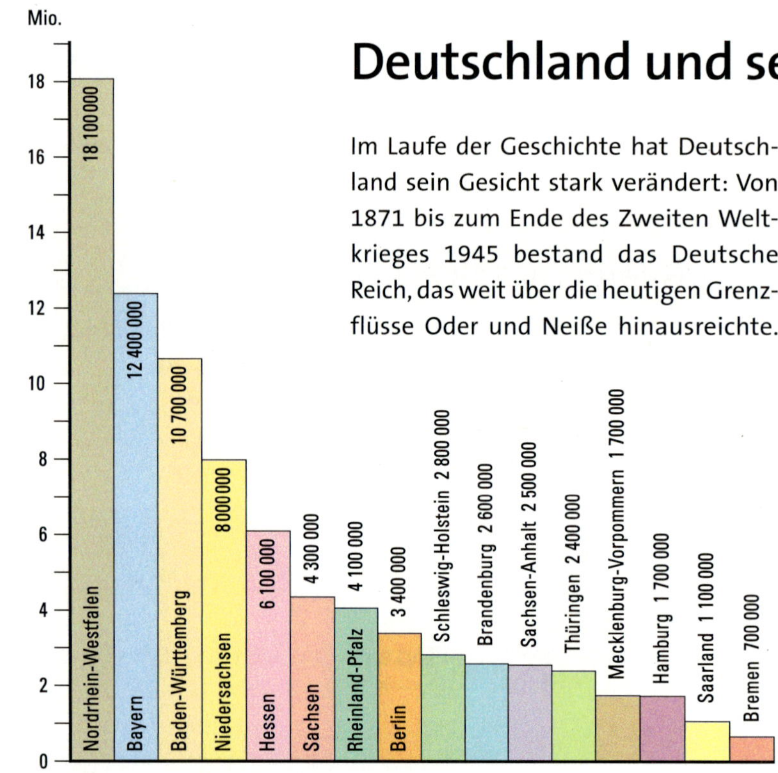

❶ ***Einwohner der Bundesländer Deutschlands im Jahr 2003***

3

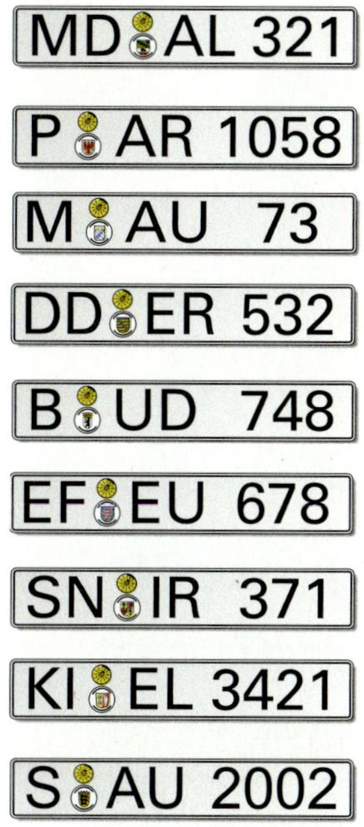

4 *Autokennzeichen aus einigen Landeshauptstädten*

1 *Fasse die Bundesländer zu Gruppen zusammen:*
a) die an der Küste,
b) die „Stadtstaaten“,
c) die an der Ostgrenze gelegenen,
d) die an der Westgrenze gelegenen.

2 *Vergleiche mithilfe des Säulendiagramms 1 und der Karte 3 die Einwohnerzahlen der Bundesländer mit deren Flächengröße. Benutze den Anhang um die Flächengröße zu ermitteln.*

3 *Fertige eine Tabelle an, in der du das Bundesland, dessen Landeshauptstadt, die Fläche und die Einwohnerzahl einträgst.*

4 *Aus welchen Landeshauptstädten und Bundesländern kommen die Autos, deren Kennzeichen du in Bild 4 siehst?*

Karten lesen – keine Hexerei

Damit Menschen sich in ihrer Umgebung orientieren können, benötigen sie Karten. Es gibt Stadtpläne, Wanderkarten, Straßenkarten und weitere Karten für viele verschiedene Zwecke. Karten stellen die Wirklichkeit stark verkleinert dar, Gebäude und Verkehrswege sind als **Signaturen,** das sind Zeichen, eingetragen. Um dir einen Überblick über den Karteninhalt zu verschaffen, musst du zunächst in die Legende schauen.

1. Schritt: *Suche in der Legende nach der Signatur, die du benötigst, zum Beispiel für die Kirche oder den Fahrradweg.*
2. Schritt: *Suche die Signatur auf der Karte und präge dir die Lage ein.*
3. Schritt: *Begegnest du unbekannten Signaturen, schau deren Bedeutung in der Legende nach.*

Allerdings weißt du noch nicht, wie weit Gebäude voneinander entfernt liegen oder wie lang eine Straße ist. Deshalb hat jede Karte einen **Maßstab**, mit dessen Hilfe Entfernungen bestimmt werden können.

Wie komme ich am schnellsten nach Lübben? Wie weit ist es nach Gotha? Welche Sehenswürdigkeiten gibt es in Schwerin? Jeder braucht Karten: Autofahrer, Piloten, Seeleute, Radfahrer, Wanderer und alle, die etwas über fremde Orte wissen wollen.

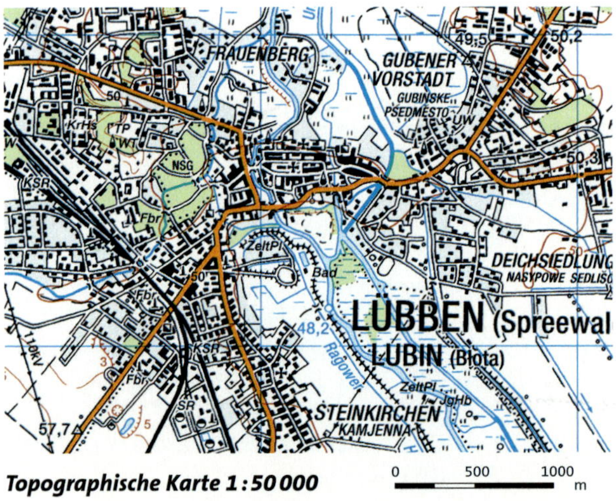

① ***Topographische Karte 1:50 000***

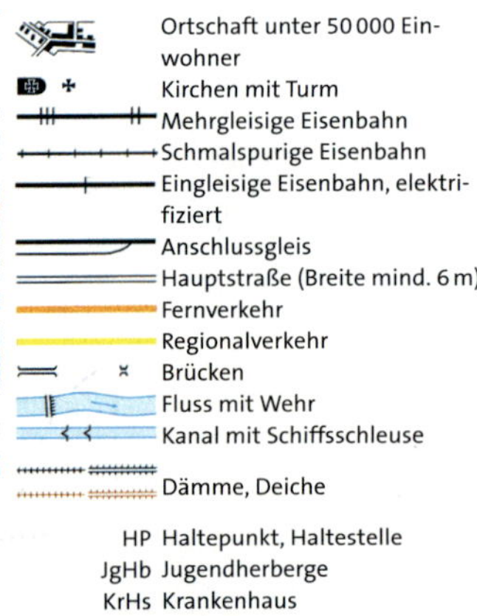

Ausschnitt aus der Legende

② ***Topographische Karte 1:250 000***

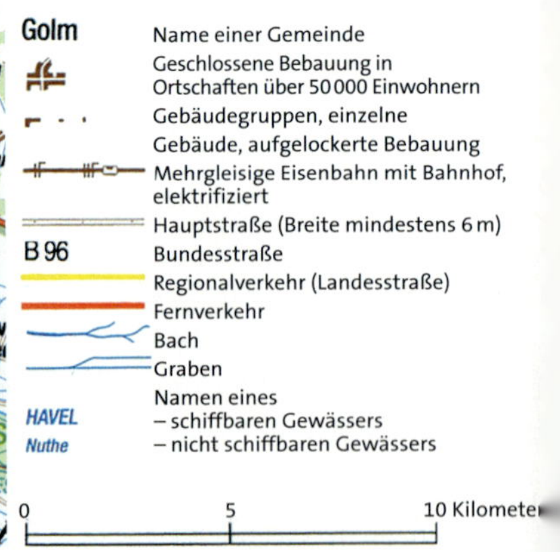

Ausschnitt aus der Legende

Der Maßstab

Die Maßstabszahl gibt an, wievielmal die Wirklichkeit verkleinert wurde. Zum Beispiel bedeutet 1 : 10, dass 1 Zentimeter auf der Karte in Wirklichkeit 10 Zentimeter entsprechen. Man sagt: Die Karte hat den Maßstab 1 zu 10.

3 ***Maßstab 1 : 1***

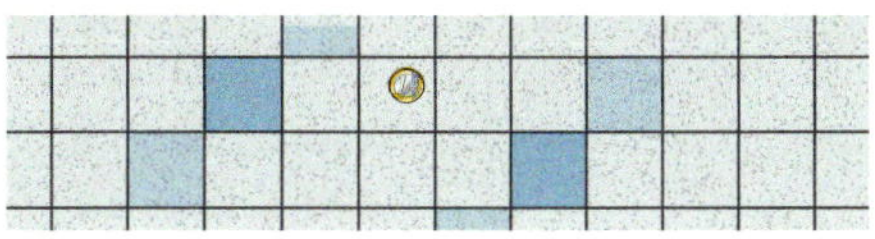

4 ***Maßstab 1 : 10***

Entfernungen bestimmen

Zusätzlich zur Maßstabszahl gibt es eine Maßstabsleiste mit Meter- oder Kilometerangaben. Damit ist es ganz einfach, Entfernungen zu bestimmen.

1. Schritt: *Miss mit einem Lineal auf der Karte die Entfernung zwischen zwei Punkten.*

5

2. Schritt: *Halte dein Lineal an die Maßstabsleiste: Wie viel Kilometer (oder Meter) entsprechen einem Zentimeter?*

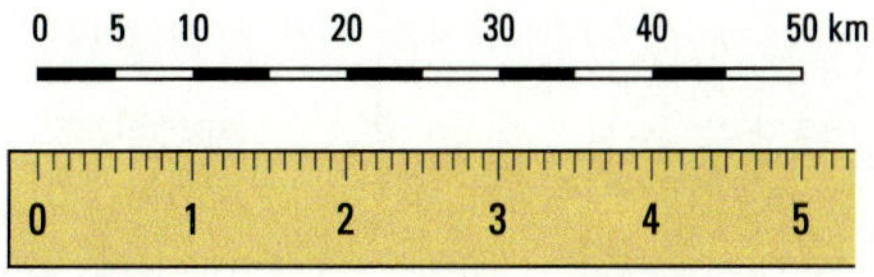

6

3. Schritt: *Jetzt musst du ein wenig rechnen: Multipliziere diese Kilometerzahl mit den in Schritt 1 gemessenen Zentimetern.*

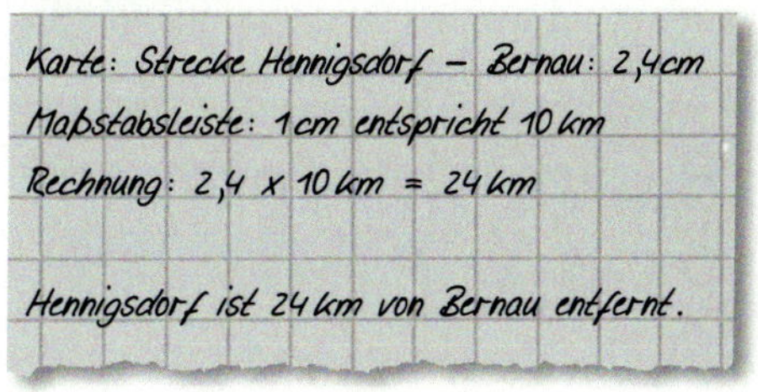

7

1 *Ermittle die Entfernungen:*
a) Wie weit ist es in der Karte 1 von der Jugendherberge Lübben zum Lübbener Freibad (Luftlinie)?
b) Wie weit ist es in der Karte 2 von Lübbenau nach Lübben?
c) Stellt euch anhand der Karte 2 gegenseitig Messaufgaben.

2 *Bestimme mithilfe von Karte 1 die Länge der Strecke für folgende Wanderung: Von der Jugendherberge Lübben zur Kirche von Steinkirchen und wieder zurück.*

① ***Reichstagsgebäude in Berlin, Sitz des Deutschen Bundestages***

③

Bundeshauptstadt Berlin

② ***Wappen von Berlin***

Berlin ist bereits zum fünften Mal **Hauptstadt**, aber jeweils eines anderen Staatsgebietes. Die wechselvolle Geschichte der Stadt spiegelt sich auch an den zahlreichen sehenswerten historischen Gebäuden wider.

Seit Berlin 1991 die Bundeshauptstadt von Deutschland ist, entsteht ein neues Stadtzentrum. Zwischen den beiden Zentren von Westberlin und von Ostberlin, wo einst die Grenze mit der Mauer verlief, war Platz zum Neu- und Ausbau des **Regierungsviertels**. Dort findest du unter anderem das Reichstagsgebäude mit dem Plenarsaal des Deutschen Bundestages sowie das Bundeskanzleramt.

In Berlin sind viele führende inländische und ausländische Wirtschaftsunternehmen vertreten, so z.B. am Potsdamer Platz. Dieser ist im letzten Jahrzehnt wieder zu einem der bedeutendsten Plätze Europas aufgebaut worden. Er bildet die neue Mitte Berlins.

Berlin entwickelt sich auch zur Medienstadt. Täglich berichten führende Zeitungen, Rundfunk- und Fernsehsender von hier. Große Musikkonzerne haben sich an der Spree niedergelassen.

Berlin ist auch eine Kultur-Hauptstadt, denn hier findest du über 150 Museen, darunter z.B. die weltberühmte Museumsinsel mit dem Pergamonmuseum. Außerdem hat Berlin mehrere Opern, Theater und Kinos, in denen so manche Deutschlandpremiere stattfindet.

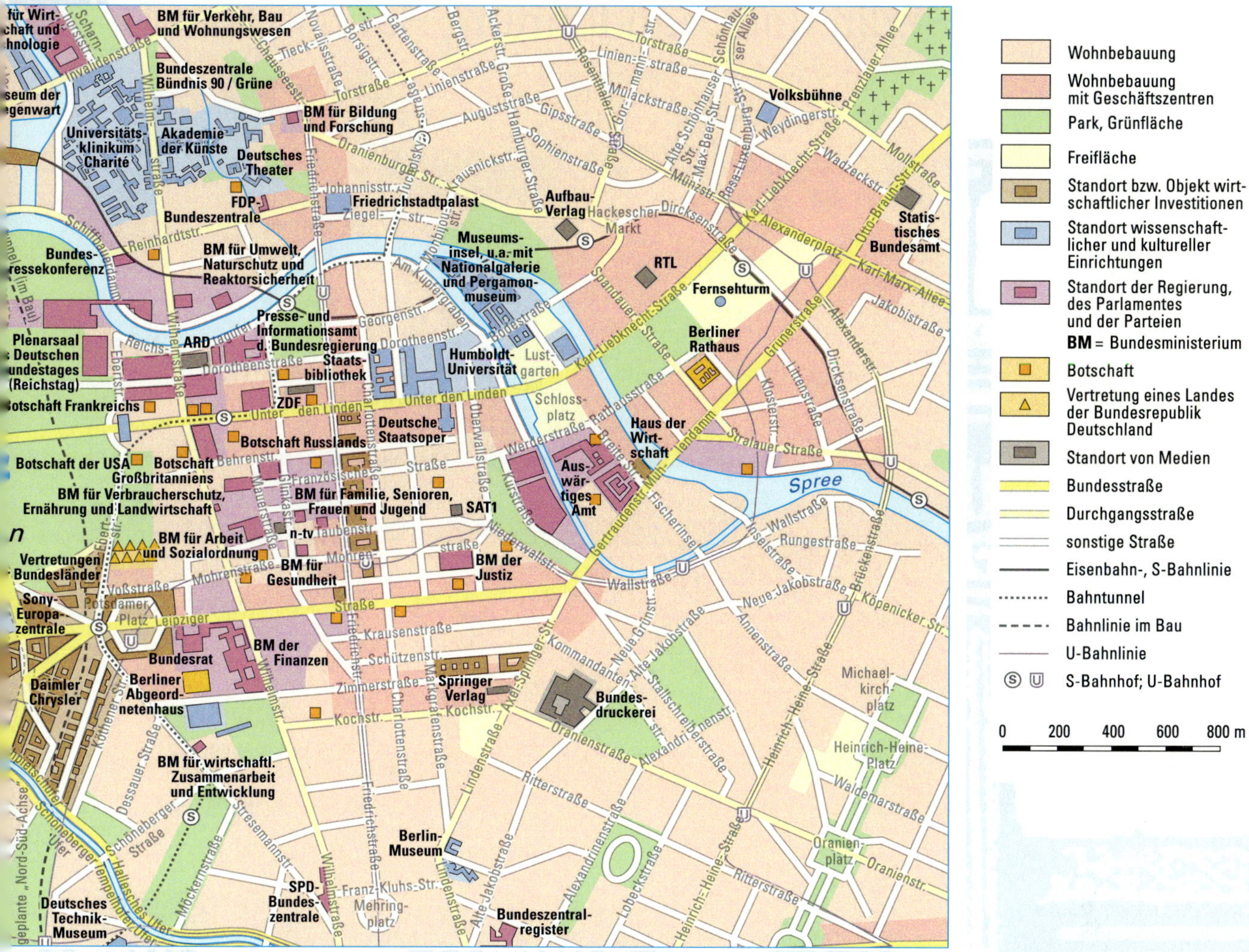

4 **Daten zur Geschichte Berlins**

1237 erste Erwähnung der Stadt
1455 Residenz und Hauptstadt des Kurfürstentums Brandenburg
1701 Hauptstadt des Königreichs Preußen
1871 Hauptstadt des Deutschen Reiches
1949 Teilung Deutschlands, Berlin (Ost) wird Hauptstadt der DDR
1990 Wiedervereinigung Deutschlands und Berlins am 3. Oktober
1991 Berlin wird Hauptstadt der Bundesrepublik Deutschland

1 *Regierungsviertel unterscheiden sich von sonstigen Stadtvierteln. Erkläre.*

2 *Übertrage die Tabelle 5 in dein Heft und ergänze darin für jede Hauptstadtfunktion mindestens drei Gebäude.*

5

Hauptstadtfunktion	Gebäude
Parlament/Regierung	Bundesrat ...
Botschaften/ Vertretungen	Botschaft der USA ...
Wirtschaft	DaimlerChrysler ...
Medien/Verlage	ARD ...
Kultur/Wissenschaft	Pergamonmuseum ...

Berlin und Brandenburg Hand in Hand

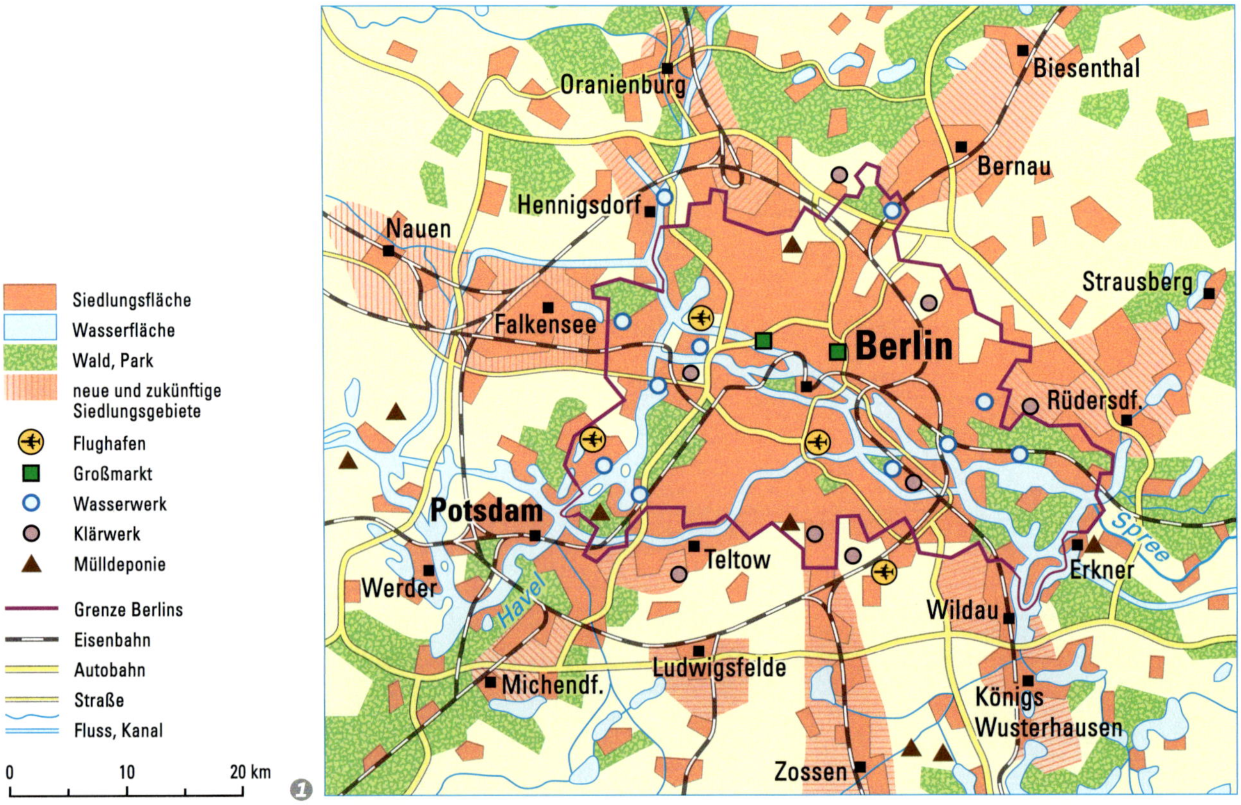

1

Täglich 200 000 Pendler

Im Wirtschaftsraum Berlin-Brandenburg nehmen die Ströme der Arbeitspendler ständig zu. 2002 arbeiteten 144 653 Brandenburger in Berlin.

Immer mehr Firmen verlagern ihren Sitz aus Berlin ins Umland. Daher nimmt auch die Zahl der Berliner, die in Brandenburg arbeiten, zu. 2002 waren es schon 55 205 Berliner.

2 ***Beziehungen zwischen Berlin und seinem Umland***

Zwischen Berlin und seinem Umland bestehen seit jeher enge Beziehungen. Heute bilden sie einen gemeinsamen Wirtschaftsraum. Brandenburg liefert vor allem Nahrungsmittel, Trinkwasser, Strom und Baustoffe. So kommen aus dem Spreewald und dem Oderbruch Gemüse, aus dem Havelland Obst, aus der Uckermark, der Prignitz und dem Fläming Milch. Strom liefern die Braunkohlekraftwerke der Lausitz und Zement kommt aus dem nahen Rüdersdorf.
Berlin braucht auch sein Umland zur Entsorgung, zur Ansiedlung von Industriebetrieben und zur Erholung. Andererseits braucht Brandenburg auch Berlin. Viele Brandenburger nutzen das große Arbeits-, Konsum- und Kulturangebot der Stadt.

Zum Erholen ins Umland

Obwohl Berlin selbst vielfältige Erholungsmöglichkeiten bietet, zieht es die Berliner häufig in das Umland, ins „Grüne", wie die Berliner sagen. Dabei kommt ihnen entgegen, dass die Region Berlin-Brandenburg über ein gut ausgebautes Verkehrsnetz verfügt.
Ins nahe gelegene Potsdam fährt die S-Bahn. Den rund 85 km entfernt gelegenen Spreewald erreicht man ohne Umsteigen in gut einer Stunde.
Der Spreewald liegt in einem Urstromtal, in dem sich die Spree in viele Arme verzweigt, die durch Gräben ergänzt wurden. Dadurch ist ein dichtes Netz aus Wasserläufen entstanden. Über 300 km Paddel- und Wanderwege stehen den Besuchern zur Verfügung. Hier leben auch die **Sorben**, die ihre jahrhundertealten Traditionen, wie z.B. eine eigene Sprache, Bräuche und Kunst, pflegen.

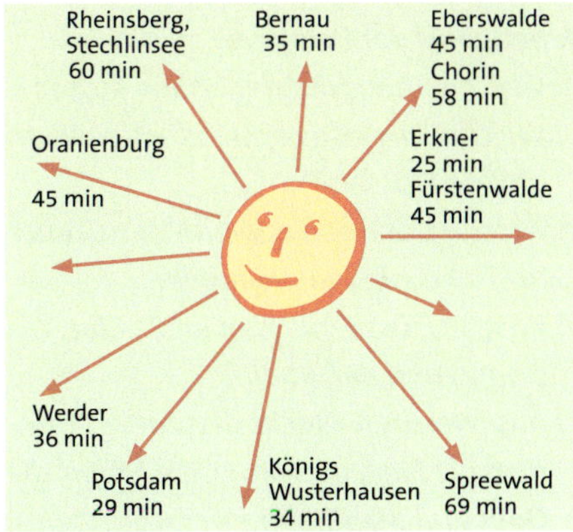

3 ***Naherholungsziele der Berliner und Fahrzeiten mit der Bahn***

1 Übertrage Zeichnung 2 in dein Heft und ergänze sie durch Beispiele. Die Karte, der Text und dein Atlas helfen dir dabei.
2 Suche im Atlas die Gebiete auf, aus denen Berlin Gemüse, Obst, Milch und Strom bekommt. Fertige eine Lageskizze an.
3 Erkläre, warum Berlin immer mehr mit seinem Umland verschmilzt.

4 ***Kahnfahrt im Spreewald***

Deutschland im Überblick

Wichtige Begriffe:
Bundesland
Bundesrepublik
Hauptstadt
Landschaft
Tiefland
Mittelgebirge
Hochgebirge
Sorben

1 Arbeite mit der Lernkarte

a) Welche Bundesländer haben Küsten?
b) Welche Landeshauptstädte liegen an großen Flüssen?
c) Welche Gebirge liegen an der Grenze zur Tschechischen Republik?
d) Welche Flüsse münden in die Elbe, die Donau und den Rhein?
e) Aus welchen Nachbarstaaten kommen die Elbe, die Mosel, die Neiße, die Oder und der Rhein?
f) Bilde eigene Fragen, die du deinen Mitschülern stellst. Erfindet ein Deutschland-Quiz.

2 Landeshauptstadt gesucht

Ergänze zum vollen Namen einer Landeshauptstadt. Schreibe die Namen in dein Heft und nenne die dazugehörigen Länder. Welche Landeshauptstädte fehlen noch?

___ burg
_____ gart
___ chen
__ furt
____ baden
______ dorf
_____ burg
____ den
____ brücken
____ dam
_____ rin
_____ ver
___ men

3 Kennst Du dich in Deutschland aus?

Arbeite mit der Lernkarte.
Benenne
a) die Großlandschaften I–IV
b) die beiden Meere A und B
c) die Flüsse a–o
d) die Mittelgebirge A–G
e) die Städte 1–16
f) die Nachbarstaaten Deutschlands

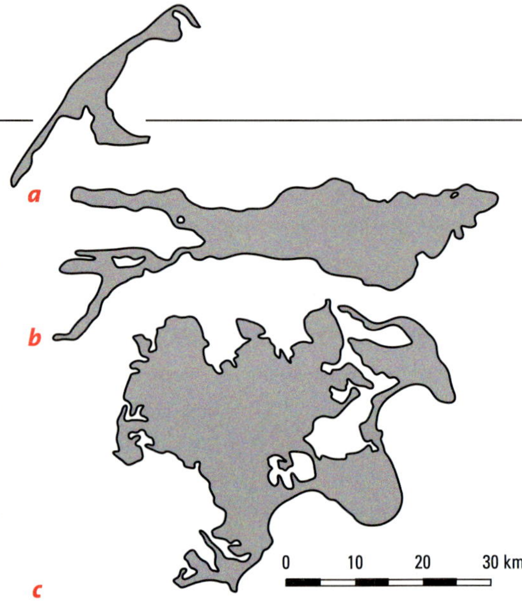

4 Drei merkwürdige Figuren ...

... a und c sind Inseln, b ist ein See – alles o. k.?

5 Außenseiter gesucht

Ein Name passt nicht zu den vier anderen:
a) Saarland – Thüringen – Helgoland – Bayern – Sachsen
b) Eifel – Harz – Taunus – Westerwald – Hunsrück
c) Föhr – Rügen – Borkum – Norderney – Sylt
d) Dresden – Leipzig – Chemnitz – Halle – Zwickau

6 Welche Stadt liegt

a) am nördlichsten?
Bremen – Hannover – Hamburg – Berlin
b) am südlichsten?
Nürnberg – Stuttgart – München – Freiburg
c) am westlichsten?
Frankfurt/Main – Dortmund – Duisburg – Aachen
d) am östlichsten?
Rostock – Berlin – Leipzig – Dresden

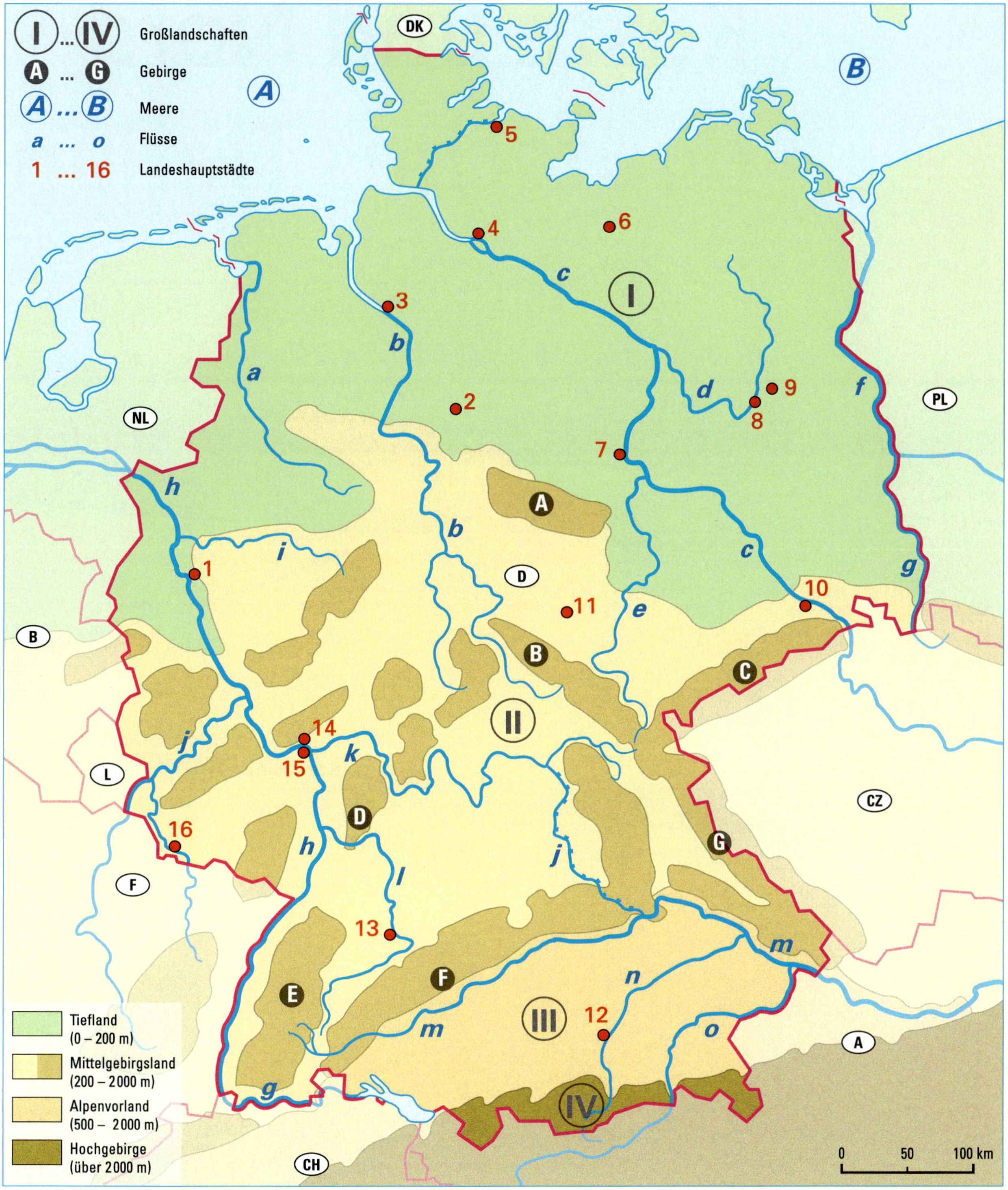

1 *Lernkarte Deutschland*

Training

Küste und Norddeutsches Tiefland

Tiefland und Küste – diese beiden unterschiedlichen Landschaften begegnen dir im Norden Deutschlands. Andererseits sind sie auch wichtige Wirtschaftsräume. Finde anhand des Bildes heraus, wie die Menschen diese Landschaften nutzen.

3

❶ ***Steilküste***

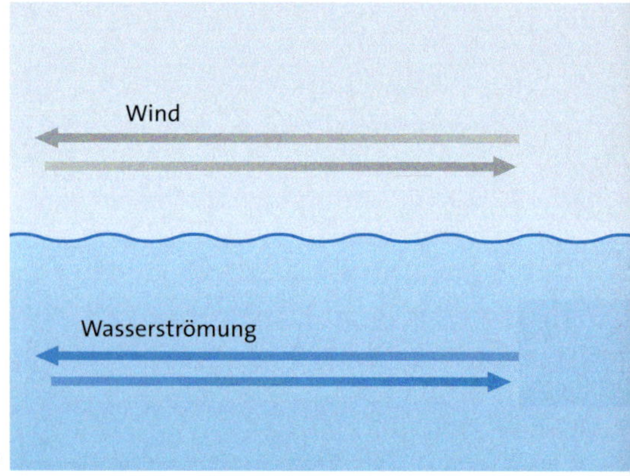

❸

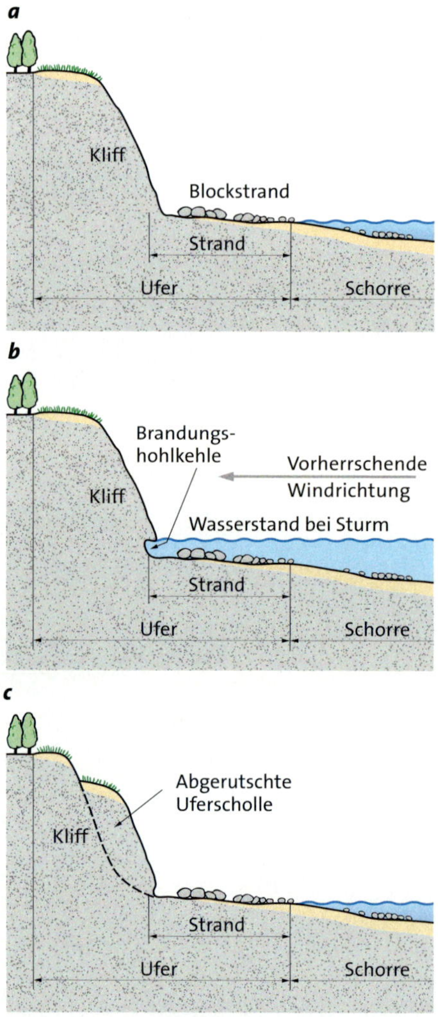

❷ ***Entstehung der Steilküste***

Küsten verändern sich

Bist du schon einmal an der **Küste** gewesen?
Küsten sind nichts Beständiges. Ununterbrochen verändern sie ihr Aussehen. Brandung, Sturmfluten und Strömungen zerstören sie, transportieren Material und bauen sie neu auf.
Wenn auch keine Küste der anderen gleicht, so finden wir bestimmte Grundformen immer wieder. Diese sind zum Beispiel **Steilküsten** und **Flachküsten**.
An der Steilküste wirkt das Meer vor allem zerstörend. Die Wellen schlagen, besonders bei Sturm, mit der Wucht von Rammböcken gegen die Uferwand. Wie schnell die Küstenlinie landeinwärts verlagert wird, hängt von dem Material ab, aus dem das **Kliff** besteht, und der Kraft der Naturgewalten. Das Kliff vom Königsstuhl auf der Insel Rügen ist aus Kreide und das auf der Insel Helgoland aus rotem Sandstein. Es gibt aber auch sehr widerstandsfähige Kliffs, die aus Granit oder Basalt bestehen.

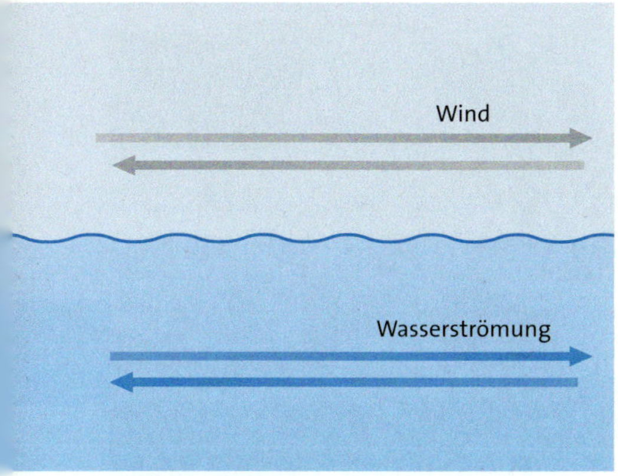

④ ***Flachküste***

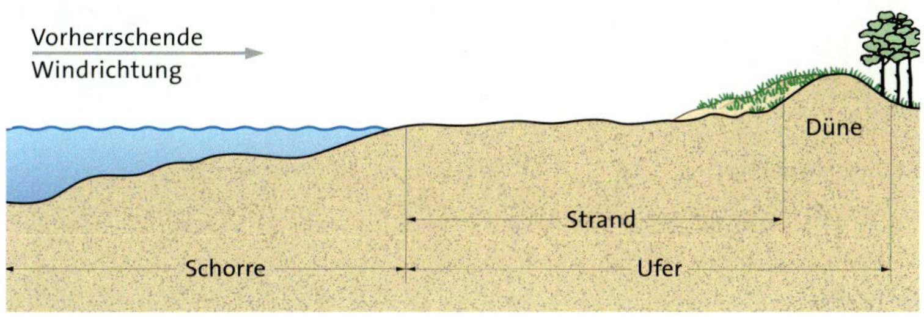

⑤ ***Profil einer Flachküste***

An Flachküsten ist die Aufbauarbeit der Meere zu erkennen. Die Wirkung der Brandung ist geringer. Wellen und Strömungen lagern Sand ab. Kräftige Winde transportieren die feinen Sandkörner in das Land hinein und häufen sie zu Dünen an. Manche Dünen „wandern" sogar langsam landeinwärts.

Meereswellen tragen Sand und Geröll von der Flachküste ab. Die Küstenlinie an Nordsee und Ostsee sieht sehr wechselhaft aus. Wir unterscheiden verschiedene Küstentypen. An der **Fördenküste** finden wir weit ins Land reichende schmale Meeresarme. Flache, unregelmäßig geformte Meeresbuchten prägen die **Boddenküste**. Dringt das Meer großflächig in das Landesinnere vor und ist teilweise vom Land umschlossen, spricht man von einer **Buchtenküste**. Durch Sand- und Kiesablagerungen des Meeres wird eine neue ausgeglichene, sehr flache Küstenlinie geformt, die **Ausgleichsküste**.

1. *Beschreibe mithilfe der Fotos 1 und 4 die Steilküste und die Flachküste.*
2. *Erkläre mithilfe der Profilskizzen 2a bis c die Veränderungen der Steilküste.*
3. *Fertige eine Skizze zur Entstehung einer Flachküste an.*
4. *Erkläre, weshalb sich manche Küsten schneller als andere verändern.*
5. *Suche im Atlas drei Beispiele für eine Fördenküste an der Ostsee.*

Kaum zu glauben

Im Durchschnitt sind Küstendünen weniger als 15 m hoch. Die Düne von Pilat (Frankreich) ist 103 m hoch und erstreckt sich über 3 km.

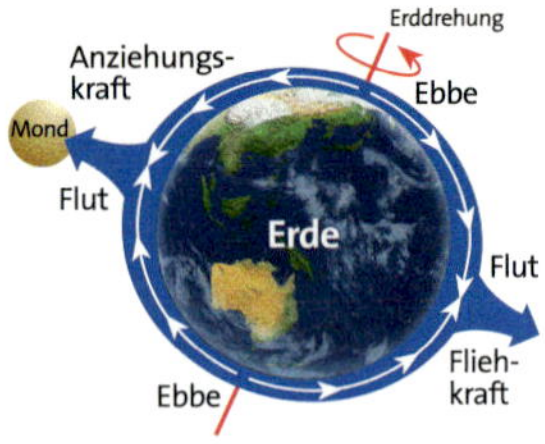

1 ***Entstehung der Gezeiten***

2

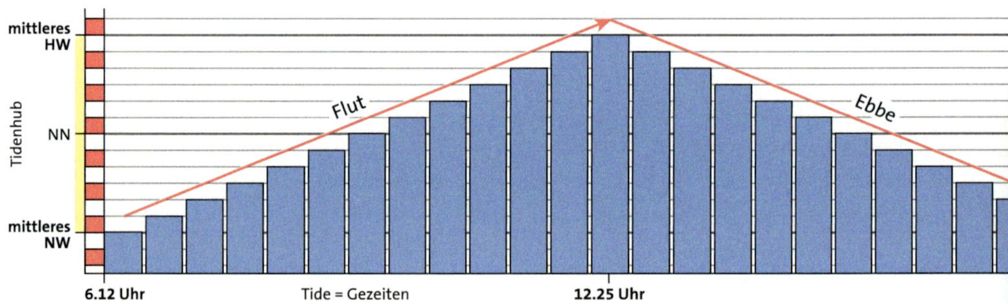

3 ***Der Gezeitenwechsel im Tagesverlauf***

Kaum zu glauben

Tidenhub:
deutsche Ostseeküste bis zu 20 cm
deutsche Nordseeküste bis zu 3 m
Golf von Saint Malo bis zu 15 m
Fundy Bay bis zu 21 m

Ebbe und Flut

Liebe Sabrina,

stell dir vor: Nach langer Autofahrt erreichst du die Nordseeküste, die Sonne brennt, du packst dein Schwimmzeug, rennst zum Deich und willst dich in die Fluten stürzen ... und was musst du bemerken? Das Meer ist weg, einfach so, kein Wasser ist da, nur dunkle, matschige Pampe. Und dann steht da noch so ein kluges Köpfchen herum und sagt, das sei ganz normal hier und käme zweimal am Tag vor. Na, das kann ja ein heiterer Urlaub werden!
Deine Laura

4

Urlaub an der Nordsee!
Der Meeresspiegel ist keineswegs so unveränderlich, wie man es annehmen möchte. An den meisten Meeresküsten steigt und fällt der Wasserspiegel zweimal täglich. Das Steigen des Wassers nennt man **Flut**, das Fallen des Wassers **Ebbe**. Beides zusammen sind die **Gezeiten** oder Tiden. Den Höhenunterschied zwischen dem niedrigsten und höchsten Wasserstand nennt man Gezeitenhub oder Tidenhub. Dieser kann je nach Messort sehr unterschiedliche Werte erreichen.

5

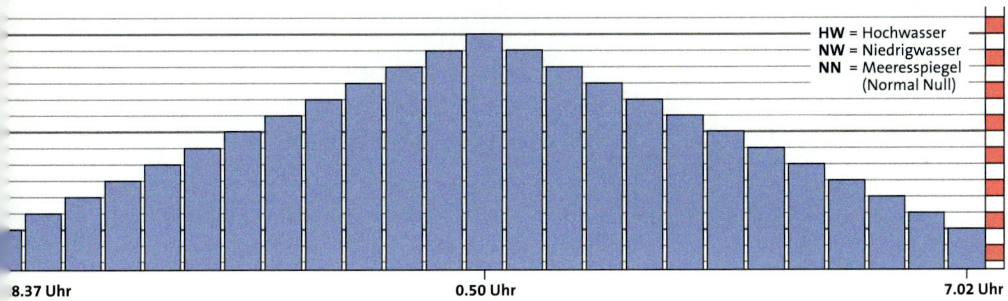

Surftipp:
Gezeitenkalender
www.bsh.de/Meereskunde/Gezeiten

Über die Gezeiten
www.wissen.swr.de/Warum/Gezeiten/themenseiten

Warum ändert sich der Wasserspiegel?
Die Anziehungskraft des Mondes hebt und senkt ihn in regelmäßigen Abständen, und auch Stürme beeinflussen seine Höhe.
Der Mond zieht das Wasser der Erde an, sodass sich auf dieser Erdseite ein Flutberg bildet. Auf der entgegengesetzten Seite der Erde entsteht ebenfalls ein großer Flutberg, denn durch die Erdrotation wirken – wie bei einem Kettenkarussel – starke Fliehkräfte.
An den Stellen, von denen das Wasser weggezogen wird, herrscht Ebbe.

1 *Vergleiche die Fotos 2 und 5.*
a) Ermittle mithilfe von Grafik 3 die Zeitdauer zwischen Hochwasser und Niedrigwasser.
b) Viele Menschen verwechseln Flut mit Hochwasser und Ebbe mit Niedrigwasser. Erkläre den Unterschied.

2 *Stelle zusammen, welche Auswirkungen die Gezeiten für Badegäste, Fischer und Seeleute haben.*

3 *Suche die in „Kaum zu glauben?!!" genannten Küstenabschnitte im Atlas auf. Nenne Gründe, warum es solche großen Unterschiede im Tidenhub gibt.*

Wat ist Watt?

Moin, moin! Ich bin Willy, der Wattwurm, und will euch zur Wattführung einladen.

Der Teil des Meeresbodens, der bei Flut überschwemmt wird und bei Ebbe trocken fällt, heißt **Watt**. Das Watt besteht aus Sand und Schlick, einem Gemisch aus Schlamm und feinsten Pflanzenresten und Tierresten. Das vom Meer überspülte Watt wird auch als **Wattenmeer** bezeichnet.

Das Wattenmeer ist ein Lebensraum, der aufgrund seiner Artenvielfalt auf der Welt einmalig ist.

Von den ungefähr 2000 verschiedenen Tierarten kommen nämlich 250 an keinem anderen Platz der Erde vor.

Strandkrabbe

Darf ich bekannt machen: meine Nachbarin, die Strandkrabbe, eine recht schreckhafte Bewohnerin des Watts, die es vorzieht, sich bei Gefahr sofort in den Boden einzugraben. Sie ist schon seltsam: Statt geradeaus zu laufen, bewegt sie sich seitwärts fort. Deshalb trägt sie auch den plattdeutschen Namen „Dwarslöper" (Querläufer). Die Strandkrabbe ist der bekannteste Krebs der deutschen Küsten und ernährt sich vor allem von Muscheln.

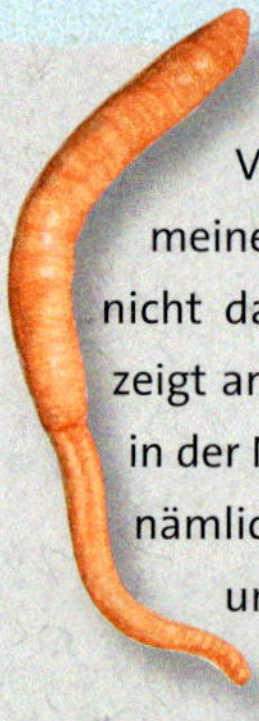

Wattwurm

Vorsicht! Jetzt wärt ihr fast auf meinen Onkel getreten. Seht ihr denn nicht das Kothäufchen am Boden? Es zeigt an, dass ein Watt- oder Pierwurm in der Nähe ist. Wir Wattwürmer leben nämlich ca. 30 cm tief im Wattboden und fressen uns durch den Sand. Fast alles, was wir zum Leben brauchen, filtern wir aus dem Sand heraus. Natürlich müssen wir den Sand auch wieder loswerden. So entstehen die Kothäufchen. Manche Menschen erinnern sie ein wenig an Spaghetti.

Herzmuschel und Miesmuschel

Aber hallo, hier treffen wir die Familien Herzmuschel und Miesmuschel! Die Herzmuschelmitglieder sehen immer etwas schmutzig aus mit ihrer schmuddelig weißen bis bräunlich-gelben Schale. Sie sind unscheinbar und werden bis 5 cm im Durchmesser groß. Nicht so groß also wie die blauschwarze Miesmuschel, die bis zu 10 cm lang werden kann. Das sind ganz raffinierte Wattbewohner, sag ich euch. Sie heften sich mit Fäden am Untergrund fest, sodass es zur Ausbildung ganzer Miesmuschelbänke kommen kann – ein Familientreffen also.

Ein Gemeinsames haben beide Familien aber: Ihr Inneres schmeckt den Menschen gut – mir ist das egal, solange sie keine Würmer essen.

Austernfischer

Vorstellen möchte ich euch noch den Austernfischer, ebenfalls Wattbewohner, schwarz-weiß gefiedert, rote Beine, roter Schnabel. Meint, er sei etwas Besseres, und gibt mit seinen Balzgeräuschen „kliep, kliep" oder dem trillernden „kewick, kewick" an. Argwöhnisch bewacht er sein Nest.

In Wirklichkeit ist er aber ein wahrer Schuft: Er ernährt sich nämlich von Würmern (!) und Muscheln.

Seehunde und Robben

Das sind angenehme Zeitgenossen, die sich nur in der Größe (Robben werden größer als Seehunde) und in der Kopfform (Robben haben einen kegelförmigen Kopf) unterscheiden. Sie sind meistens weit draußen auf den Sandbänken zu finden, scheuen die Menschen, leben in Rudeln und benötigen etwa 5 kg Nahrung am Tag. Diese besteht vor allem aus Fischen, Tintenfischen und Krebsen.

Immer wieder finden Strandwanderer „verlassene" junge Seehunde, die vermeintliche Klagelaute ausstoßen (daher der Name Heuler). Es sind junge Robben, die über die Laute Kontakt zu ihren Müttern halten. Wer einen Heuler entdeckt, sollte einen großen Bogen machen, da Jungtiere, die von Menschen angefasst wurden, von ihren Müttern nicht mehr angenommen werden. Sie sind dann ein Fall für die Aufzuchtstation.

Flunder

Ich muss euch unbedingt noch von den Fischen erzählen. Vor ihnen muss ich mich ganz besonders vorsehen. Schließlich ernähren sie sich von meinesgleichen, Muscheln und Garnelen. Aber weit und breit ist kein Fisch in Sicht – logisch: Es ist ja Niedrigwasser!

Aber zur Flunder solltet ihr trotzdem etwas wissen: Sie ist nämlich in der Nordsee weit verbreitet und ist ein typischer Bodenfisch, das heißt, dass sie sich gerne am Boden bewegt und ihm auch farblich angepasst ist. Sie kann sich sogar in den Boden eingraben, so dass man sie nicht erkennt.

1 *Fertige für die verschiedenen Tiere Steckbriefe an (berücksichtige dabei: Aussehen der Tiere, Nahrung, besondere Merkmale). Du kannst sie außerdem malen.*

2 *Erkläre, warum man von Vögeln und Seehunden, die im Wattenmeer leben, Abstand halten muss.*

1 ***Nationalpark Wattenmeer***

2 ***Surftipp***
www. Wattenmeer-nationalpark.de

Nationalparks an der Küste

Was ist ein Nationalpark?

Ein Nationalpark ist ein Schutzgebiet, in dem sich die Natur weitgehend ungestört und möglichst ursprünglich entfalten kann. Es handelt sich meist um großflächige Landschaften mit einer wertvollen Tier- und Pflanzenwelt. In den Parks werden Zonen eingerichtet, in denen besondere Schutzbestimmungen bzw. Vorschriften für die Nutzung gelten.

3 ***Wattvögel***

Schutzzone I oder Kernzone

Hier soll sich die Natur nach ihren eigenen Gesetzen entwickeln können, ohne jegliches Zutun des Menschen. Eine wirtschaftliche Nutzung der Zone ist ausgeschlossen.

Schutzzone II oder Pflegezone

In der Pflegezone finden wir die wertvollsten Flächen der Kulturlandschaft. Sie haben ihr heutiges Bild durch jahrhundertelange Nutzung durch den Menschen erhalten. Um sie zu bewahren, sind spezielle landschaftspflegende Maßnahmen nötig.

Schutzzone III oder Entwicklungszone

Sie nimmt den größten Teil der Fläche im Nationalpark ein, einschließlich der Ortschaften, und ist damit Lebens-, Wirtschafts- und Erholungsraum der Bevölkerung. Hier sollen Ökonomie und Ökologie in Einklang gebracht werden.

Nationalpark Wattenmeer

Von der Einzigartigkeit des Wattenmeeres hast du bereits gehört. 1986 wurde der Nationalpark Wattenmeer eingerichtet, zu dem die verschiedenen Wattgebiete, aber auch einige Salzwiesen und Sandstrände gehören.

Das Wattenmeer ist Brut-, Nahrungs-, Rast- und Durchzugsgebiet für Millionen

④ ***Kreidekliff***

Vögel und zugleich das Aufwuchsgebiet wichtiger Fischarten der Nordsee. Außerdem dient es als natürlicher Wellenbrecher dem Küstenschutz.

Würde das Wattenmeer zerstört, hätte das nicht nur Auswirkungen auf die Fischerei, sondern auch auf die Vogelwelt großer Gebiete der Nordhalbkugel.

Nationalpark Jasmund

Der Nationalpark Jasmund gehört zu den wenigen Landschaften Deutschlands, in denen die Abfolge vom geschlossenen Wald zu natürlich offenen Biotopen zu beobachten ist. Hier blieb eine große Vielfalt ursprünglicher Lebensräume erhalten. Dazu gehören die Flachwasserzonen der Ostsee, Blockstrände, Steilküsten, Wälder sowie Bäche und Moore.

Bereits 1929 wurden große Teile des heutigen Nationalparks als Schutzgebiet ausgewiesen, welches 1986 noch erweitert wurde. 1990 wurde das ganze Gebiet zum Nationalpark erklärt.

Der Nationalpark Jasmund mit seinen zahlreichen Kreidefelsen ist eines der bedeutendsten Urlaubsgebiete in Deutschland. Es ergibt sich daraus die Notwendigkeit, Touristenströme zu lenken und zu leiten, um Schaden von Natur und Landschaft abzuwenden.

⑤ ***Nationalparks auf Rügen***

1. *Weshalb ist es wichtig Natur und Landschaften zu schützen?*
2. *Begründe die Notwendigkeit, in Nationalparks verschiedene Schutzzonen zu errichten.*
3. *Wie sollte man sich im Nationalpark verhalten? Entwirf hierzu ein interessantes Plakat.*

Surftipp

www. nationalpark-jasmund.de

Kaum zu glauben

In Deutschland gibt es:

– mehr als 90 Naturparks,

– 14 Biosphärenreservate,

– 13 Nationalparks.

1

2

Bei einem Projekt arbeitet ihr über einen längeren Zeitraum hinweg an einem Thema. Wie ihr dabei vorgeht, zeigt euch die folgende Seite. Um eure Arbeitsergebnisse zu präsentieren, gibt es verschiedene Möglichkeiten. Eine davon ist das Anlegen einer Themenmappe.

Erkundung eines Naturschutzgebietes – Eine Themenmappe erstellen

1. Schritt: Vorüberlegungen anstellen

Bevor ihr eine Themenmappe anlegen könnt, müsst ihr folgende Fragen klären: Welches Naturschutzgebiet wollt ihr erkunden? Sammelt Vorschläge.
z. B. Biosphärenreservat Spreewald
Woher könnt ihr Material über dieses Gebiet bekommen?
z. B. Internet, Touristeninformation, Naturschutzbund, Rathaus, Bibliothek, Lexikon, ...
Wie werdet ihr weiter vorgehen?

- *Material sammeln, sortieren*
- *Material auswählen, prüfen*
- *Inhalt festlegen*
- *Texte schreiben*
- *Fotos, Grafiken... anfertigen*
- *Ergebnisse präsentieren*

2. Schritt: Material sammeln

Sammelt nun zunächst einmal alles Material, das ihr zu eurem Naturschutzgebiet finden könnt: Bilder, Texte, Karten, ... Sortiert eure „Fundstücke" z. B. Informationen zu Pflanzen und Tieren, zur Entstehung, zur Nutzung, zu Ferienwohnungen.

3

4

5

3. Schritt: Material auswählen

Nicht alles, was ihr gefunden habt, muss in eure Themenmappe. Wählt die Materialen aus, die zu euren inhaltlichen Überlegungen passen. Prüft sie. Oft ist es sinnvoll Texte zusammenzufassen, eigene Zeichnungen zu erstellen und die ausgewählten Informationen anders darzustellen, z. B. Zahlen als Diagramm.

4. Schritt: Themenmappe gestalten

Jetzt muss alles in eine sinnvolle Reihenfolge gebracht werden. Das gehört immer dazu:

- *Deckblatt mit dem Thema und Angabe der Autoren*
- *Inhaltsverzeichnis*
- *Quellenangaben: Woher stammen eure Materialien?*

Tipps: Eine gute Mischung aus Bildern und Texten ist vorteilhaft. Die Seiten sollten links und rechts mit einem Rand versehen werden. Ihr könnt die Texte mit einem Computer oder auch mit der Hand schreiben. Achtet auf die Lesbarkeit der Schrift. Arbeitet ordentlich und sauber.

→ Eine Präsentation durchführen, Seite 232

1 *Erstellt eine Themenmappe zu einem Naturschutzgebiet in eurer Nähe.*

1

3 *Containerhafen in Hamburg*

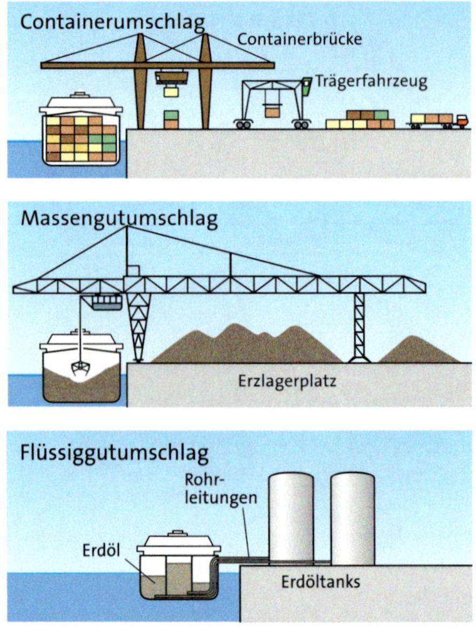

4 *Arten des Güterumschlags*

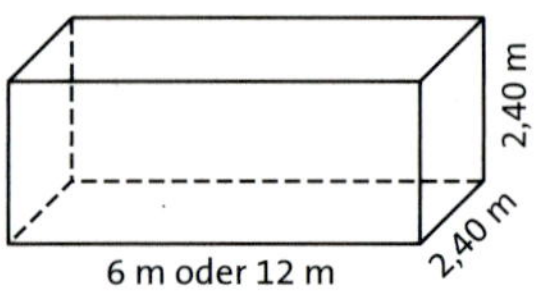

2 *Maße eines Containers*

Hamburg und Rostock: Zwei Häfen, zwei Strategien

Häfen – Die Tore zur Welt

Der Hamburger **Hafen**, das sind über 320 Liegeplätze und 46 km Kaimauern für Seeschiffe. Es gibt rund 200 zum Teil computergesteuerte Containerbrücken und Krane sowie Brücken für Greifergut und fast 30 Saugheber für Getreide und Futtermittel. Auf der Fläche von rund 70 000 000 m² verlaufen 170 km Straßen und 350 km Gleise.

Der Hafen boomt. Das gilt vor allem für den Umschlag von Containern. Den Reedereien stehen vier Containerterminals zur Verfügung. Als Containerhafen ist Hamburg seit mehreren Jahren unter den TOP 10 der Weltrangliste. Innerhalb von Europa entwickelte sich der Hamburger Hafen zu einem starken Konkurrenten für Rotterdam. Mit einer Umschlagleistung von über 2 500 Stück in weniger als 24 Stunden wird dafür Sorge getragen, dass auch die größten Containerschiffe binnen eines Tages den Hafen wieder verlassen können. Geschwindigkeit ist Trumpf bei der Abfertigung der Schiffe – rund um die Uhr an 365 Tagen im Jahr, denn Liegezeit kostet viel Geld. Gleichzeitig ist Hamburg der größte Umschlagplatz für Bahncontainer in Europa.

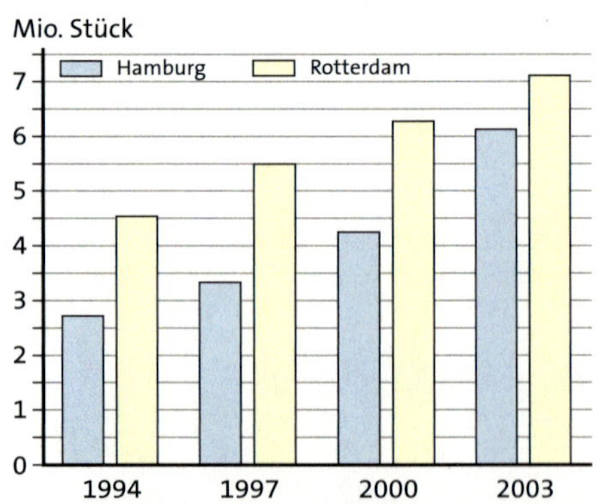

5 *Containerumschlag der Seehäfen Hamburg und Rotterdam im Vergleich*

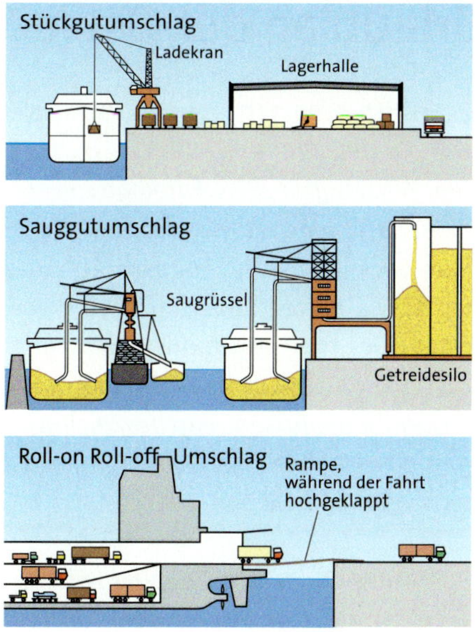

⑦ ***Fährhafen in Rostock***

Der Rostocker Hafen, das sind 43 Liegeplätze für Seeschiffe. Mit 7 500 000 m² Fläche ist Rostock einer der größten deutschen Ostseehäfen. Besonders entwickelt hat sich in den letzten Jahren der Fährverkehr. Die Liegeplätze am Warnow-Fährterminal sowie der Multifunktionsanleger bieten täglich mehr als 30 Abfahrten nach Gedser, Trelleborg, Helsinki, Hanko, Liepaja, Kotka und St. Petersburg. Sogar große Kreuzfahrtschiffe können im Hafen anlegen.

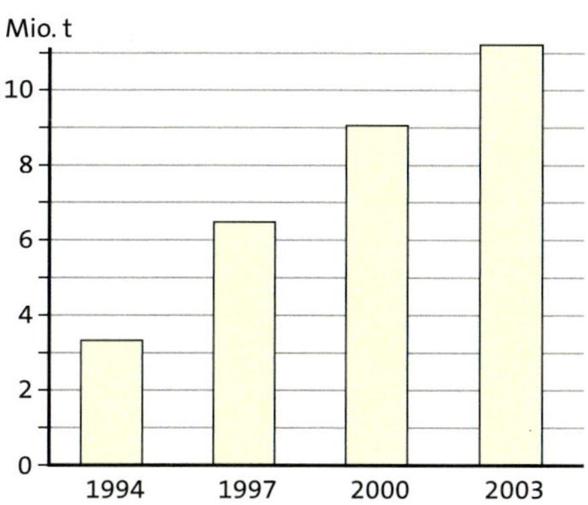

⑥ ***Umschlagsleistung des Seehafens Rostock 1994-2003 im Fährverkehr in Mio t***

2003 wurde die Landbrücke Rotterdam-Rostock eröffnet. Seitdem bringt ein Zug drei Mal wöchentlich eilige Waren aus Europas größtem Seehafen über den Knotenpunkt Duisburg in die Hansestadt. Von dort werden sie weiter über die Fähren nach Skandinavien und ins Baltikum verteilt. Auf diese Weise bekam Rostock erstmals wieder Anschluss an den Überseeverkehr. Sieben Mal pro Woche verbindet ein Shuttle-Zug Rostock und Verona. Innerhalb von 10 Jahren hat sich diese Art von kombiniertem Ladeverkehr um das Dreißigfache erhöht.
Die Zahl der Passagiere auf den großen Ostseefähren hat sich in den letzten Jahren verdoppelt. Die EU-Erweiterung nach Osten sorgt für einen weiteren Anstieg.

1 *Beschreibe die Formen des Güterumschlags in einem Hafen.*
2 *Vergleiche die beiden Hafenstädte Hamburg und Rostock miteinander. Lege eine Tabelle an.*
3 *Rostock ist heute ein wichtiger Fährhafen. In welche Länder fahren die Schiffe?*

⑧ ***Güterumschlag der Häfen Hamburg und Rostock in Mio. t***

Jahr	*Hamburg*	*Rostock*
1999	*81,0*	*20,8*
2000	*85,1*	*22,1*
2001	*92,4*	*20,5*
2002	*97,6*	*22,3*
2003	*106,3*	*21,6*

Ein Poster gestalten – Urlaub an der Ostsee

Urlaub am Meer: In Ferienzeiten ziehen die Küsten der Nordsee und Ostsee Touristen geradezu magnetisch an.
Doch ob Mecklenburg-Vorpommern, Schleswig-Holstein, Hamburg, Bremen oder Niedersachsen – bevor es losgeht, sollte man sich über sein Urlaubsgebiet informieren.
Dies könnt ihr auch im Unterricht tun! Am besten bildet ihr Gruppen, die unterschiedliche Urlaubsregionen der deutschen Küste vorstellen. Dies müssen keine Bundesländer sein, oft genügt es auch, nur eine Insel oder einen Urlaubsort auszuwählen.
Eure Ergebnisse präsentiert ihr für alle anderen als Poster. Vielleicht wird der eine oder andere Betrachter eures Posters sogar angeregt, seinen nächsten Urlaub an der deutschen Küste zu verbringen. So könnt ihr vorgehen:

1. Schritt: *Besorgt euch zuerst einen Papierbogen (mindestens 60 x 80 cm). Legt dann euer Thema fest und denkt euch dazu eine passende Überschrift aus. Achtet in jedem Fall auf eine große, gut lesbare Schrift, die schon von weitem „ins Auge springt“. Ihr könnt sie mit der Hand schreiben oder mithilfe eines Computers in der gewünschten Größe ausdrucken.*

2. Schritt: *Sammelt nun Material zu eurem Thema (Internet, Bücher, Postkarten, Zeitschriften, Reisekataloge ...). Verschafft euch anschließend einen Überblick über die „Fundstücke“ und wählt die besten Bilder und Texte aus. Nicht alles, was ihr gefunden habt, muss auf euer Poster. Oft ist es sinnvoll, Texte zusammenzufassen, eigene Zeichnungen zu erstellen oder Abbildungen zu vergrößern (Kopierer).*

3. Schritt: *Ordnet eure Materialien übersichtlich auf dem Papierbogen an und probiert verschiedene Möglichkeiten aus. Eine gute Mischung aus Bildern und Texten ist dabei vorteilhaft. Lasst ausreichenden Leerraum zwischen den Materialien und achtet auf Größe und Lesbarkeit der Schrift. Kontrolliert deshalb euer Poster aus der Nähe und aus einigen Metern Abstand.*

4. Schritt: *Einigt euch auf den besten Entwurf. Nun könnt ihr euer Poster fertigstellen, indem ihr alle Materialien auf dem Papierbogen an der vorgesehenen Stelle befestigt. Achtet auch hierbei auf eine ordentliche Gestaltung. Hängt zum Abschluss euer Poster an einer geeigneten Stelle aus und stellt es eurer Klasse vor. Wichtig ist, dass ihr über Hintergrundwissen verfügt, um die Fragen eurer Mitschüler beantworten zu können.*

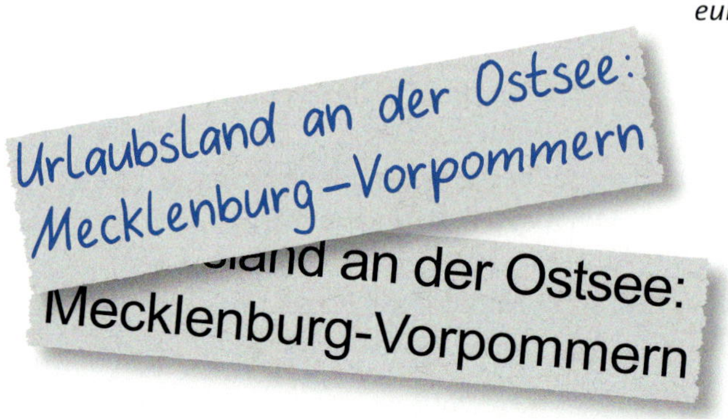

Urlaubsland an der Ostsee: Mecklenburg-Vorpommern

Spitzname: Mäc-Pomm

Fläche: 23 170 km²
Einwohner: 1 830 000
Höchster Berg: 179 m
Hauptstadt: Schwerin
weitere wichtige Städte:
Wismar
Rostock
Greifswald

Mecklenburg-Vorpommern ist nach der Fläche das fünftgrößte Bundesland, aber nur sehr dünn besiedelt.

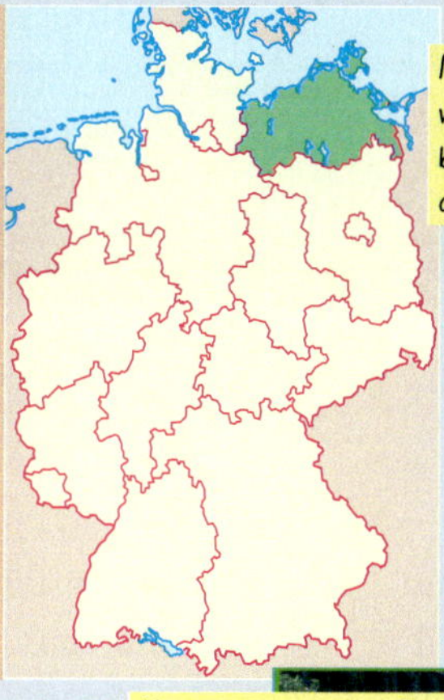

Neben hochdeutsch sprechen viele Einheimische in Mecklenburg-Vorpommern noch plattdeutsch.

Zu Mecklenburg-Vorpommern gehören viele Inseln, die der Ostseeküste vorgelagert sind. Hier liegt auch Rügen, die größte Insel Deutschlands. Eine besondere Sehenswürdigkeit sind die schneeweißen Kreidefelsen der Nordostküste der Insel, inmitten eines Nationalparks.

Hier gibt es tolle Fische, Boote und sogar ein Walskelett!

Auf der Insel Hiddensee sind keine Autos erlaubt. Deshalb kann man dort besonders gut Fahrrad fahren oder wandern.

An der Küste und an den Seen verbringen jedes Jahr viele Menschen ihren Urlaub. Tourismus ist dort ein wichtiger Arbeitgeber.

Natur in Mecklenburg-Vorpommern
Eine besonders schöne Naturlandschaft ist die Mecklenburgische Seenplatte: Über 1 000 kleine und große Seen laden zum Schwimmen, Kanu fahren oder anderen Sportarten ein. Mit etwas Glück kann man im Müritz-Nationalpark viele vom Aussterben bedrohte Tierarten beobachten.

Hier gibt es herrlich weiße Sandstrände und hohe Steilküsten.

❶ ***Küstenverlauf um 900***

❷ ***Küstenverlauf heute***

❸ ***Sturmflut an der Nordsee***

Bedrohte Küsten

Die Naturgewalten Wasser und Wind verändern ständig die Küste. Küstenlandschaften werden zerstört und die Bewohner der Küsten leben in Gefahr.

Maßnahmen des **Küstenschutzes** sind daher unentbehrlich. Ins Meer gebaute Buhnen aus Holz oder Beton und das Aufstellen von Betonformen am Strand sollen die Wellen „brechen" oder dafür sorgen, dass der Sand nicht fortgeschwemmt wird. Um das Abtragen des Sandes zu verhindern, bepflanzt man die Dünen mit Strandhafer und baut aus Buschwerk Sandfangzäune. Das Aufspülen zusätzlichen Sandes auf die Ufer soll die Abtragung erschweren. Hierzu pumpt man Sand aus dem Meer auf die Strände.

Bisher konnte keine Maßnahme die Abtragung der Küste dauerhaft verhindern. Wird durch einen Sturm das Meereswasser in Richtung Küste gedrückt, ist die Gefahr von Überschwemmungen sehr groß.

Vor allem entlang der Nordseeküste schützt man das Land durch Seedeiche, die einen Sandkern besitzen. Heutige

❹ ***Experiment: Einen Deich testen***

Material: *Getränkedose mit Sand gefüllt als Welle, flache Holzplatte als Deich, Holzbrett als Anlauffläche.*

Durchführung: *Ein Schüler lässt die „Dosenwelle" die Anlauffläche herunterrollen, während ein anderer die Holzplatte flach geneigt in den Weg hält.*

Beim nächsten Versuch wird der Deich viel steiler gegen die Rampe gehalten.

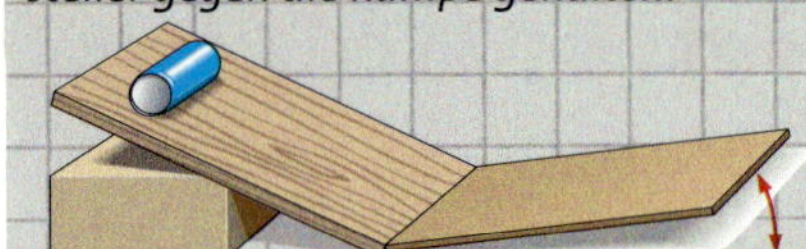

Auswertung: *Vergleicht die Beobachtungen der Versuche mit unterschiedlichem Neigungswinkel. Überlegt wie der Bau eines idealen Deiches aussehen müsste.*

5 *Der Mensch als Gefahr für die Küste*

Deiche erreichen die Höhe eines Einfamilienhauses und die Breite eines Fußballfeldes.

Die Bedrohung unserer Küsten kommt noch aus einer ganz anderen Richtung. Die Verunreinigungen durch den Menschen bringen die Tier- und Pflanzenwelt unserer Küsten und Meere in Gefahr. Die Meere sind für das Überleben der Menschheit unverzichtbar. Von Unfällen mit Öltankern oder kaputten Ölpipelines hört man immer wieder. Das auslaufende Öl verschmutzt den Strand. Tiere verenden grausam. Pflanzen gehen ein. Auf offener See bilden sich riesige Ölteppiche. Ungeklärte Abwässer, Hausmüll und Industriemüll belasten zusätzlich die Meere. Die Nordsee tauscht ihr Wasser im Laufe von drei Jahren mit dem Atlantik aus. Die Ostsee benötigt hierzu mehr als 30 Jahre.

Die Küsten sind beliebte Urlaubsziele. Jedes Jahr fahren Millionen Touristen an Nordsee und Ostsee. In der Vergangenheit wurden viele Fehler vor allem in einigen Orten an der westlichen Ostsee und an der Nordsee gemacht. Küstenabschnitte wurden mit Hochhäusern verbaut. Badestrände waren und sind überfüllt. Damit nicht die Fehler von Regionen mit Massentourismus wiederholt werden, muss eine Umstellung auf eine behutsame touristische Nutzung erfolgen. So hat der Fremdenverkehr an der Ostseeküste von Mecklenburg-Vorpommern auch ohne Bettenburgen erheblich zugenommen und ist zu einem wichtigen Arbeitgeber geworden.

1 *Stelle zusammen, wie der Mensch die Küste vor Zerstörung zu schützen versucht.*

2 *Schau dir die Zeichnung 5 an. Notiere in Stichworten, wie Menschen unsere Küsten und Meere gefährden.*

1 *Ackerbau in der Börde*

2 *Die fruchtbarsten Böden in Deutschland*

Fruchtbare Börden

Nördlich der Mittelgebirge erstrecken sich die ackerbaulich am intensivsten genutzten Regionen Deutschlands: die **Börden**. Das sind landwirtschaftliche Gunsträume mit fruchtbaren Böden und einem günstigen Klima.

Hohe Bodenfruchtbarkeit

Die hier vorherrschenden dunklen Böden entwickelten sich auf **Löss**. Löss entstand am Ende der letzten Kaltzeit aus sehr feinem, gelblichem Gesteinsstaub. Dieser wurde vom Wind transportiert und abgelagert. Die darüber entstandenen Böden sind deshalb so gut für die Landwirtschaft geeignet, weil sie im Gegensatz zu Böden aus **Sand** reich an Nährstoffen sind und gut Wasser speichern können. Sie sind nicht fest wie Lehm, sondern tiefgründig locker und dadurch gut durchlüftet und leicht durchwurzelbar.

Diese Eigenschaften des Bodens sind hervorragende Voraussetzungen für den Anbau anspruchsvoller Marktfrüchte: Weizen und vor allem Zuckerrüben. Beide überwiegen auf den großen Feldern der weitgehend ebenen, nur hier und da flachwelligen Bördenlandschaft.

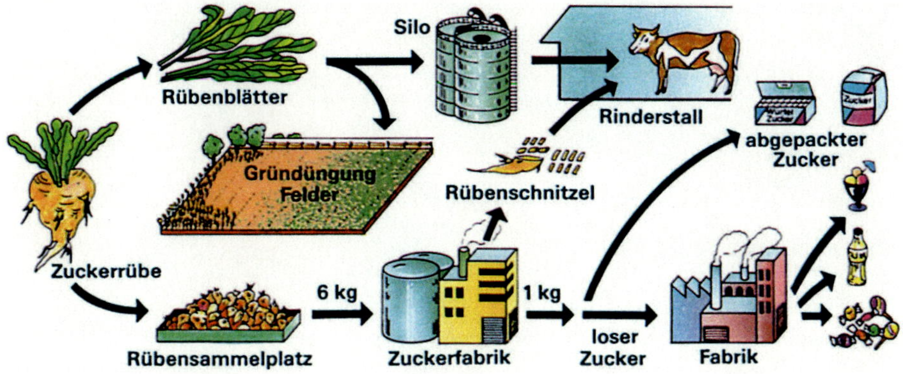

3 Der Weg der Zuckerrübe

4 ***Experiment Zuckerherstellung***

Material: *Zuckerrübe, Messer, Reibeisen, Topf, Sieb, Schnur*

Durchführung: *Holt euch von einem Bauernhof eine Zuckerrübe. Wascht und schält sie. Zerkleinert die Zuckerrübe mit einem Messer oder einem Reibeisen möglichst fein.*

Füllt die Rübenschnitzel in einen Topf mit Wasser und erhitzt diesen. Filtert mit einem Sieb die letzten groben Stücke heraus. Kocht das Wasser-Zuckerrübengemisch so lange, bis daraus Zuckersaft geworden ist.

Hängt eine Schnur in den Zuckersaft und lasst diesen mehrere Tage stehen. Dann haben sich an der Schnur Zuckerkristalle ausgebildet.

Fruchtwechsel

Der intensive Anbau mit immer gleichen Kulturpflanzen würde den Boden bald auslaugen und die Bodenfruchtbarkeit herabsenken. Um dieses zu verhindern, baut man auf einem Feld in aufeinanderfolgenden Jahren immer wieder unterschiedliche Kulturpflanzen an. Da jede Pflanze beim Wachsen nur eine bestimmte Kombination an Nährstoffen dem Boden entzieht und andere Nährstoffe gar nicht benötigt werden, kann man auf diese Art, die man Fruchtwechsel nennt, die Bodenfruchtbarkeit auch ohne Düngerzugaben stabil halten.

1 *Ermittle mithilfe des Atlas die Namen einiger Börden und beschreibe ihre Lage.*
2 *Beschreibe anhand des Schaubildes 3 den Weg der Zuckerrübe.*
3 *Börden sind landwirtschaftliche Gunsträume. Begründe.*

5 ***Fruchtwechsel***

1. Jahr Zuckerrüben

2. Jahr Weizen

3. Jahr Gerste

4. Jahr Weizen

5. Jahr Zuckerrüben

1 ***Massentierhaltung***

Kaum zu glauben

Landwirtschaft macht satt: Pro Tag werden in Deutschland mehr als 70 Millionen Liter Milch zu Trinkmilch, Butter, Sahne, Joghurt, Quark usw. verarbeitet. Fleisch von mehr als 40 Millionen Schweinen und 4 Millionen Rindern pro Jahr gelangt auf den Ladentisch. Jeder Bundesbürger verbraucht jährlich rund 225 Eier. So braucht man in Deutschland etwa 18 000 000 000 Eier im Jahr.

Intensive Landwirtschaft

Norddeutschland ist durch die vielen landwirtschaftlichen Betriebe geprägt. Sie versorgen uns mit allen notwendigen Nahrungsmitteln. Viele von ihnen haben in den letzten Jahrzehnten eine umfassende Wandlung durchgemacht. Was ist geschehen?
Die Menschen in Deutschland mussten bis zur Mitte des letzten Jahrhunderts den größten Teil ihres Einkommens für Nahrungsmittel ausgeben. Heute ist es nur noch ein Bruchteil. Wie ist es der Landwirtschaft gelungen immer billiger zu produzieren?

Umstellung auf intensive Landwirtschaft
Ein wichtiger Grund dafür ist, dass die Bauern ihr Land statt mit aufwändiger Handarbeit heute mit Maschinen bestellen. Diese Mechanisierung ermöglicht es, immer größere Flächen mit immer weniger Arbeitskräften in immer kürzerer Zeit zu bewirtschaften.

Viele landwirtschaftliche Betriebe haben sich auf wenige oder nur ein Produkt spezialisiert. So brauchen sie nur wenige teure Maschinen oder nur einen großen, oft automatisierten Stall für nur eine Tierart. Mit solchen Maßnahmen, die sehr viel Geld kosten, gelingt es vielen Landwirten, in ihren Betrieben immer mehr zu produzieren (Intensivierung). Manche Betriebe halten zum Beispiel Tausende Schweine oder Hühner in riesigen Stallanlagen. Diese Landwirtschaftsform wird auch als **konventionelle Landwirtschaft** bezeichnet.
Durch das steigende Angebot auf den Märkten erhalten die Landwirte in den letzten Jahren für ihre Produkte allerdings immer weniger Geld.

Probleme der intensiven Landwirtschaft
Begriffe wie „Massentierhaltung" und „Agrarfabrik" haben ein schlechtes Bild von der intensiven Landwirtschaft entstehen lassen. Meist verbindet man damit die Vorstellung, dass viele Tiere in engen Ställen mit wenig Bewegungsfreiheit auf hohen Ertrag getrimmt werden.

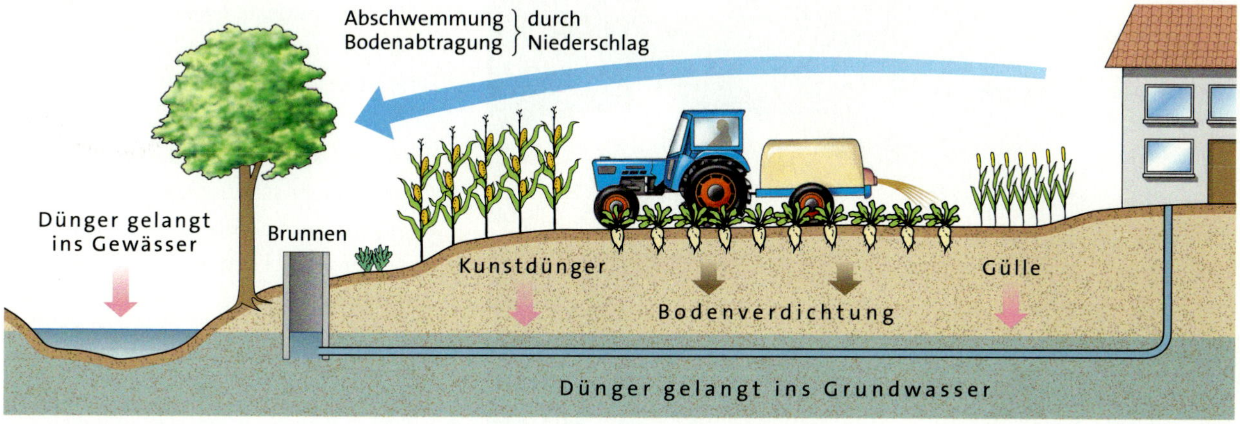

2 Umweltbelastungen durch intensive Landwirtschaft

In großen Betrieben mit intensiver Massentierhaltung fallen täglich riesige Mengen an Fäkalien an, die in Güllebehältern gesammelt werden. Düngt man Felder oder Wiesen mit zu viel Gülle, droht eine Wasserverschmutzung. Brunnen der öffentlichen Trinkwasserversorgung mussten in manchen Regionen deshalb sogar geschlossen werden.

Umdenken in der Landwirtschaft und staatliche Vorschriften

Um die Umweltschäden, die von manchen intensiv wirtschaftenden Betrieben verursacht werden, zu begrenzen, hat der Staat Schutzvorschriften erlassen. So regelt die Gülleverordnung die Lagerung der Gülle und beschränkt ihre Ausbringung zeitlich und mengenmäßig.

2002 wurde der Tierschutz in das Grundgesetz der Bundesrepublik Deutschland aufgenommen. Dort ist festgeschrieben, dass die Tiere entsprechend ihren natürlichen Bedürfnissen, zum Beispiel mit genügend Bewegungsfreiheit, mit Kontakten zu den Artgenossen und mit artgerechtem Futter gehalten werden müssen. Natürlich können moderne Tierhaltungssysteme nicht schon deshalb verurteilt werden, weil sich mehr Tiere in einem Stall befinden als früher. Auch bei höherer Anzahl der Tiere in einem Betrieb oder in einem Stall können Tiere artgerecht gehalten werden.

1 *Grafik 2 zeigt mögliche Umweltgefährdungen durch die intensive Landwirtschaft. Schlage Gegenmaßnahmen vor.*
2 *Die Intensivierung in der Landwirtschaft hat dazu geführt, dass die Anzahl der Bauernhöfe in Deutschland abnimmt. Erkläre den Zusammenhang.*
3 *Suche im Atlas Gebiete in Norddeutschland, in denen viele Schweine und Geflügel „produziert“ werden.*

3 Das Bundesverfassungsgericht (BVG) stellt fest (Urteil vom 06.07.1999):

Die Hennenhaltungsverordnung vom 10.12.1987 ist nicht mit dem Grundgesetz vereinbar und entspricht nicht den Forderungen des Tierschutzgesetzes. Sie ist deshalb nichtig und zu verändern. Neue Käfiganlagen sind ab sofort nicht mehr nach der bislang gültigen Hennenhaltungsverordnung genehmigungsfähig.

1 ***Mastschweine auf der Weide***

Ökologische Landwirtschaft

Das Bio-Siegel dürfen nur landwirtschaftliche Produkte tragen, die umweltschonend produziert wurden. Es garantiert dem Verbraucher gesunde Lebensmittel.

Bio
nach
EG-Öko-Verordnung

2

Wer Landwirt Tietz im Fläming besucht, erblickt zuerst ein riesiges Holzschild an der Hofeinfahrt mit einem Hinweis auf artgerechte Tierhaltung. Ein Zeitungsreporter befragte ihn dazu.

3 *Was ist artgerechte Tierhaltung?*
Alle Tierarten haben bestimmte Grundbedürfnisse. Wenn ich Tiere artgerecht halten will, muss ich diese Grundbedürfnisse kennen und die Haltung darauf ausrichten. Dazu gehören z.B. Rückzugsbereiche, Bewegungszonen, viel Licht, ein gesundes Lager und das richtige Futter. Unsere Tiere haben viel Platz in den Ställen und auch draußen.

Wir sehen hier viele Schweine auf den Weiden.
Die Ställe sind offen gebaut. So können die Schweine sich viel an der frischen Luft bewegen, wenn sie wollen. Und Schweine bewegen sich viel! Dort hinten suhlen sie sich gern im Schlamm. Sie haben für ihren Mistgang sogar einen eigenen Platz. So halten sie sich selbst die Liegestellen sauber. Ist Ihnen aufgefallen, dass es hier kaum riecht?

Woher stammen das Futter und das viele Stroh für die Tiere?
Wir wirtschaften in einem geschlossenen Kreislauf, d.h. alles was wir brauchen, erzeugen wir selbst. Das ganze Futter wächst auf unseren eigenen Ackerflächen. Mais, Gerste, Roggen und Weizen als Grundnahrungsmittel, dazu kommen Erbsen und Bohnen als Eiweißlieferanten. Unsere Abfälle aus den Ställen bleiben hier: Wir düngen mit Mist aus unseren Ställen. Gülle fällt überhaupt nicht an, weil die Ställe alle dick mit frischem Stroh ausgelegt sind. Das hält den Boden trocken und die Tiere haben immer einen gesunden, warmen Schlafplatz.

Wie kommt das Fleisch zum Kunden?

Wir haben einen kleinen Hofladen und viele Kunden kommen direkt zu uns. Zweimal in der Woche fahren wir zusätzlich in die Stadt auf den Wochenmarkt. Gerade haben wir begonnen, unser Fleisch im Internet anzubieten. So können die Kunden bequem bestellen und wir schicken es ihnen ganz frisch zu. Neben dieser Direktvermarktung haben wir noch einen Liefervertrag mit einem Supermarkt.

Welche Vorteile hat die ökologische Landwirtschaft für Sie?

Wir haben früher konventionell gewirtschaftet. Wir mussten möglichst billig produzieren, um konkurrenzfähig zu bleiben. Aber so konnten wir kein hochwertiges Fleisch produzieren und die Tiere waren oft krank. Wir haben kaum Gewinn gemacht. Unsere Tiere wachsen nun sehr gesund auf, wir müssen nicht mehr so viel Geld für den Tierarzt und die teuren Medikamente ausgeben. Unsere Pflanzen schützen wir mit biologischen Mitteln und natürlichen Maßnahmen. Der Ökologische Landbau erfordert zwar deutlich mehr Arbeit, die Tiere wachsen langsamer und das macht das Fleisch auch teurer. Aber es gibt immer mehr Kunden, die bereit sind, für gute Produkte etwas mehr zu bezahlen. So haben wir ein gesichertes Einkommen und sind einfach zufriedener mit unserer Arbeit. Und schauen Sie sich unsere Tiere an: Es geht ihnen einfach gut!

1 *Die Tierhaltung von Herrn Tietz belastet die Umwelt weniger als die Massentierhaltung. Begründe dies.*

2 *Welche Folgen hat artgerechtes Wirtschaften für die Verbraucherpreise?*

3 *Was können wir als Käufer tun, damit die Bauern nicht mehr gezwungen sind, Tiere in Massen zu halten?*

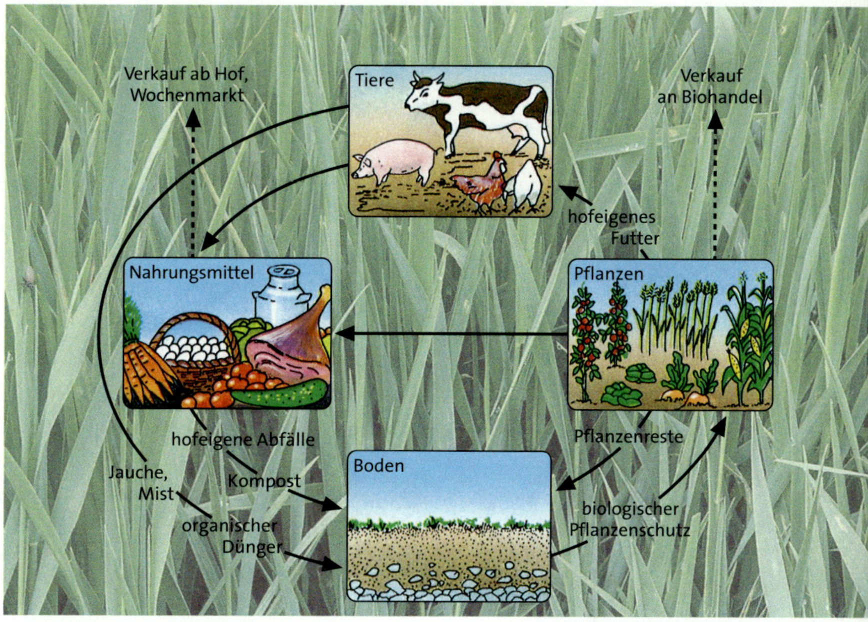

4 Der ökologische Kreislauf

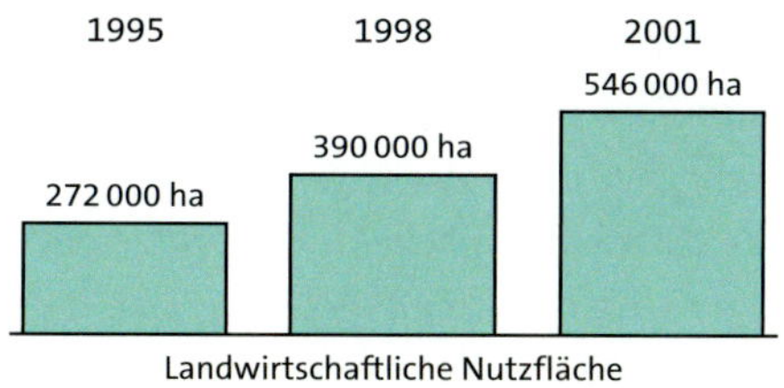

5 Entwicklung des Ökolandbaus in Deutschland

Immer wieder begegnen wir Texten: Texte gründlich zu bearbeiten, ist wichtig und will gelernt sein. Denn nur dann kannst du die wesentlichen Informationen aus einem Text entnehmen und verwenden – gleichgültig, ob der Text aus der Zeitung oder aber aus dem Internet stammt.

Einen Text auswerten

1. Schritt: Erstes Lesen

Du liest den Text durch, um einen ersten Eindruck vom Inhalt zu bekommen. Dabei achtest du besonders auf Überschriften und Fettgedrucktes.

Unbekannte Begriffe notierst du dir, um sie im Wörterbuch oder im Lexikon nachzuschlagen.

1 **Rotoren:** Flügelblätter einer Windkraftanlage, die eine Drehbewegung vollziehen.
(Quelle: Wörterbuch)

2. Schritt: Genaues Lesen und Unterstreichen

Nun liest du den Text ein zweites Mal: Aber jetzt unterstreicht du dabei Stellen, die dir wichtig erscheinen. Benutze dazu das Lineal und einen Bleistift – damit du die Striche wieder beseitigen kannst.

3. Schritt: Sinnabschnitte bilden

Du weißt jetzt schon ziemlich genau, worum es im Text geht. Deshalb kannst du nun den ganzen Text in Sinnabschnitte unterteilen: Das sind die inhaltlich zusammenhängenden Teile.

Dann suchst du für jeden Sinnabschnitt eine Zwischenüberschrift, die den Inhalt möglichst gut zusammenfasst.

2 ***Windpark in Norddeutschland***

3 **Windkraft drängt aufs Meer**

Die gewaltigen Rotoren der Windkraftanlagen drehen sich gemächlich im frischen Wind des Norddeutschen Tieflandes. Überall breiten sich die riesigen Kraftwerke aus. Die Windenergie hat im vergangenen Jahrzehnt einen bis heute ungebrochenen Aufschwung erlebt. Mitte 2004 waren in Deutschland rund 11 000 Windkraftanlagen installiert.

Der Anteil der Windkraft an der Stromerzeugung hat sich seit 1998 von einem auf 3,5 % erhöht. Diese Menge reicht aus, um eine Großstadt wie Berlin mit Strom aus Windkraft zu versorgen.

In wenigen Jahren wird diese Entwicklung jedoch gebremst werden: Windenergienutzung braucht Flächen und diese stehen nur begrenzt zur Verfügung: Es wird zu eng! „Natürlich freuen wir uns über die saubere Energie. Nichts qualmt, nichts stinkt," erzählt der Bürgermeister eines norddeutschen Kurortes. Aber an manchen Stellen

④ ***Offshore-Windpark***

ist unsere schöne Marsch gar nicht wieder zu erkennen. Einige Mühlen stehen so dicht an den Hotels, sie rauschen und pfeifen bei Sturm. Wir fürchten, dass die Touristen wegbleiben."

Die Zukunft der Windenergie liegt nach Einschätzung der Fachleute auf dem Meer, also Offshore.

Die Investitionen für die Errichtung werden zwar gewaltig sein, aber die Vorteile liegen auf der Hand: Auf dem Meer weht der Wind viel beständiger als an der Küste. Die Genehmigungsverfahren werden viel einfacher sein. Die Geräuschemissionen stören auf dem Meer niemanden. Gleichzeitig will man Anlagen mit einer um 40 % höheren Energieausbeute bauen. Die Rotoren werden gigantische Generatoren antreiben. Der Strom wird dann in dicken Kabeln an Land geleitet.

4. Schritt: Schlüsselbegriffe markieren und notieren

Mit einem farbigen Textmarker hebst du nun die wichtigsten Einzelwörter hervor. Man kann sie Schlüsselbegriffe nennen. Diese Schlüsselbegriffe solltest du aufschreiben. Sie werden dir später helfen, dich an den Inhalt des Textes zu erinnern.

5. Schritt: Zusammenfassen

Jetzt kontrollierst du dich selbst. Du legst den bearbeiteten Text beiseite. Anhand der Schlüsselbegriffe versuchst du, die wesentlichen Aussagen des Textes wiederzugeben – natürlich ohne den Text noch einmal zu lesen.

1 *Bearbeite eine Kopie des vorliegenden Textes wie hier beschrieben.*

2 *Sprich mit deinem Nachbarn über den Inhalt des Textes:*
a) Welche Zwischenüberschriften habt ihr eingefügt?
b) Vergleicht die Schlüsselbegriffe.

3 *Bearbeite einen Sachtext deiner Wahl in derselben Weise. Halte einen kurzen Vortrag über den Inhalt.*

Kaum zu glauben

Die Rotoren auf dem Meer werden mit über 100m Durchmesser die Länge eines Fußballfeldes haben!

Leicht zu merken

Wer selbst etwas aufschreibt, kann sich eine neue Sache besser merken!

Methode

1

2

Wichtige Begriffe:
Börde
Deich
Flachküste
Gezeiten
Konventionelle Landwirtschaft
Küste
Löss
Nationalpark
Ökologische Landwirtschaft
Sand
Steilküste
Wattenmeer

1 Umschlagsarten gesucht
Ordne den Fotos 1 und 2 die jeweilige Umschlagsart zu.

2 Findest du die Begriffe?
- *tägliches Ansteigen des Meeresspiegels*
- *Küstenbereich, der von Schlick bedeckt ist*
- *Damm, der dahinter liegendes Land vor Überschwemmungen schützt*
- *gefährliche Flut bei stürmischem Wetter*
- *tägliches Absinken des Meeresspiegels*
- *Höhenunterschied zwischen Hochwasser und Niedrigwasser*
- *Gebiet, das zum Schutz der Natur angelegt wurde*
- *an diesem Ort werden Schiffe beladen und entladen*
- *regelmäßiger Wechsel von Ebbe und Flut*

3 Außenseiter gesucht
a) Borkum, Baltrum, Spiekeroog, Sylt
b) Rostock, Hamburg, Flensburg, Kiel
c) Sand, Weizen, Börde, Zuckerrübe
d) Uckermark, Harz, Prignitz, Oderbruch

4 Zum Knobeln
In Hamburg hat man mich aufgefischt.
Wo bin ich ins Wasser gefallen?
DESBAUTRNEDSERDABDUFVWLMNOPQ

5 Nationalpark
Die Zeichnungen zeigen, wie man sich im Nationalpark nicht verhalten sollte. Bilde dazu einfache Sätze: „Ich verhalte mich richtig, wenn ich ...“

a

e

b

f

c

g

d

h

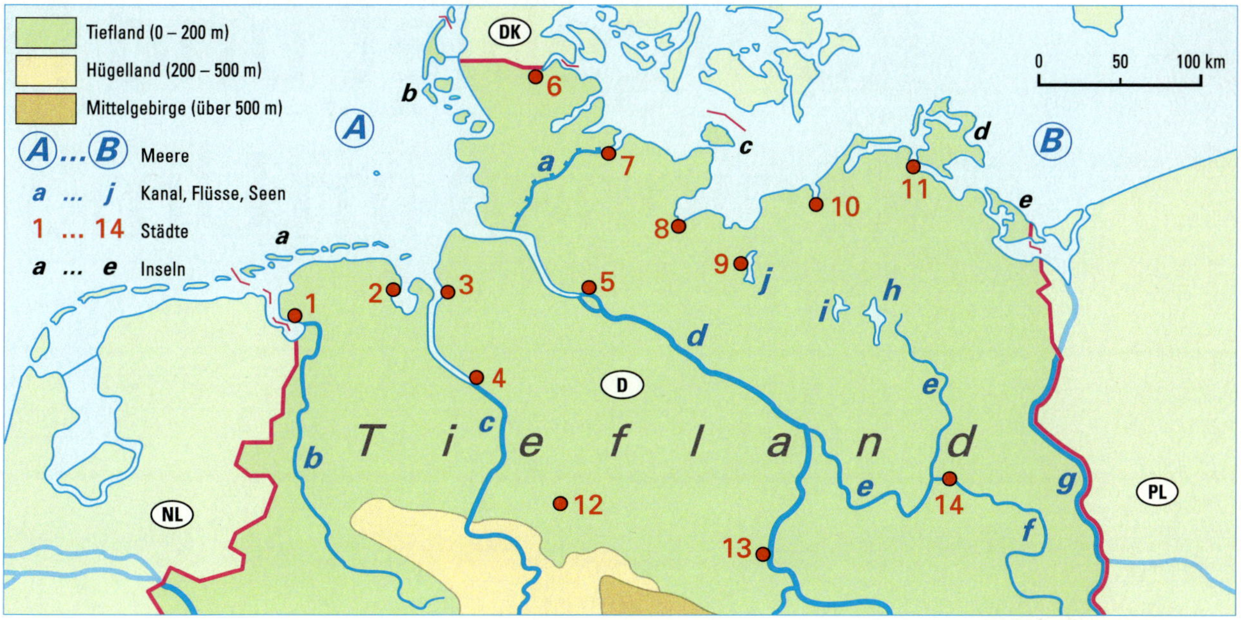

3

6 Kennst du dich aus?

Arbeite mit der Karte.

a) Benenne die Meere A und B,

b) die Inselgruppen/Inseln a–e,

c) die Städte 1–14,

d) die Gewässer a–j,

e) die Nachbarstaaten.

7 Füge die Wortteile zusammen:

8 Bilderrätsel

Löse die Bilderrätsel.

a

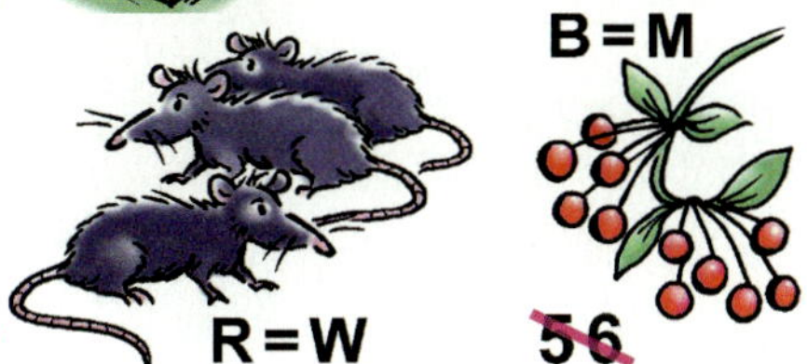

b

c

d

Teste dich selbst

mit den Aufgaben 3a und 8a

Training

Ruhrgebiet und Nie
Regionen im Umbru

Deutschland gehört zu den führenden Industrieländern in der Welt. Doch einige Regionen, die früher aufgrund ihres Reichtums an Kohle zu den wirtschaftlich leistungsstärksten Räumen des Landes zählten, kämpfen heute mit großen Problemen, z. B. das Ruhrgebiet und die Niederlausitz. Über Ursachen und Folgen dieses Wandels wird im folgenden Kapitel berichtet.

derlausitz –
ch

1 ***Sumpfwald im Karbon***

2 ***Torf***

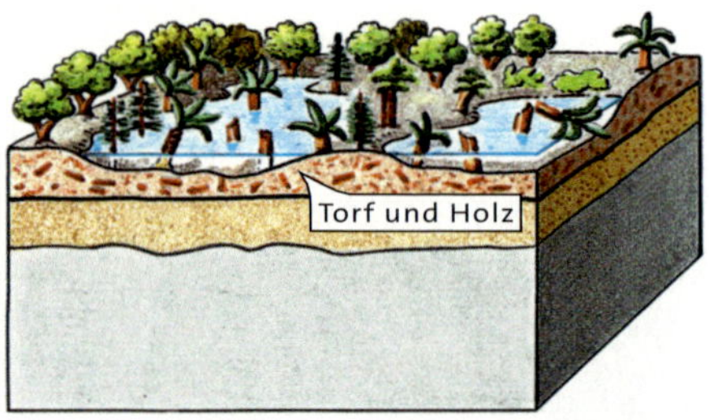

5

3 ***Braunkohle***

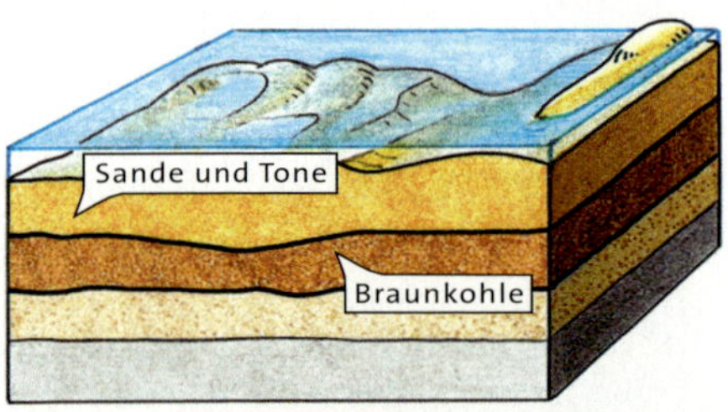

6

4 ***Steinkohle***

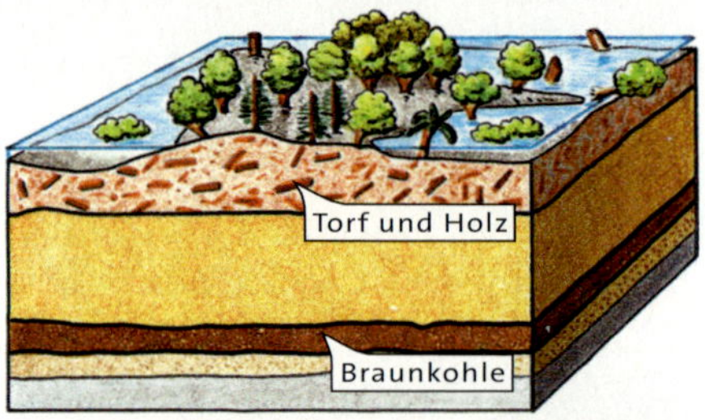

7

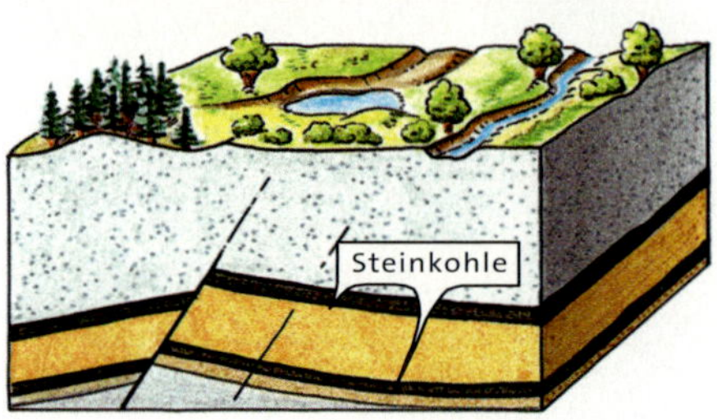

8

Rohstoff Kohle

Entstehung der Kohle

Eine Zeitreise führt uns 240 Millionen Jahre zurück in das Karbon (Kohlezeitalter). Damals existierten noch keine Menschen. Ausgedehnte Sumpfwälder sowie Moore bedeckten das Gebiet des heutigen Norddeutschland. In diesen lebten z.B. riesige Libellen oder bis zwei Meter lange Tausendfüßler. Aus den verrottenden Pflanzen bildeten sich Torfschichten, die von Zeit zu Zeit, wenn sich das Land senkte, vom Meer überflutet wurden; über dem **Torf** lagerten sich Kies, Sand und Ton ab. Diese schweren Ablagerungen pressten die Torfschicht zusammen, sodass unter hohem Druck und Wärme daraus zunächst **Braunkohle** und später **Steinkohle** entstand.

Dieser Vorgang wiederholte sich im Laufe von Jahrmillionen bis zu hundertmal (im Ruhrgebiet zuletzt noch vor 15 bis 30 Millionen Jahren). Deshalb gibt es in den Lagerstätten viele im Gestein eingebettete, bis zu 100 Meter mächtige Kohleschichten, die Flöze. Ursprünglich lagen diese Flöze und die umgebenden Gesteinsschichten waagerecht übereinander. Durch starke Erdbewegungen wurden die Schichten jedoch verschoben und gefaltet.

Bedeutung der Kohle heute

Seit dem 19. Jahrhundert war Kohle wichtig für die Entwicklung der **Industrie**, insbesondere für die Eisen- und Stahlerzeugung. Aus Kohle entstanden auch viele Produkte der **chemischen Industrie**. Außerdem benötigte man Kohleprodukte wie Koks zum Heizen und später zur Erzeugung von Strom.

Heute werden dafür auch noch andere Rohstoffe genutzt, vor allem Erdöl und Erdgas. Doch weiterhin bleibt Kohle wichtig: Immer noch mehr als die Hälfte des Stroms wird in Deutschland in **Kraftwerken** auf Kohlebasis erzeugt. Allerdings wird die dafür benötigte Kohle zusätzlich aus anderen Ländern, z.B. Australien und den USA, importiert. Dort kann sie preiswerter als bei uns gefördert werden. So gibt es heute in Deutschland, obwohl die Lagerstätten längst nicht erschöpft sind, nur noch ganz wenige **Standorte**, an denen Braunkohle oder Steinkohle abgebaut wird. Die ausländische Kohle wird hauptsächlich über die Häfen von Hamburg oder Rotterdam (Niederlande) eingeführt.

9 ***Kraftwerk***

Kraftwerk

A Kohlebandanlage vom Bergwerk

B Kohlemischanlage und Kohlelager

C Kesselhaus mit Turbine und Generator

D Entstaubungs- und Entschwefelungsanlage

E Schornstein

F Kühlturm

G Verwaltungsgebäude

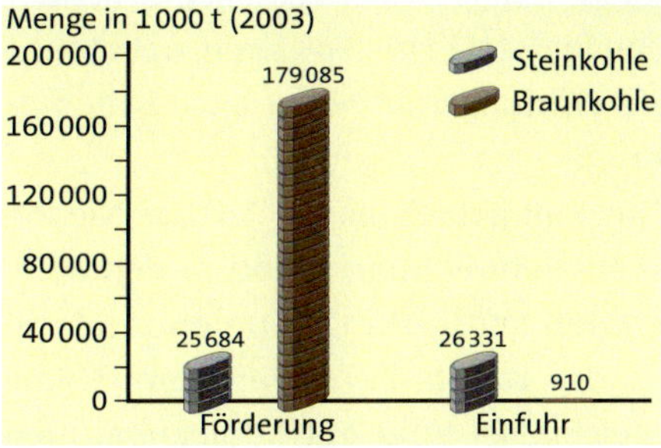

10 ***Kohlenförderung und Kohleneinfuhr nach Deutschland im Jahre 2003***

1 *Übertrage die Zeichnungen der Kohlenentstehung (5–8) ins Heft und beschreibe daneben in Stichworten jeweils den Entstehungsschritt.*

2 *Erkläre, warum heute in Deutschland nur noch sehr wenig Kohle abgebaut wird, obwohl sie weiterhin vielfältig als Energieträger und Rohstoff in der Industrie Verwendung findet.*

1 

Verdichtungsraum Rhein-Ruhr

Das Ruhrgebiet – ein Verdichtungsraum im Wandel

Das Ruhrgebiet ist ein Zentrum der deutschen Wirtschaft. Hier reihen sich Wohnbauten und Industriebetriebe fast lückenlos aneinander. Viele Orte sind im Laufe der Zeit zusammengewachsen. Das gesamte Gebiet sieht aus wie eine einzige große Stadt.

Eine solche Region, in der sich Einwohner, Arbeitsplätze, Gewerbegebiete, Freizeitanlagen und Verkehrsflächen besonders stark konzentrieren, nennt man **Verdichtungsraum** oder auch Ballungsraum.

Das Ruhrgebiet als ein Teil der Niederrhein-Ruhr-Ballung gehört zu den wichtigsten Verdichtungsräumen Deutschlands. Lange Zeit war sein Name gleichbedeutend mit Kohleabbau und Industrie. Doch das Gesicht des Ruhrgebiets hat sich in den letzten Jahrzehnten stark verändert: Hier wird heute fast keine Kohle mehr abgebaut und traditionelle Industriezweige wie die Eisen- und Stahlerzeugung haben immer weniger Bedeutung; stattdessen finden die Menschen Arbeit in moderneren Industrien oder im Dienstleistungsbereich (z. B. Verwaltung, Computerfirmen, Forschung, Tourismus). Einen solchen, langsamen Veränderungsprozess, der die gesamten wirtschaftlichen Bereiche einer Region erfasst, nennt man **Strukturwandel**.

Erneuerung der Städte

Fabrikschlote und Fördertürme prägen heute nicht mehr wie früher das Bild der Städte im Ruhrgebiet. Man ist bemüht, die Region durch viele Maßnahmen für ihre Einwohner wieder attraktiv zu machen, z. B. durch die Sanierung einzelner Stadtteile, durch die Gestaltung von Fußgängerzonen und die Anlage von Grünzonen rund um die Siedlungen.

Etwas Besonderes sind die so genannten Revierparks, die oft auf Flächen entstanden, wo früher Fabriken oder Zechen standen: Hier gibt es Sportarenen, Indoor-Skihallen, Wellenbäder und großflächige Parkanlagen. Aber um das Ruhrgebiet, wo immerhin rund 5,5 Millionen Menschen leben, wirklich als zukunftsträchtigen Wohnort für seine Bevölkerung zu erhalten oder sogar weitere Einwohner anzuziehen, müssen die Stadtplaner vor allem dafür sorgen, dass immer neue, moderne Arbeitsplätze entstehen. Solche Bedingungen, die die Ansiedlung neuer Betriebe beeinflussen, nennt man **Standortfaktoren**. Drei Beispiele dafür werden hier vorgestellt.

2 ***Sehenswürdigkeiten***

1 *Zeche Consolidation, Gelsenkirchen*
2 *gläserner Elefant, Hamm*
3 *Gasometer, Oberhausen*
4 *Schiffshebewerk, Heinrichenburg, Waltrop*
5 *Colani-Ei, Lünen*
6 *Zeche Zollverein, Essen*

Technologiezentren

Bereits 1985 eröffnete in Dortmund eines der ersten Technologiezentren in Deutschland. Hier werden neu gegründete Firmen gefördert, deren Erzeugnisse für Computertechnik, Energietechnik, Kommunikationstechnik, Umweltschutz und andere zukunftsweisende Bereiche von Bedeutung sind. Diese Firmen der Hochtechnologie benötigen ihrerseits die Nähe zu Hochschulen und Forschungseinrichtungen, damit der Austausch neuester Forschungs- und Entwicklungsergebnisse erleichtert wird. Inzwischen gibt es mehr als 20 weitere Zentren. Sie werden durch Technologieparks ergänzt, in denen die neuen, bereits erfolgreichen Firmen weiter wachsen können.

Schulen und Hochschulen

Die Eröffnung der Ruhr-Universität in Bochum im Jahre 1965 gab das Startsignal für die Errichtung weiterer 4 Universitäten und 7 Fachhochschulen. Denn es besteht heute eine steigende Nachfrage nach gut ausgebildeten Arbeitskräften.

Kulturangebote

Das kulturelle Angebot ist enorm vielfältig und umfangreich. Mehr als 150 Museen wie das Deutsche Bergbaumuseum, das Tennis-Museum oder Freilichtmuseen heißen Besucher willkommen. Das Ruhrgebiet hat die höchste Theaterdichte in Deutschland. Theater, Konzertsäle und Musical-Halls locken mehr Besucher an als die Fußballarenen.

3 *Sprengung eines Förderturms*

4 *Ruhr-Universität Bochum*

6 *Werbeplakat für ein Musical*

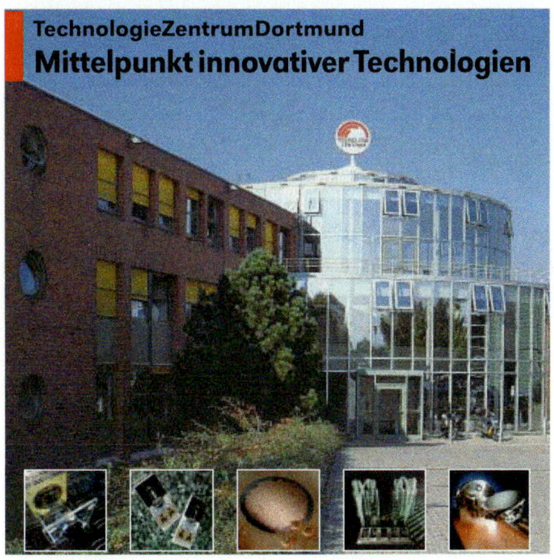

5 *Werbeplakat eines Technologiezentrums*

1 *Erkläre die Herkunft des Begriffs „Verdichtungsraum".*

2 *Nenne Standortvorteile für die Ansiedlung neuer Betriebe im Ruhrgebiet.*

① ***Ehemaliges Hüttenwerk Oberhausen*** *(Blick aus östlicher Richtung)*

Vom Hüttenwerk zum CentrO

Das Bild von Oberhausen im Ruhrgebiet hat sich in wenigen Jahrzehnten grundlegend geändert. Wie kam es dazu?

Erster Strukturwandel

Zunächst gab es nur den Bahnhof Oberhausen, der an der Köln-Mindener Eisenbahnstrecke 1847/48 eingerichtet wurde. Zu dieser Zeit rückte der Steinkohlenbergbau langsam in dieses Gebiet vor. Ihm folgten die Eisen- und Stahlindustrie und viele kleinere Zulieferfirmen. Wahllos verteilt entstanden überall Hochöfen, Stahlwerke, Lagerhallen, Wohnhäuser. Von Vorteil war auch die Lage der Stadt am Rhein-Herne-Kanal, der zum Binnenhafen von Duisburg führte. Es sprach sich herum, dass viele Arbeitskräfte benötigt wurden, und so zogen die Menschen aus verschiedenen Teilen Deutschlands hierher, zum Teil sogar aus dem Gebiet des heutigen Polen, das damals zu Preußen gehörte. Zahlreiche polnische Namen - wie Koslowski oder Schimanski - finden sich noch heute in den Telefonbüchern des Ruhrgebiets.

Zweiter Strukturwandel

Nach dem Zweiten Weltkrieg sorgten die Bergbaubetriebe und Stahlwerke noch einmal für einen Aufschwung. Um den Bedarf an Arbeitskräften zu decken, wurden Menschen aus Südeuropa und später auch aus der Türkei angeworben. Doch schon 1958 kam die große Krise: Billiges Erdöl verdrängte die Kohle als Energieträger. Die ersten Zechen in Oberhausen wurden ab 1968 geschlossen. Doch auch die Stahlwerke

② **CentrO – neue Mitte Oberhausens** *(Blick aus westlicher Richtung)*

CentrO
Größe des Geländes:
83 ha (160 Fußballfelder)
10 500 Parkplätze

Einkaufszentrum (A):
Über 200 Geschäfte
70 000 m² Verkaufsfläche
9 Kinos
ca. 5600 Arbeitsplätze
täglich ca. 70 000 Besucher

Business-Park (B):
Büros und Gewerbeflächen, Hotels, Tankstellen, Fitness-Center, Theater

CentrO Arena (C)
Mehrzweckhalle mit 11 500 Sitzplätzen

Freizeitpark (D)

Verkehrsanbindung:
5 Millionen Menschen erreichen das CentrO mit Bahn und Bus oder über die Autobahn in einer halben Stunde, 15 Millionen in einer Stunde Fahrzeit.

wurden bald unwirtschaftlich, denn allgemein sank die weltweite Nachfrage nach Stahl und außerdem wurde die internationale Konkurrenz immer größer. Die unrentablen Großbetriebe schlossen nach und nach ihre Pforten. Seit 1992 ist Oberhausen mit Schließung der letzten Zeche auch keine Bergbaustadt mehr. Die Kohle- und Stahlkrisen führten zu immer größerer Arbeitslosigkeit, viele Menschen wanderten ab. Zurück blieben Industriebrachen und eine Bevölkerung fast ohne Zukunft.

Dritter Strukturwandel

Um die Krise in Oberhausen zu bewältigen, wurden moderne Industrien mit neuen Technologien auf den Brachflächen angesiedelt, Arbeitsplätze im Dienstleistungsbereich geschaffen und eine neue Stadtentwicklung betrieben. Man sorgte für ein verbessertes Wohnumfeld, indem man die Stadt durchgrünte, Freizeiteinrichtungen und Parkanlagen zur Naherholung schaffte.
Die riesigen brachliegenden Industrieflächen wurden einer neuen Nutzung zugeführt. Es entstand die „Neue Mitte Oberhausen“ mit ihrer bekanntesten Einrichtung, dem „CentrO“, einem der größten Freizeit- und Einkaufszentren ganz Europas. Weitere Freizeitparks sind geplant oder bereits im Aufbau. So hat Oberhausen heute weniger Arbeitslose als manche Nachbarstadt, wenn auch der Strukturwandel längst noch nicht abgeschlossen ist.

1 *Beschreibe anhand der Bilder die Nutzung der „Mitte“ von Oberhausen früher und heute.*

2 *Wie erfolgte der Strukturwandel im Ruhrgebiet? Notiere Stichworte in der richtigen Reihenfolge und erläutere sie.*

1

3 ***Braunkohlentagebau***

Braunkohlentagebau in der Niederlausitz

Kaum zu glauben

Die Ausmaße eines Schaufelradbaggers:
Höhe: 96 Meter
Länge: 225 Meter
Durchmesser des Schaufelrades: über 21 Meter
Der Bagger kann täglich bis zu 240 000 Tonnen fördern, so viel wie früher 40 000 Menschen mit Hacke und Schaufel.

„Mann, der sieht ja aus wie ein riesiges Ungeheuer!“ Ute, die mit ihrer Klasse einen Ausflug in einen Braunkohlentagebau unternimmt, ist von der Größe des Schaufelradbaggers begeistert. Herr Oehler von der Besucherbetreuung erklärt: „Das Schaufelrad hat einen Durchmesser von 21 Metern. In jeder der 18 Schaufeln hat ein Auto bequem Platz. Das muss auch so sein, denn um an die bis 20 Meter mächtigen Braunkohleflöze heranzukommen, müssen große Mengen Kies und Sand, die Deckschichten, abgetragen werden.“

Die Schüler stehen am Rand des Tagebaus und schauen in eine 100 Meter tiefe Grube. Sie sehen, wie der Kohlebagger die dunkelbraune Kohlenschicht abträgt und Material auf die Transportbänder schüttet. Auf diesen Bändern, die wie Schlangen aussehen, wird die Rohbraunkohle über eine Strecke von vielen Kilometern zum Kraftwerk oder zur Brikettfabrik transportiert.

	Höhe	Breite
Brandenburger Tor:	26 m	65,5 m
Schaufelradbagger	96 m	225 m

2 ***Schaufelradbagger und Brandenburger Tor im Größenvergleich***

4

Auf der Rückseite des Tagebaus wird die Grube wieder aufgefüllt. Als Abschluss wird fruchtbarer Boden aufgeschüttet. Ein solcher Vorgang **(Rekultivierung)** dauert insgesamt mehrere Jahre. „Der kleine blaue See dort in der Grube", sagt Herr Oehler, „ist nicht etwa zum Baden für Bergleute gedacht. Er zeigt den heutigen Grundwasserstand an. Würden wir nicht Tag und Nacht unsere Pumpen laufen lassen, wäre der Tagebau bald voll Wasser."

„Was war denn hier früher?", fragt Ute. Herr Oehler wird nachdenklich. „Noch vor 40 Jahren stand hier ein Dorf. Die Menschen mussten ihre Häuser verlassen, Straßen wurden verlegt und wertvolles Ackerland ging verloren. Und auch noch in den kommenden Jahren wird der Braunkohlentagebau immer weiter wandern und die Landschaft verändern."

1 *Beschreibe mithilfe von Karte 5 die Lage der verschiedenen Braunkohlentagebaue in der Niederlausitz.*

2 *Welche Aufgaben müssen bewältigt werden, bevor man Braunkohle abbauen kann?*

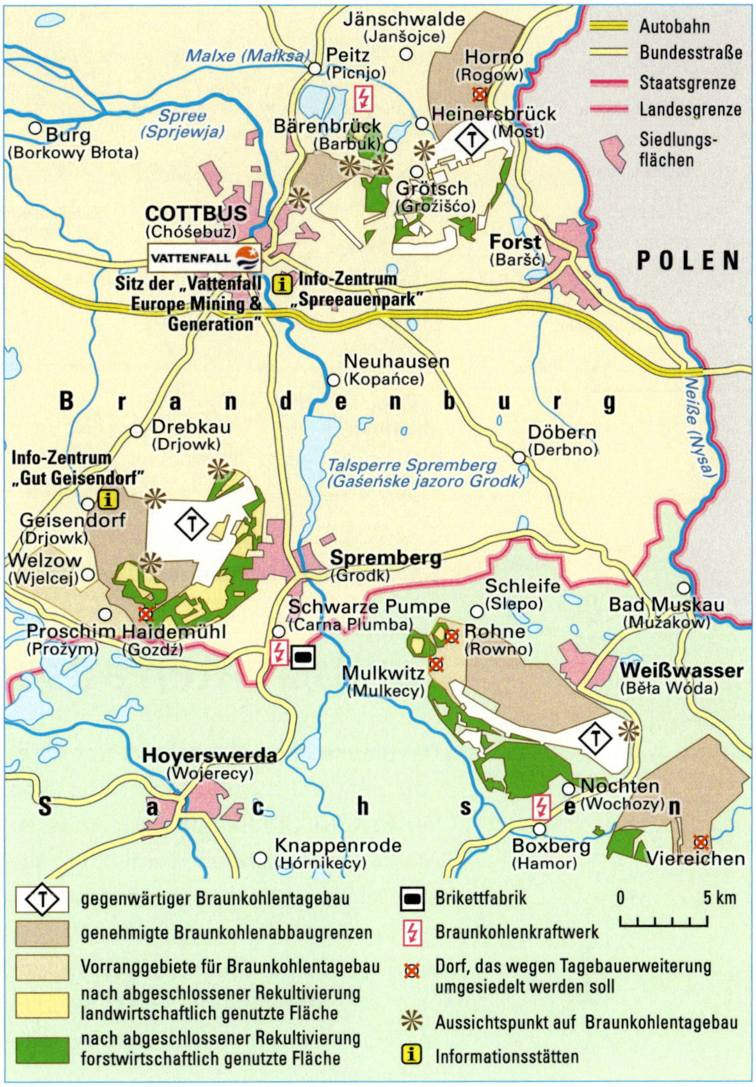

5 ***Braunkohlentagebaue der Vattenfall AG in der Niederlausitz***

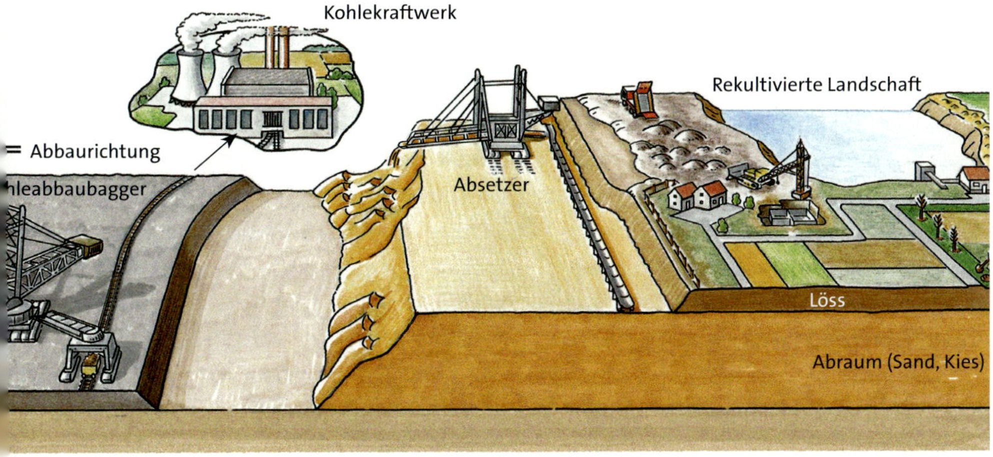

Surftipp

www.vattenfall.de

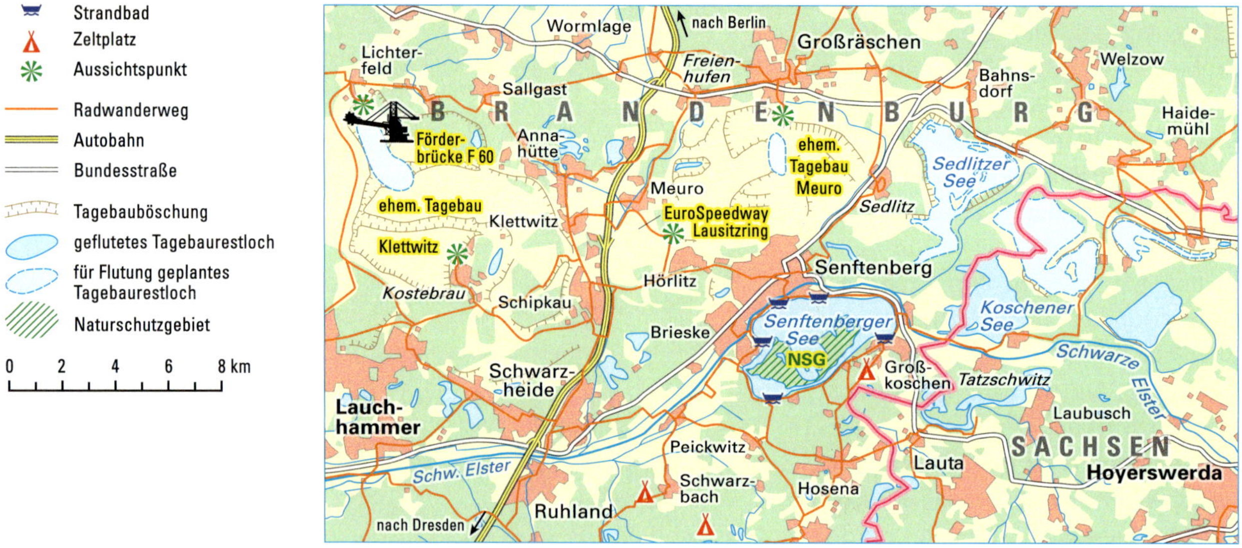

1 ***Erholungsgebiet Senftenberger See***

Landschaften aus zweiter Hand

Die Braunkohle ist abgebaut, der Tagebau zieht weiter und hinterlässt eine verwüstete Landschaft. Nun müssen Maßnahmen ergriffen werden, um die Landschaft wieder nutzbar zu machen. Während in Jänschwalde oder Welzow der Tagebau die Landschaft verändert, sind in Senftenberg die verschiedenen Maßnahmen zur Rekultivierung weitestgehend abgeschlossen.

Land- und forstwirtschaftliche Rekultivierung

Viele der durch den Tagebau zerstörten Flächen werden heute wieder von der Land- und Forstwirtschaft genutzt. Um dieses Ziel zu erreichen, wird meist schon während der Zeit des Kohleabbaus der abgetragene Boden (Abraum) mit Zügen oder Bandanlagen um das Abbaugebiet herumtransportiert und auf der Rückseite aufgeschüttet. Doch auf dem nährstoffarmen, durchwühlten Abraum würde sich von allein nur sehr langsam eine neue Pflanzendecke entwickeln. Deswegen trägt man oft zusätzlich fruchtbaren Boden auf und düngt ihn recht stark. Auch sind bei der landwirtschaftlichen Nutzung in den nächsten sieben Jahren bestimmte Fruchtfolgen zu beachten. Entscheidet man sich für die Aufforstung, kann man bei genügender Pflege der Anpflanzungen einen Mischwald aus Eichen, Buchen, Eschen, Lärchen und Kiefern entstehen lassen.

Rekultivierung und Naherholung

Das neue Erholungsgebiet Senftenberger See ist seit 1973 ein einzigartiges Beispiel für die Nachnutzung von Tagebaulandschaften. Entstanden aus dem Tagebau Niemtsch zählt er heute zu den größten Binnenseen Europas; Teile davon sind seit 1981 ein Naturschutzgebiet. Die Böschungen am Seeufer wurden abgeschrägt und verdichtet, sodass ein schöner und rutschungssicherer Badestrand entstand. Auf dem See kann man surfen und segeln, auch Tauchen und Angeln sind erlaubt, selbst eine Schifffahrt ist möglich. Rund um den See wurden attraktive Camping- und Caravaning-Plätze sowie ein dichtes Rad- und Wanderwegenetz angelegt. Natürlich siedelten sich bald neue Hotels und Gaststätten an. Damit entstanden auch neue Arbeitsplätze für die Menschen der Region.

Nicht weit vom Senftenberger See, am Rande des ehemaligen Tagebaus Klettwitz-Nord, kann man in einem Besucherbergwerk studieren, wie in diesen Teilen Brandenburgs und Sachsens der Braunkohlentagebau die Landschaft verändert. Als „Wahrzeichen" hat man die gigantische Förderbrücke „F 60" (Höhe bis 80 Meter) stehen lassen, die auch bestiegen werden kann. Wenn hin und wieder ein Künstler die Eisenkonstruktion nachts in buntes Licht taucht, ist das ein unvergessliches Erlebnis für alle Besucher.

Rekultivierung und Naturschutz

Im Senftenberger See gibt es eine große Insel, die als Totalreservat ausgewiesen ist. Dies bedeutet, dass sie von niemandem betreten werden darf. So können Wissenschaftler beobachten, wie sich die Natur auf einer durch den Bergbau geschaffenen Kippe im Laufe von Jahrzehnten ganz von allein verändert: Es haben sich sogar schon Pflanzen und Tiere eingefunden, die es vor dem Tagebau hier nicht gab. Auch anderswo in Deutschland werden einzelne Gebiete von Bergbaufolgelandschaften zu Schutzgebieten bestimmt, in denen sich die Natur unbeeinflusst neu entwickeln soll.

2 ***Erholungsgebiet Senftenberger See***

3 ***Lichtinstallation an der Förderbrücke F 60***

1 *Benenne die Rekultivierungsmaßnahmen, die du in der Karte 1 erkennen kannst.*

2 *Erkläre die Überschrift „Landschaften aus zweiter Hand".*

1 *Zeche Konstantin in Bochum um 1950*

Neben Karten, Diagrammen und Tabellen gehören Bilder zu den am häufigsten benutzten Materialien im Geographieunterricht. Sie enthalten sehr viele Informationen, die allerdings erst einmal erschlossen und geordnet werden müssen. Geeignete Bilder kann man auch miteinander vergleichen.

Bilder beschreiben und vergleichen

Bilder sind im Geographieunterricht ein Ersatz für die Wirklichkeit, um auch jenes betrachten zu können, was nicht in unserer unmittelbaren Umgebung anwesend ist. Aber Vorsicht! Bilder zeigen – so realistisch sie auch wirken – immer nur einen begrenzten Ausschnitt der Wirklichkeit, zu einem ganz bestimmten Zeitpunkt, von einem ganz bestimmten Standpunkt aus gesehen (Perspektive). Um so wichtiger ist deshalb eine angemessene Untersuchungsmethode.

Bilder beschreiben

1. Schritt: Orientierung

Verschaffe dir wichtige Informationen über das vorliegende Bild. Wie lautet die Bildunterschrift? Wo und wann (Jahr, Jahreszeit, Tageszeit) wurde es aufgenommen? Von wem stammt das Bild?

2. Schritt: Beschreibung

Versuche zunächst das abgebildete Motiv in Vorder-, Mittel- und Hintergrund zu gliedern. Unterscheide bei der Beschreibung Landschaften, Objekte und Personen. So könntest du beginnen: „Im Vordergrund sehe ich ...“

- *Sind Gewässer und Pflanzenwelt, land- und forstwirtschaftliche Nutzung erkennbar? Findest du Siedlungen, Verkehrswege, Industrieflächen oder Freizeiteinrichtungen?*
- *Wozu dienen die abgebildeten Objekte, z. B. Gebäude? Welche Eigenheiten weisen sie auf?*
- *Falls Personen dargestellt sind: Welche Tätigkeit üben sie aus, zeigen sie besondere Merkmale?*

3. Schritt: Erklärung und Deutung

Leider erklären sich Bilder nicht „von selbst“. Du musst jetzt das Beschriebene selbst deuten. Was fällt besonders auf? Erkennt man Probleme? Werden eher natürliche Prozesse dargestellt oder ist der Mensch für die auffälligen Erscheinungen verantwortlich?

Beginne mit: „Ich vermute ...“

2 ***Gelände der Zeche Konstantin in Bochum heute***

Bilder vergleichen

Mit der Methode des Vergleichs, also der Gegenüberstellung, lassen sich Gemeinsamkeiten und Unterschiede ermitteln. Dadurch kannst du viele Zusammenhänge und Entwicklungen besser erkennen und verstehen. Auch um einen Vergleich durchzuführen solltest du schrittweise vorgehen:

1. Schritt: *Wähle zuerst geeignete Vergleichsmedien aus, etwa Fotos oder Karten, die den gleichen Bildausschnitt (z.B. zu verschiedenen Zeiten) oder aber ähnliche Motive (z.B. Landschaften) zeigen.*

2. Schritt: *Suche nach geeigneten Merkmalen, Eigenschaften oder Vorgängen, die sich gegenüberstellen lassen. Lege zu den Vergleichsaspekten eine Tabelle an.*

3. Schritt: *Beschreibe für die ausgewählten Vergleichsaspekte Gemeinsamkeiten, Ähnlichkeiten und Unterschiede.*

4. Schritt: *Werte den Vergleich aus, indem du insbesondere versuchst die Unterschiede oder Veränderungen zu erklären. Dazu werden sicher wieder Informationen aus anderen Quellen nötig sein, aber der Vergleich ist auch selbst eine Quelle neuen Wissens.*

3

Vergleichsaspekt	Zeche Konstantin um 1950	Zeche Konstantin heute
Werksgebäude und -anlagen	viele Zechengebäude, Fördertürme, Schornstein	alle Werksanlagen restlos verschwunden
Wohngebäude	eine Straßenzeile mit Wohnhäusern, eher ungepflegt	eine Straßenzeile mit Wohnhäusern, renoviert
Straßen		
Bodennutzung (z.B. Landwirtschaft, Wald)		
...		

1 *Ergänze die Tabelle 3. Versuche die Veränderungen zu erklären. Wiederhole dazu, was du bereits über den Strukturwandel im Ruhrgebiet weißt.*

Wichtige Begriffe:
Braunkohle
Chemische Industrie
Kraftwerk
Rekultivierung
Standortfaktoren
Steinkohle
Strukturwandel
Torf
Verdichtungsraum

1

1 Verdichtungsräume in Deutschland
Arbeite mit der Karte 1 und dem Atlas:
a) Beschreibe die Lage der Verdichtungsräume in Deutschland. Orientiere dich an Flüssen, Gebirgen, Grenzen usw.
b) In welchen Bundesländern liegen die Verdichtungsräume?
c) Welche Verdichtungsräume erstrecken sich über die Grenzen von mindestens zwei Bundesländern?

	1	2	3	4	5	6	7	8	9	10	11	12	13	14
a	I	S	H	O	C	H	S	C	H	U	L	E	N	G
b	S	N	K	U	L	T	E	K	A	A	B	T	N	Y
c	F	Y	D	V	V	S	A	R	E	Ä	Ü	U	Y	D
d	O	P	E	U	B	D	Q	Ä	I	Ö	T	A	G	W
e	R	A	G	D	S	F	Q	P	Z	S	P	C	A	B
f	S	E	R	R	B	T	A	R	I	L	O	V	S	F
g	C	U	E	R	N	I	R	E	W	A	I	B	O	J
h	H	Z	B	T	N	H	L	I	R	K	O	N	M	U
i	U	T	N	Z	M	T	W	V	E	J	U	N	E	Z
j	N	R	I	G	S	J	E	E	H	N	Z	M	T	G
k	G	E	S	N	L	K	R	R	C	N	A	Q	E	T
l	W	C	E	N	T	R	O	E	S	G	G	T	R	E
m	W	I	Q	R	K	J	T	L	M	F	R	E	U	S
n	D	L	G	E	W	E	R	B	E	P	A	R	K	R

2

4

Teste dich selbst
mit den Aufgaben 4 und 6a, b

2 Buchstabensalat
Suche 6 Begriffe, die das „neue Gesicht des Ruhrgebiets" zeigen.
Schreibe dir die Lösungen und ihre Position mithilfe der Buchstaben-Zahlenkombination des Rätsels in dein Heft.

3 Zum Knobeln
Welche Stadt steht oft auf dem Tisch?

4 *Ordne den Zahlen in der Zeichnung 3 die folgenden Begriffe richtig zu: Braunkohlenflöz, Förderbrücke, Kohlenkraftwerk, Kies- und Sandschicht, Schaufelradbagger, Abraum.*

5 Verdichtungsraumexperte: *Nenne vier Merkmale eines Verdichtungsraumes. Benutze dazu auch Foto 4.*

6 *Löse die Bilderrätsel und erkläre die gesuchten Begriffe.*

a

b

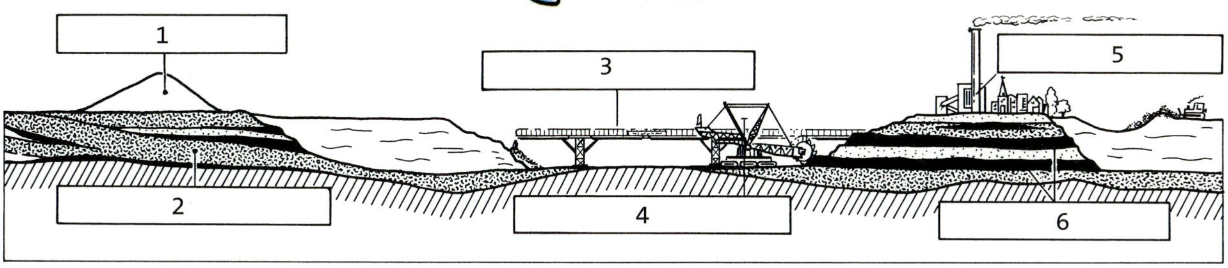

3 *Querschnitt durch einen Braunkohlentagebau*

Training

Mittelgebirge und Alpen

Deutschland weist sehr abwechslungsreiche Naturräume auf. Einen großen Teil nimmt das Mittelgebirgsland ein. Im Süden schließen sich das Alpenvorland und das beeindruckende Hochgebirge der Alpen an. Entdecke diese großartigen Naturräume!

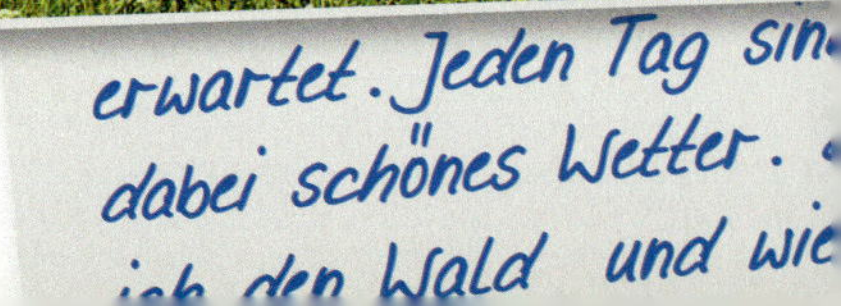

DEUTSCHLAND
110
Bayerischer Wald
ız liebe Grüße
Jana
gewandert und hatten
ers interessant fand
ch oben immer we-
Nicole Zimmermann

5

❶ ***Mittelgebirgslandschaft bei Bischofsmais (Bayerischer Wald)***

❷ 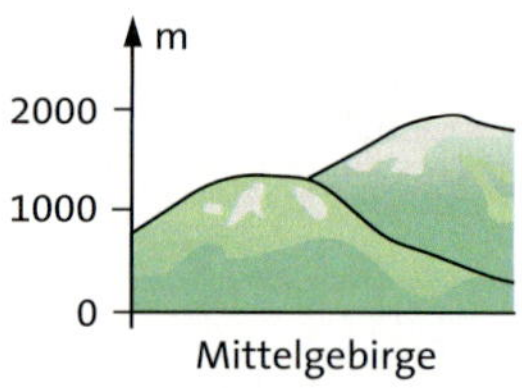

❸ ***Deutsche Mittelgebirge***

- *Schwarzwald (Feldberg, 1493 m)*
- *Bayerischer Wald, (Großer Arber, 1456 m)*
- *Erzgebirge (Fichtelberg, 1214 m)*
- *Harz (Brocken, 1142 m)*
- *Fichtelgebirge (Schneeberg, 1051 m)*
- *Schwäbische Alb (Lemberg, 1015 m)*
- *Thüringer Wald (Großer Beerberg, 982 m)*
- *Rheinisches Schiefergebirge*
- *Taunus (Großer Feldberg, 878 m)*

Mittelgebirge entstehen ...

Bei einem Flug von Berlin nach München kann man bewaldete Bergrücken erkennen, zum Beispiel Teile des Bayerischen Waldes und des Fichtelgebirges. Diese Bergrücken sind gerundet und erreichen eine Maximalhöhe von 2000 Metern. Man bezeichnet sie als **Mittelgebirge**.

Die Entstehung

In der **Erdaltzeit** (vor 600 – 220 Mio. Jahren) waren unsere Mittelgebirge höher als heute. Im Verlaufe von Millionen von Jahren wurden sie durch erdäußere Kräfte (z. B. Verwitterung) abgetragen. Das Gebiet sank ab, sodass ein Meer es überfluten konnte. Auf dem alten Gebirge, dem Grundgebirge, lagerten sich nun in der **Erdmittelzeit** (vor 220 – 70 Mio. Jahren) jüngere Schichten ab. Das Deckgebirge entstand.

Am Beginn der **Erdneuzeit** (vor 70 Mio. Jahren bis heute) entstanden durch Bewegungen der Erdkruste die Alpen. Gleichzeitig wurde der Gesteinskörper der Mittelgebirge durch erdinnere Kräfte verbogen und zerbrochen. Ein **Bruchschollengebirge** entstand. Die Ursache für eine Gebirgsbildung sind unvorstellbare Kräfte im Erdinneren. Man nennt sie **endogene Kräfte**. Sie sind verantwortlich für die Bewegungen der Erdkruste und vulkanische Erscheinungen. Je nach der Art ihrer Entstehung bilden sich ganz verschiedene Oberflächenformen:

❹ ***Bewegung der Bruchschollen***

Bruchschollen können sich aufeinander zu bewegen. Dabei wird die mittlere Scholle durch den erheblichen seitlichen Druck nach oben gehoben. Die durch diesen Vorgang entstehende Gebirgsform nennt man **Horst**. Der Harz und der Thüringer Wald sind die bekanntesten Horste in Deutschland.

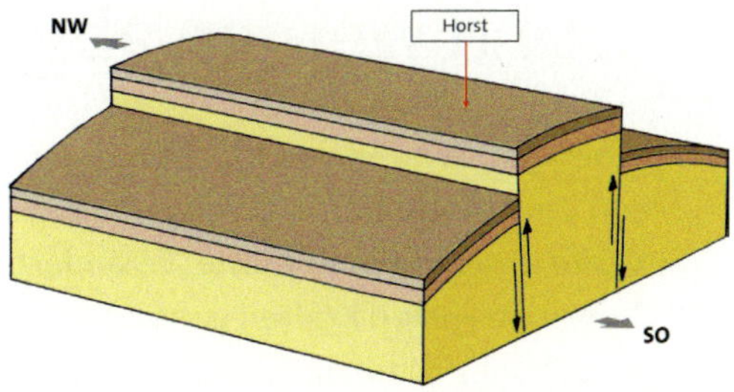

5 ***Schema zur Entstehung des Thüringer Waldes***

Bruchschollen können sich jedoch auch so weit auseinanderdehnen, dass sie zerbrechen und ihr Mittelteil sich absenkt. Es bildet sich zwischen zwei Mittelgebirgen ein **Grabenbruch**.
Der Oberrheingraben mit einer Breite von 50 Kilometern und einer Länge von 300 Kilometern ist Deutschlands eindrucksvollstes Beispiel.

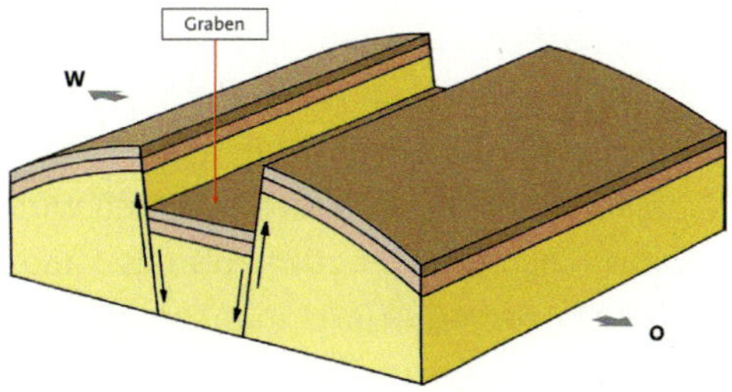

6 ***Schema zur Entstehung des Oberrheingrabens***

Auch die Scholle des Erzgebirges zerbrach durch den gewaltigen Druck endogener Kräfte. Anschließend wurde sie gehoben und auf eine andere Scholle aufgeschoben, sodass sie im Süden Höhen über 1000 Meter erreicht. Weil die Bruchscholle des Erzgebirges an ein altes Schreibpult erinnert, nennt man sie **Pultscholle**.

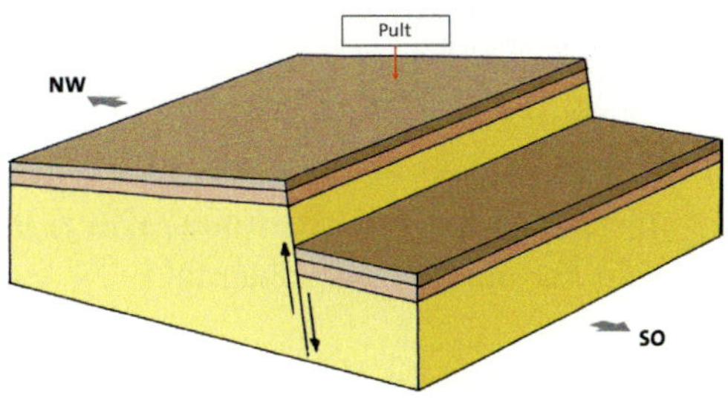

7 ***Schema zur Entstehung des Erzgebirges***

1 *Beschreibe die Entstehung von Mittelgebirgen mit eigenen Worten.*
2 *Aus welchen Teilen besteht das Rheinische Schiefergebirge? Benutze dazu den Atlas.*

... und werden abgetragen

Schon während ihrer Entstehung wurden die Mittelgebirge durch erdäußere Kräfte, die exogenen Kräfte, verändert. Zu den **exogenen Kräften** gehören Wasser, Wärme, Wind und auch Lebewesen.

Vielleicht hast du schon einmal an einem frisch aufgeschichteten Sandberg beobachten können, wie sich Regenwasser in kleinen Rinnsalen sammelt und abfließt. Dabei bildet es meist tiefe Rinnen. Der Sand dieser Rinnen wird vom Regenwasser zum Fuß des Sandberges transportiert, manchmal auch weiter.

Auf seinem Weg vom Gebirge ins Meer trägt der Fluss oder Bach auch Material ab, indem er sich in seinen Untergrund einschneidet und Täler bildet. Je nach Härte des Gesteins und der Fließgeschwindigkeit des Wassers bilden sich verschiedene Talformen aus, wie z. B. das Kerbtal und das Sohlental.

Nicht nur fließendes Wasser verändert die Erdoberfläche, sondern auch die Folgen von Temperaturunterschieden. Bestimmt kennst du das folgende Experiment: Eine völlig mit Wasser gefüllte Glasflasche wird in das Tiefkühlfach eines Kühlschrankes gelegt. Nach einigen Stunden ist das Wasser in der Flasche gefroren und die Flasche kaputt.

In Gesteinen kann es feine Risse geben, die sich mit Wasser füllen. Gefriert dieses Wasser zu Eis, dehnt sich dieses aus, sodass der Riss breiter wird. Wiederholt sich dieser Vorgang mehrfach, kann das Gestein dadurch auseinander brechen.

Durch Wind kann die Erdoberfläche auch verändert werden. Wenn er stark

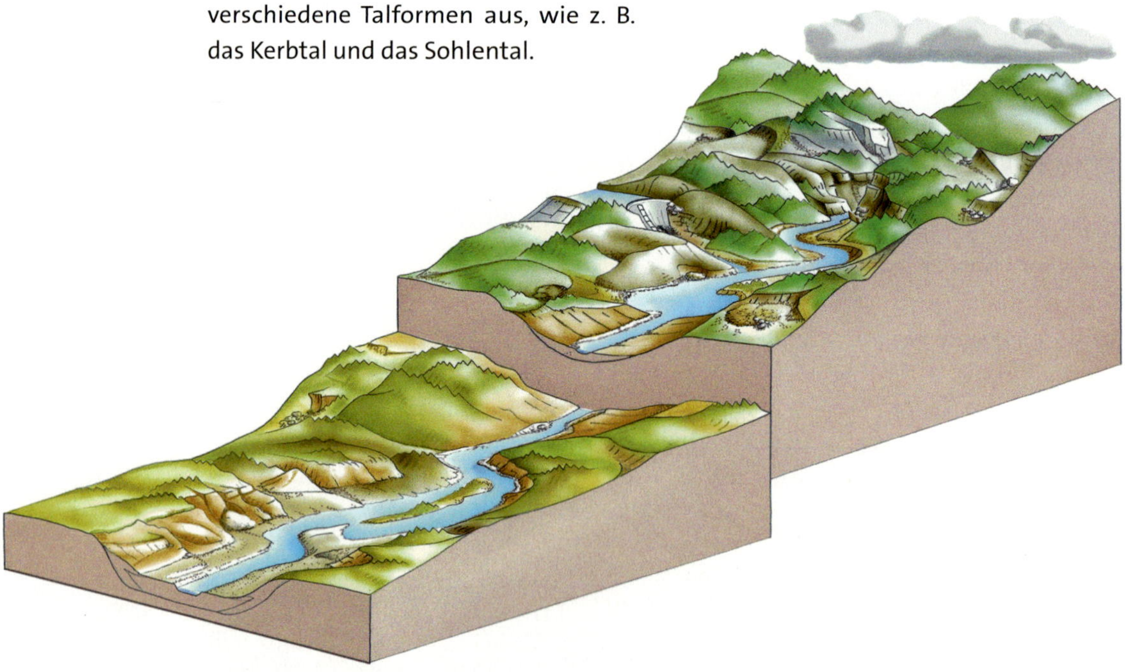

1 ***Blockbild eines Flusstals im Mittelgebirge***

genug ist, feine Sandkörner aufzunehmen, wirkt Wind wie ein Sandstrahlgebläse. Der Wind und die darin enthaltenen Sandkörnchen treffen auf Gestein auf und sprengen dabei feinste Gesteinsteilchen ab, die der Wind wegtransportiert. Lässt die Windkraft nach, lagert sich der mitgeführte Sand ab.

Auch Pflanzen können die Erdoberfläche verändern. Ist es dir nicht auch schon mal passiert, dass du beim Fahrradfahren plötzlich über eine starke Unebenheit gefahren bist? Schau dir beim nächsten Mal die Stelle genauer an, vielleicht steht in der Nähe ein großer Baum, dessen Wurzeln immer größer werden und so die Steine oder den Belag des Fahrradweges nach oben drücken, manchmal sogar, bis er reißt. Wurzeln können in Gesteinsspalten eindringen und durch hohen Druck das Gestein sprengen, sie verändern dadurch auch die Erdoberfläche.

Bereits während der Entstehung unserer Mittelgebirge haben exogene Kräfte gewirkt und begonnen, die herausgehobenen Bruchschollen abzutragen. So lagern z.B. über der abgesenkten Scholle des Oberrheingrabens dicke Schichten der abgetragenen Oberfläche der benachbarten höher gelegenen Mittelgebirge.

1 *Bereite einen Kurzvortrag über die Wirkung der exogenen Kräfte vor.*

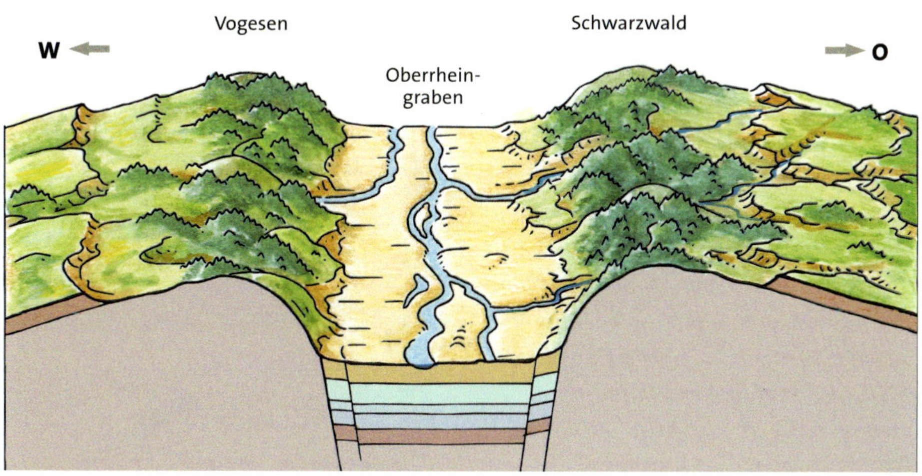

❷ *Exogene Kräfte gestalten den Oberrheingraben*

Ein Profil zeichnen

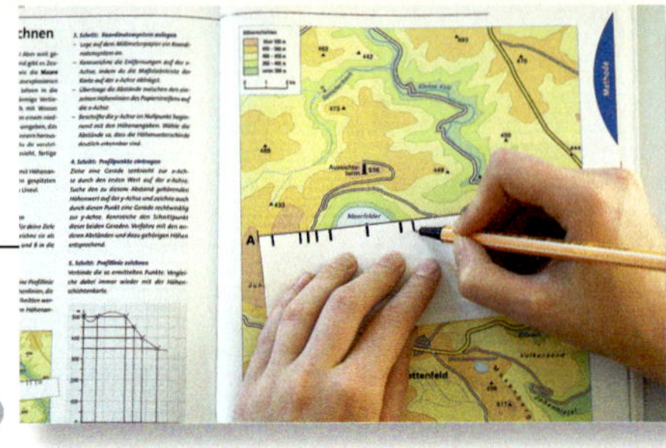

❶

1. Schritt: Vorbereitung
Du benötigst eine Karte mit Höhenangaben, Millimeterpapier, einen Fineliner, das Geodreieck und einen Streifen Papier.

2. Schritt: Profilschnitt festlegen
Suche mithilfe des Geodreiecks eine für deine Ziele geeignete Profillinie aus und zeichne sie als Strecke mit den Endpunkten A und B in die Karte ein.

❷

3. Schritt: Höhen abtragen
Lege den Papierstreifen an deine Profillinie und markiere auf diesem die Höhenlinien, die von der Strecke AB geschnitten werden. Schreibe die entsprechenden Höhenangaben dazu.

4. Schritt: Koordinatensystem zeichnen
Zeichne auf Millimeterpapier ein Koordinatensystem. Auf die x-Achse überträgst du die Maßstabsleiste. Beschrifte die y-Achse im Nullpunkt beginnend mit den Höhenangaben. Wähle die Abstände so, dass Höhenunterschiede deutlich werden.

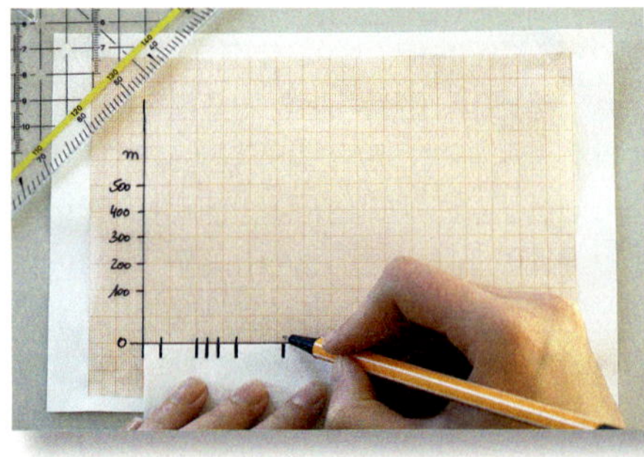

❸

5. Schritt: Höhenlinienschnittpunkte übertragen
Lege den Papierstreifen an die x-Achse an und übertrage die Abstände zwischen den Höhenlinien des Papierstreifens auf die x-Achse.

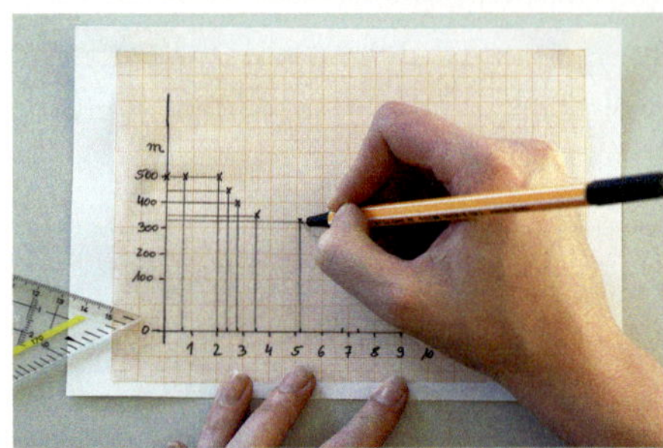

❹

6. Schritt: Profilpunkte eintragen
Zeichne die Senkrechte durch den ersten Höhenschnittpunkt auf der x-Achse. Suche auf der y-Achse den zum Höhenschnittpunkt ermittelten Höhenwert und zeichne eine Gerade parallel zur x-Achse. Du erhältst einen Schnittpunkt. Verfahre mit den anderen Höhenschnittpunkten und den dazugehörigen Höhen ebenso.

❺

7. Schritt: Profillinie zeichnen
Verbinde die in Schritt 5 ermittelten Punkte. Vergleiche dabei dein Profil immer wieder mit der Höhenschichtkarte.

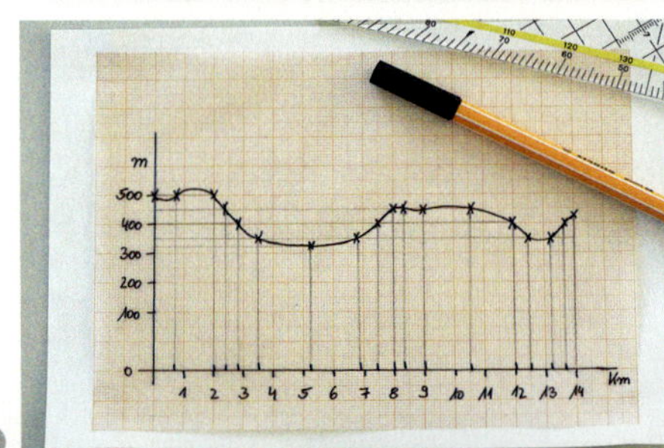

❻

Bei Wanderungen oder Fahrradtouren ist es wichtig zu wissen, wie das Gelände verläuft. Wie groß sind die Höhenunterschiede? Geht es ständig bergauf? Wo geht es bergab? Wie steil ist das Gelände? Oder liegt eine Ebene dazwischen? Höhenlinien auf Karten lesen und Höhenprofile erstellen zu können, ist hier von Vorteil.

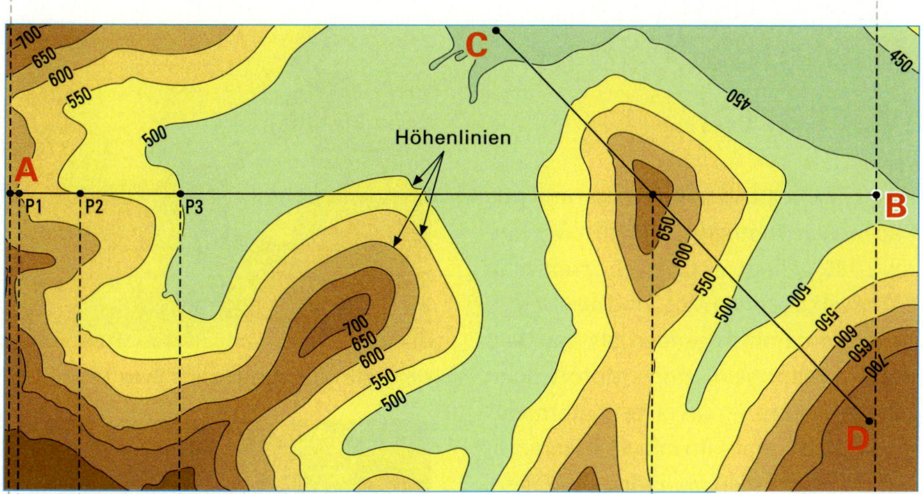

7 *Ausschnitt als Höhenschichtenkarte 1:25 000*

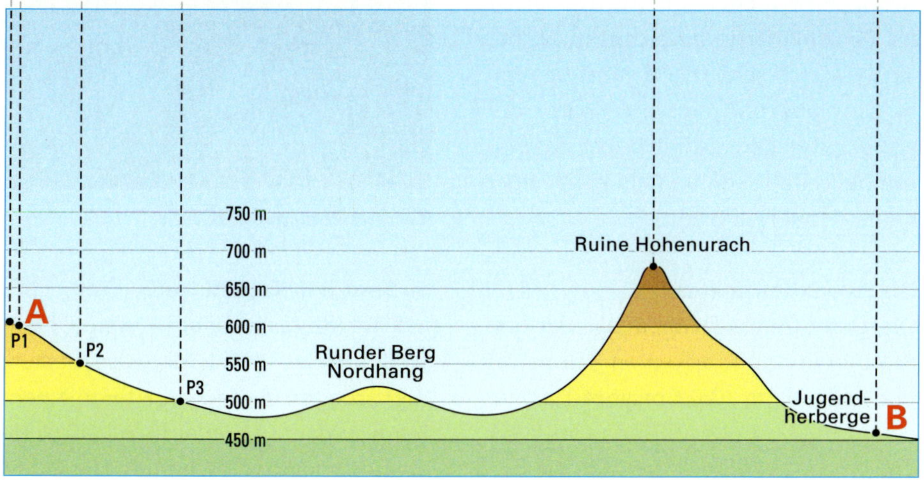

8 *Profil*

1 *Zeichne zur Profillinie CD in der Karte 7 das entsprechende Profil.*

2 *In Abbildung 8 ist zur Profillinie AB das entsprechende Profil gezeichnet worden. Welcher Höhenunterschied ist bei einer Wanderung von A nach B zu überwinden?*

***Höhenlinien**:*
Sie verbinden Punkte gleicher Höhe.

Methode

Automobilbau im Neckartal

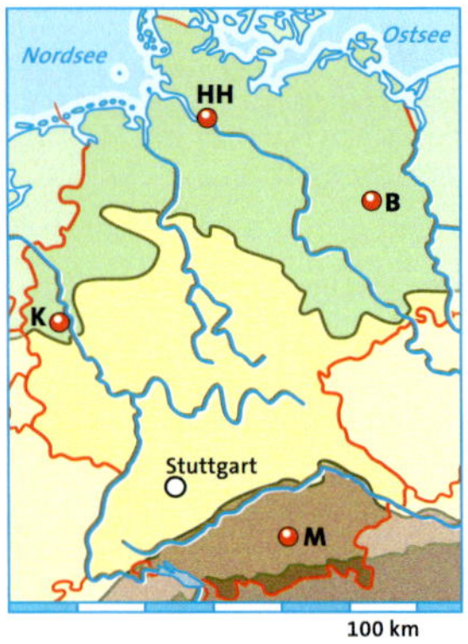

1 Pioniere des Automobilbaus

2 Gottlieb Daimler
17. 3. 1834 Schorndorf
bis 6. 3. 1900 Cannstatt

3 Karl Friedrich Benz
25. 11. 1844 Karlsruhe
bis 4. 4. 1929 Ladenburg

griechisch αυτος (autos) = selbst
lateinisch „mobilis“ = beweglich

Das erste Auto der Welt stammt aus Baden-Württemberg! Im Herbst des Jahres 1885 gelingt es Gottlieb Daimler in Cannstatt das erste Motorrad der Welt zu bauen. Im darauffolgenden Jahr baut Karl Benz in Mannheim einen Motorwagen mit drei Rädern – das erste „Automobil“ der Welt. Ebenfalls im Jahr 1886 konstruiert Daimler einen vierrädrigen Wagen, eine Kutsche mit Motor. So war das Auto doppelt erfunden! Dies wird zunächst als Benzinkutsche bezeichnet und belächelt. Doch schon 1895 fährt der erste Omnibus und ein Jahr später der erste Lastwagen. Damit bricht das Automobilzeitalter an und ein ganz neuer Industriezweig entsteht.

Die Produktion läuft an

Die ersten Autos fertigen Daimler und Benz in ihren Fabriken in Cannstatt und Mannheim. 1903 beginnt Daimler die Produktion des Mercedes im Werk Cannstatt. 1926 schließen sich die beiden Firmen zur Daimler-Benz-AG zusammen. Immer mehr Firmen in der Umgebung Stuttgarts stellen Fahrzeugteile für Daimler-Benz her und immer mehr Menschen finden im Automobilbau sowie in den vielfältigen Zulieferbetrieben Arbeit.

Ein globales Unternehmen

Am 17. November 1998 schließen sich Daimler-Benz und das amerikanische Unternehmen Chrysler zu dem neuen DaimlerChrysler-Konzern zusammen. Der zweitgrößte Automobilhersteller der Welt produziert zurzeit in 17 Staaten und beschäftigt insgesamt 362 000 Arbeitnehmer.

4 Der erste Motorwagen von Benz 1886

5 Karosseriebau mit Robotern

Zu Besuch in Sindelfingen

In Sindelfingen ist heute das größte von elf deutschen DaimlerChrysler-Werken. Hier arbeiten die Facharbeiter in einem Team, in dem sich jeder für alle Arbeitsabläufe verantwortlich fühlt. Die Arbeit z. B. in der Endmontage wird wochenweise, manchmal auch tageweise in der Gruppe aufgeteilt. Verbesserungsmöglichkeiten in den Arbeitsabläufen werden auch in der Gruppe vereinbart.
Die meisten Bauteile für ein Auto werden nicht im Werk hergestellt. Eine große Zahl an Zulieferbetrieben fertigt Teile an und liefert sie „just-in-time“, dass heißt genau zum richtigen Zeitpunkt. So spart man die teure Lagerhaltung.
Jochen und Katrin haben eine Firmenbesichtigung des DaimlerChrysler-Werkes in Sindelfingen gewonnen. Während der Rundfahrt durch das riesige Firmengelände machen sie sich Notizen.

6 **Notizen zum Betriebsbesuch**

Untertürkheim und Sindelfingen: 53691 Beschäftigte – zwei Schichten – Hunderte von Pkw – Lieferung jeden Tag – genau festgelegte Zeiten – wichtige Teile für die Montage – Vorteil kein Lager – Scheinwerfer von Bosch (Stuttgart) – Sitze von Recaro (Sindelfingen) – Achsen, Motor, Getriebe (Untertürkheim) – auch viele andere Firmen (z.B. aus Köln, Hamburg und im Ausland) – liefern alle jeden Tag – große Hallen – Roboter: lackieren, schweißen, transportieren – Fließband: Teile werden immer von den gleichen Arbeitern zusammengebaut – am Anfang: Auto noch nicht erkennbar – Höhepunkt: der Einbau des Motors in die Karosserie – immer wichtiger: Team-Arbeit – jedes Auto hat einen Code: Kundenwünsche – Auto nach 2,5 Stunden fertig – Endkontrolle – Auslieferung

8 ***Produktionsstätten des Automobilbaus***

7 **Beschäftigte DaimlerChrysler (in D) 2003**

Pkw-Karosserie- und Montagewerke	
Sindelfingen	32 748
Bremen	13 710
Rastatt	4 814
Pkw-Teileproduktion	
Untertürkheim (Motoren, Achsen, Getriebe)	20 943
Berlin (Motorteile)	2 996
Hamburg (Fahrgestellteile)	2 381
Nutzfahrzeugbau	
Mannheim (Omnibusse, Dieselmotoren)	5 642
Gaggenau, Rastatt (Unimog, Getriebe)	5 811
Düsseldorf (Transporter)	5 095
Kassel (Achsen)	2 938
Ludwigsfelde (Transporter)	1 615
Ulm/Neu-Ulm (Omnibusse)	7 252
MTU Friedrichshafen	5 108

1 Jochen und Katrin schreiben einen Bericht zum Betriebsbesuch für die Schülerzeitung. Hilf ihnen!

2 In welchen Bundesländern findest du weitere DaimlerChrysler-Standorte? Nutze dazu die Karte 8.

3 In Deutschland sind noch andere Automobilhersteller tätig. Lege eine Tabelle an und ordne den Herstellern ihre Standorte zu. Finde heraus, in welchen Bundesländern sie liegen.

Surftipp

www.klett-verlag.de/geographie/terra-extra (Daimler-Chrysler in Europa und der Welt sowie Industriegebiete in Baden-Württemberg)

1 **Wanderer im Hochgebirge**

Die Alpen – ein Hochgebirge

Das Matterhorn gilt als der schönste und bekannteste Berg der Alpen. Von den Touristen werden aber die ganzen Alpen besucht, weil sie als **Hochgebirge** das ganze Jahr faszinierend sind. Schließlich erstreckt sich Europas größtes und höchstes Gebirge von Nizza bis Wien. Spitze Gipfel mit Höhen über 4000 m erheben sich über malerischen Tälern und Bergseen. Wild zerklüftete Felswände ragen empor, an deren steilen Hängen mächtige Wasserfälle hinabstürzen. Sattgrüne Almen und prächtige Blumenwiesen laden im Sommer die Urlauber zum Verweilen ein. Im Winter lassen sich Tausende von Skifahrern und Snowboardern in Liften und Gondeln auf die Berge bringen, um anschließend die Pisten wieder hinunter zu flitzen.

1 *Nenne Merkmale, die ein Hochgebirge kennzeichnen. Arbeite auch mit den Bildern 1 und 2.*

2 *Arbeite mit Karte 3 und dem Atlas:*

a) Nenne die Namen der Staaten, die an den Alpen Anteil haben.

b) Erstelle eine Liste aller Städte. Notiere wie folgt:

Stadt	**Staat**
Bern	Schweiz
...	...

c) Ermittle Namen und Höhe der fünf eingezeichneten Berge. Welcher von ihnen ist die höchste Erhebung Deutschlands?

② **_Das Matterhorn_**

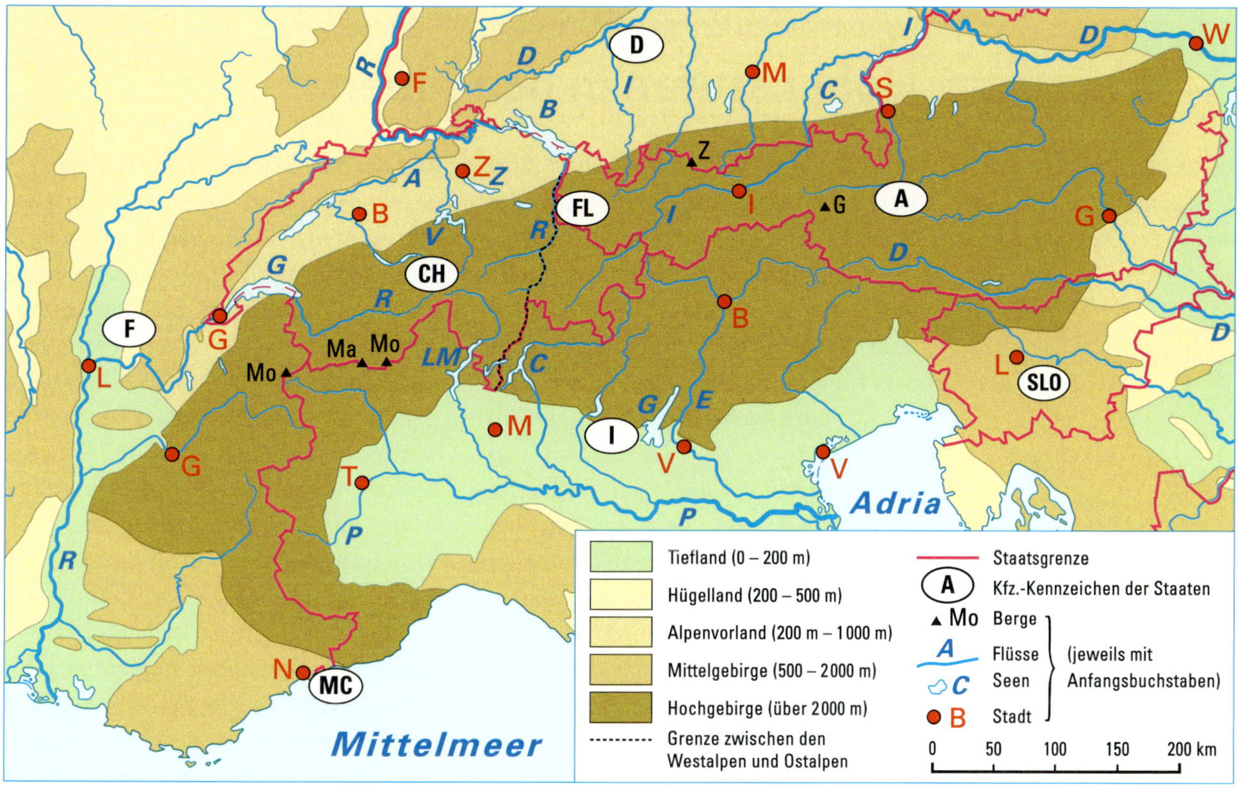

③ **_Lernkarte Alpen_**

❷ ***Zugspitzmassiv bei Ehrwald (Blick von Osten nach Westen)***

Höhenstufen in den Alpen

❶ ***Reiseroute***

Tirano: ab 9.30 Uhr

Ospizio Bernina: an 11.18 Uhr

120 Millionen Touristen machen jährlich in den Alpen Urlaub. Dabei ist der Winter zur Hauptsaison geworden, denn die hohen Berge erlauben meist von Dezember bis März Ski- und Snowboardfahren. Lagen die Touristenzentren früher nur in den Alpentälern, sind solche heute auch in höheren Lagen anzutreffen.

Im Sommer kommen weniger Touristen in die Alpen. Sie wollen bergwandern. Aber auch Bergsteigen, Drachenfliegen oder Wildwasserrafting erfreuen sich zunehmender Beliebtheit. Wer im Mai kommt, kann bergauf vom Frühling in den Winter reisen.

Mit der Berninabahn vom Frühling ...

Surrend und brummend setzen die Elektromotoren der Triebwagen ihren Zug in Bewegung. Das Thermometer im Bahnhof von Tirano zeigt bei der Abfahrt 18 °C an. Der Blick aus dem Fenster fällt auf Palmen und blühende Büsche. Am Stadtrand fährt der Zug an Obstgärten vorbei. An den Hängen sind Weinberge zu erkennen. Mais- und Gerstenfelder bilden den Talgrund bei Poschiavo.

Quietschend durchfährt der Zug die ersten Spitzkehren, es geht steil bergauf und der Zug verschwindet im Wald. Eichen und Bergahorn sind entlang der Strecke zu sehen. Der Zug schraubt sich immer weiter bergauf. Fichten, Lärchen und Kiefern bestimmen nunmehr das Erscheinungsbild des Waldes. Nahe bei Cadera weidet das Vieh der wenigen Talbauern auf einer Wiese.

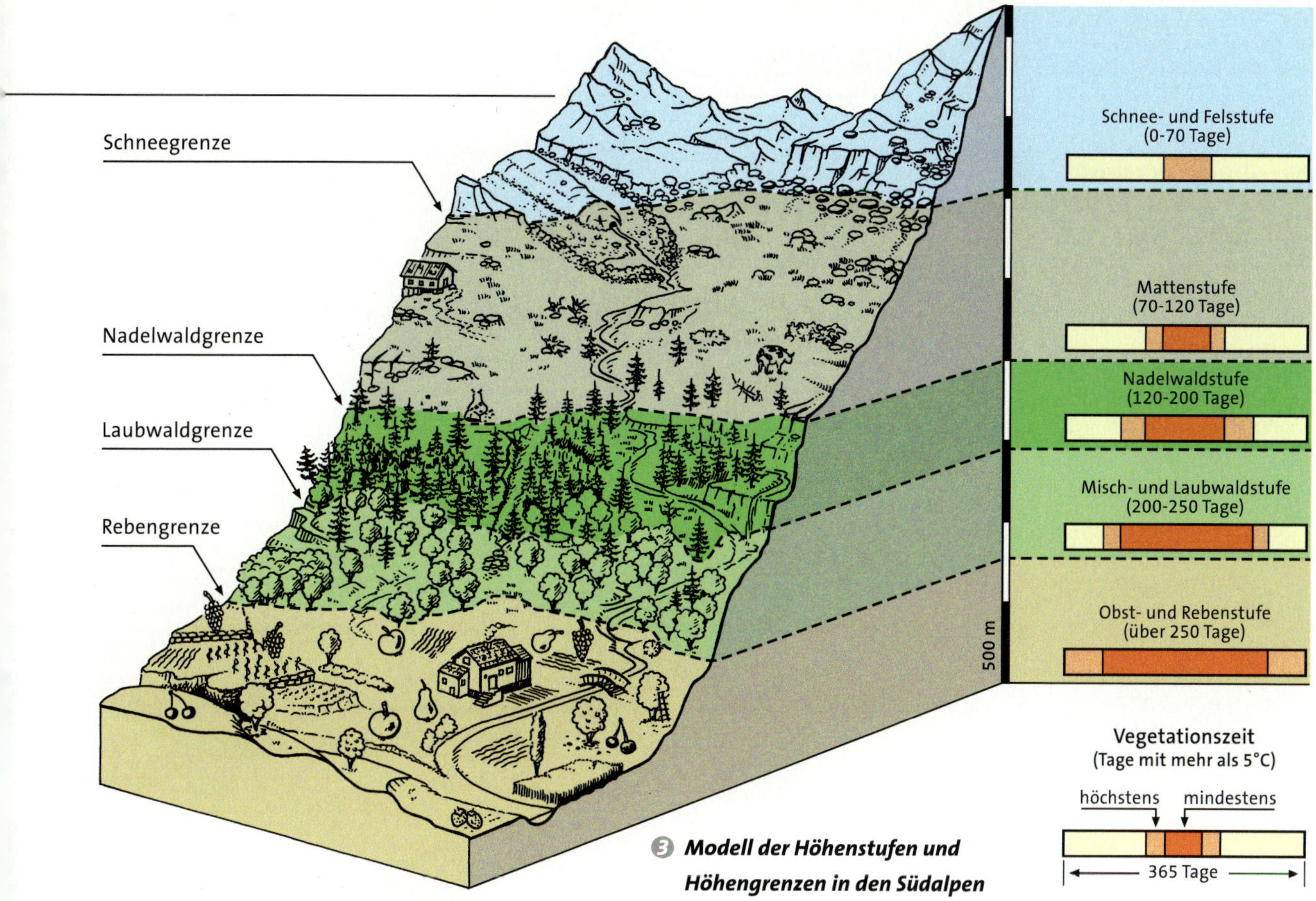

3 Modell der Höhenstufen und Höhengrenzen in den Südalpen

... in den Winter

Ein Blick auf den Höhenmesser zeigt 1500 m, die Nadelbäume werden kleiner und teilweise krummwüchsig. Der Wald lichtet sich und gibt den Blick frei auf die **Matten**. So bezeichnet man die Bergwiesen mit vereinzelten niedrigen Sträuchern oberhalb der Nadelwaldgrenze. Hier weiden Kühe und Schafe im Sommer auf der „Alm“. Zum Winter werden sie wieder ins sichere Tal gebracht **(Almwirtschaft)**.

Nach einer letzten Kehre erreicht der Zug eine richtige Winterlandschaft. Das Thermometer zeigt nun –2 °C. Der Lago Bianco hat noch eine Eisdecke und die weißen Gipfel um den Gletscher des Piz Bernina glitzern in der Sonne.

Wie entstehen diese Wechsel?

Höhenstufen

Die Temperaturabnahme beträgt etwa 6 °C auf 1000 Meter. Folglich wird die Wachstumszeit (Vegetationsperiode) für die Pflanzen mit zunehmender Höhe immer kürzer.

Dadurch bilden sich **Höhenstufen der Vegetation** aus. Den Grenzbereich zwischen zwei Höhenstufen nennt man Höhengrenze.

1 *Beschreibe die Höhenstufen, die du in Foto 2 erkennst.*

2 *Was kann man als Tourist in den unterschiedlichen Höhenstufen der Alpen unternehmen? Liste auf.*

1 ***Wie Gletschereis entsteht***

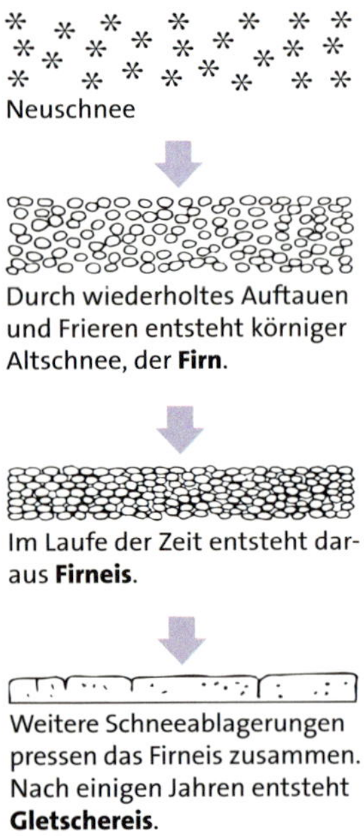

2

Gletscher – Eis in Strömen

Reto, der Bergführer, empfängt uns auf der 2973 Meter hohen Diavolezza. Zuerst bekommen wir Helme und Steigeisen, die unter den Sohlen der Stiefel befestigt werden. Dann müssen wir uns anseilen. Vor uns liegt der Morteratsch-**Gletscher** wie eine weiße Decke zwischen den scharfen Graten und Gipfeln. Im Tal lässt sich schon die Gletscherzunge erkennen. Immer wieder kommen wir nahe an Gletscherspalten heran. Reto erklärt uns, dass dort das Eis über ein Hindernis fließt, sodass es an der Oberfläche aufreißt. Weiter talabwärts finden sich dann Steine unterschiedlicher Größe auf dem Eis, das nur noch an einigen Stellen unter einer schmutziggrauen Schicht hervorschimmert. An den Seiten des Gletschers begleiten uns nun zwei hohe Schuttwälle, die das Eis überragen, die Seitenmoränen. Reto zeigt in Richtung der Endmoränen, die heute weit vor der Gletscherzunge liegen. Am Gletschertor geht unsere Tour zu Ende. Hier tritt der milchig-trübe Gletscherbach zutage und strömt durch das vom Gletscher während der Kaltzeiten ausgehobelte **Trogtal** dem Inn zu.

Unterhalb der Schneegrenze, im **Zehrgebiet,** schmelzen die Gletscher ab. Die im Gletscher mitgeführten Gesteinsbrocken werden dann als Moränen aufgeschüttet.

Wie entstehen Gletscher?

Gletscher können nur dort entstehen, wo die Temperaturen unter 0 °C bleiben und ausreichend Schnee fällt. Diese Bedingungen sind nur oberhalb der Schneegrenze, im **Nährgebiet,** erfüllt. Über viele Jahre fällt dort mehr Schnee als im kurzen Sommer abschmelzen kann. Mit zunehmender Schneehöhe wandelt sich der Lockerschnee zuerst in Firn und dann in Gletschereis um. Das Gletschereis kann in Form von Gletscherzungen weit in die Alpentäler vorstoßen. Große Alpengletscher schaffen 30 m bis 200 m im Jahr. Im Sommer bekommen die Gletscher weniger Nachschub.

3 *Tschierva-Gletscher*

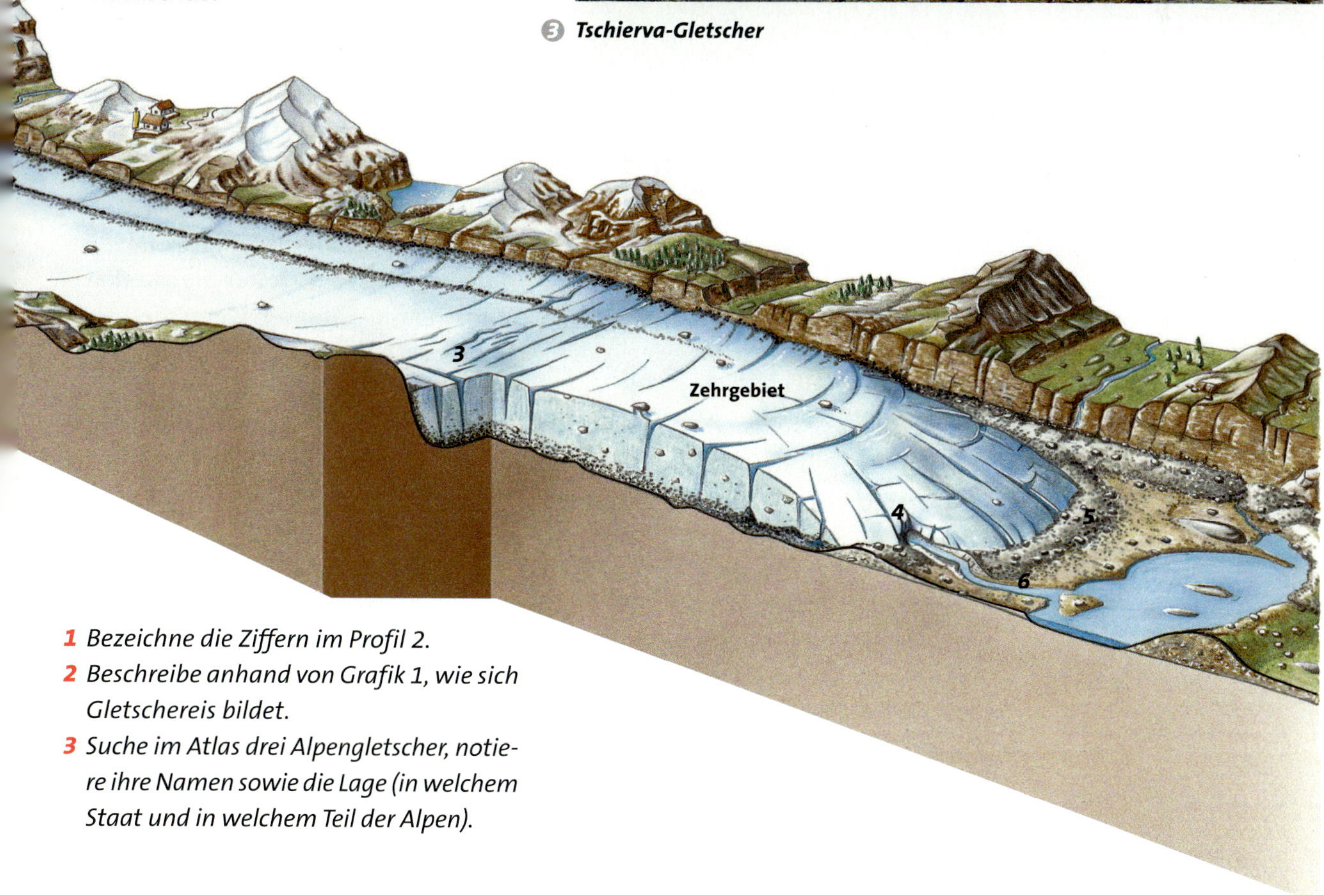

1 *Bezeichne die Ziffern im Profil 2.*
2 *Beschreibe anhand von Grafik 1, wie sich Gletschereis bildet.*
3 *Suche im Atlas drei Alpengletscher, notiere ihre Namen sowie die Lage (in welchem Staat und in welchem Teil der Alpen).*

① *Saas Fee in den Walliser Alpen im Sommer …*

Touristenmagnet Alpen

Die Schönheit und Vielgestaltigkeit der Alpen zieht trotz aller Gefahren eines Hochgebirges (z. B. durch **Lawinen**) Gäste aus aller Welt an. Kein Wunder, dass dort der **Tourismus** heute den wichtigsten Wirtschaftsfaktor darstellt.

War noch vor 50 Jahren die Almwirtschaft die Haupterwerbstätigkeit, leben heute in Saas Fee praktisch alle Bewohner vom Tourismus. Menschen ganz unterschiedlicher Berufe finden Arbeit durch die Hotelgäste: Kellner/in, Portier, Koch oder Köchin, Zimmermädchen, Hotelchef/in, Bäcker, Metzger, Gemüsehändler, Taxifahrer und viele andere.

Diese Einrichtungen des Fremdenverkehrs lohnen sich natürlich besonders dann, wenn an möglichst vielen Tagen im Jahr Hochbetrieb herrscht und die Hotels gut belegt sind.

Dies war früher überhaupt nicht so!

Noch vor 200 Jahren waren die meisten Menschen in Europa Bauern. Sie versorgten sich selbst, hatten kaum Geld und machten schon gar keinen Urlaub!

Die Alpen als Ferienziel wurden erst seit etwa 100 Jahren für den modernen Verkehr erschlossen. Dazu gehören der Ausbau der Verkehrswege in den Alpentälern, aber auch die Einrichtung so genannter Aufstiegshilfen, die in den letzten Jahrzehnten rasant vorangetrieben wurde. Außer Skiliften zählen dazu die Seilschwebebahnen, aber auch die alpinen Untergrundbahnen, welche durch steile Tunnel Menschenmassen in große Höhen befördern. In den Alpen gibt es heute mehrere tausend dieser Aufstiegshilfen; damit sind sie das am besten erschlossene Hochgebirge der Erde.

❷ ***... und im Winter***

1 *Suche für Sommer und Winter je drei Freizeitbetätigungen im Hochgebirge, die du am liebsten ausüben würdest.*

2 *Erkläre Tabelle 3. Benutze dazu auch die Fotos und den Text.*

3 *Beschreibe und begründe Diagramm 4.*

❸ **Übernachtungen in Saas Fee 2000**

November	13 964
Dezember	56 754
Januar	90 327
Februar	143 588
März	148 632
April	98 370
Mai	3 078
Juni	14 257
Juli	76 547
August	78 552
September	43 471
Oktober	36 783

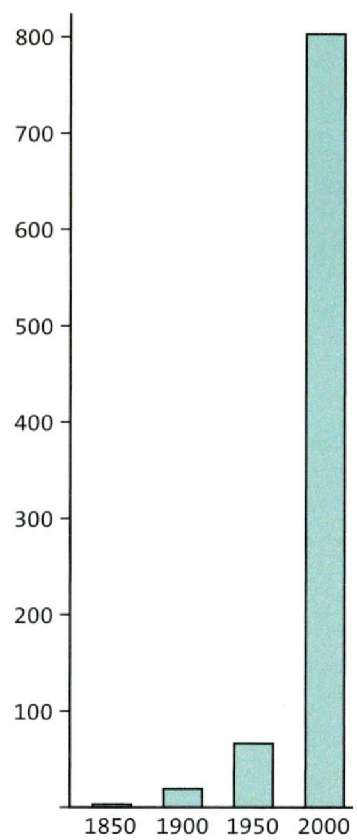

❹ ***Übernachtungen in Saas Fee (in 1 000)***

Kaum zu glauben

Mit rund 50 Millionen Gästen beherbergen die Alpen rund ein Viertel aller Feriengäste auf der Welt!

Eine Materialsammlung anlegen

1

2

Wenn du dich über eine Landschaft oder eine Region informieren willst, liest du meist einen Bericht oder schlägst in einem Sachbuch nach. Viel anschaulicher wird es, wenn du selbst Material zu einer Region sammelst und untersuchst.

Das Ziel: Material sammeln, ordnen und präsentieren

Aus jeder Region kannst du interessante und typische Materialien sammeln. So kann man diese Region in kleinen Ausschnitten in die Klasse holen und einem Betrachter vorstellen. So eine Materialsammlung gelingt gut, wenn man sich einen Arbeitsplan macht.

1. Schritt: Ideen sammeln

Sucht zunächst Ideen, was ihr sammeln wollt. Am besten geht das natürlich in einer Gruppe. Legt dazu als erstes eine Stichwortsammlung an.

2. Schritt: Arbeitsplan erstellen

Wenn ihr euch entschieden habt, könnt ihr die Arbeit aufteilen: Wer übernimmt was? Wie und wann sollen die Materialien geordnet werden? Wie wollt ihr sie präsentieren? Werden sie langfristig gesammelt, müsst ihr euch überlegen, wie ihr sie aufbewahren könnt. Eure Beratungsergebnisse notiert ihr auf einem Plakat.

3. Schritt: Materialien besorgen

Jetzt überlegt ihr, wie man an diese Materialien herankommen kann. Untersucht ihr euren Heimatraum, könnt ihr anders vorgehen, als wenn ihr über eine ferne Region, z. B. die Alpen, arbeiten wollt. Ist es möglich, sie direkt in der Umgebung zu bekommen?

3

4

5

4. Schritt: Sammlung anlegen – Beispiel Gesteinssammlung

- *Die Größe beachten: Am besten sind Steine in Handgröße*
- *Gut sind Steine, die eine frisch aufgeschlagene Fläche haben. Man kann sie leichter bestimmen.*
- *Schon im Gelände werden die Steine in Folienbeutel gepackt und nummeriert.*
- *Zu jedem Stein den Fundort notieren und wenn möglich in einem Geländebuch oder in einer Karte eintragen.*
- *Die Steine bestimmen und zu jedem Stein einen Zettel („Pass“) legen mit Namen des Gesteins, Fundort und Funddatum.*

Wichtige Begriffe:
Almwirtschaft
Bruchschollengebirge
endogene Kräfte
Erdaltzeit
Erdmittelzeit
Erdneuzeit
exogene Kräfte
Gletscher
Grabenbruch
Höhenstufen der Vegetation
Lawine
Tourismus

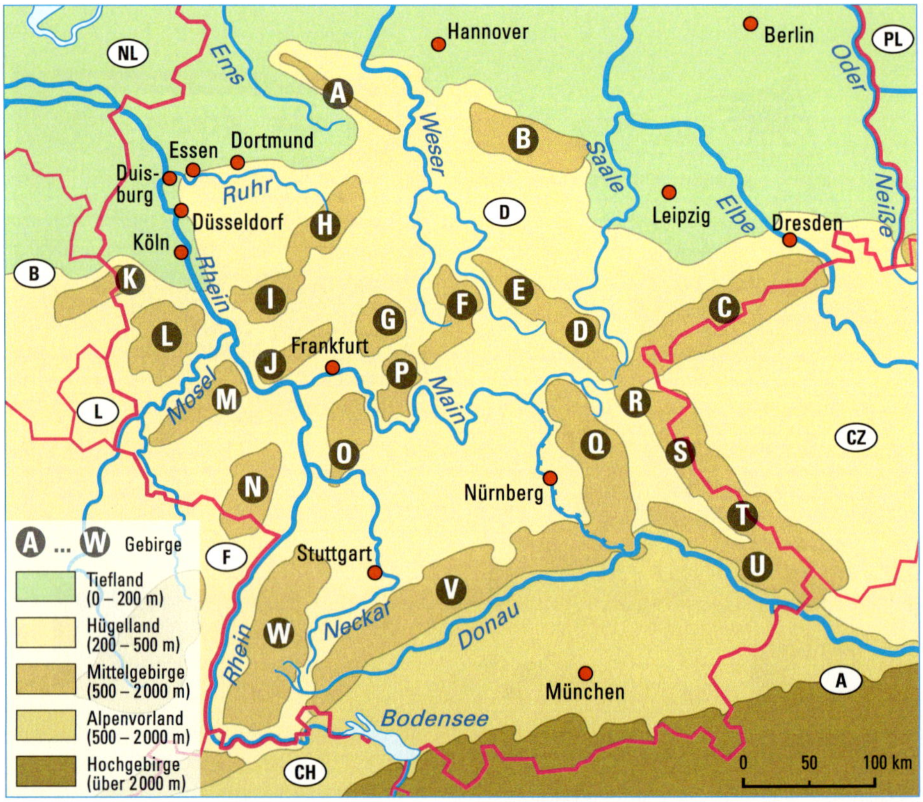

1

1 Wer kennt sich aus?

a) *In welchen Mittelgebirgen entspringen die folgenden Flüsse (Benutze auch den Atlas.): Werra, Fulda, Naab, Donau, Main, Lahn?*

b) *Einige Mittelgebirge kann man als deutsche „Grenzgebirge“ bezeichnen. Welche sind dies? Welche Staaten trennen sie voneinander?*

c) *Welche deutschen Mittelgebirge liegen östlich des Thüringer Waldes, welche südlich des Mains?*

d) *Die in Karte 1 mit den Buchstaben H bis M versehenen Mittelgebirge werden auch oft unter einem gemeinsamen Namen zusammengefasst. Suche diesen im Atlas.*

2 Mittelgebirge von A bis W

Wenn du die Buchstaben, mit denen Fichtelgebirge, Teutoburger Wald, Erzgebirge, Rothaargebirge, Thüringer Wald und Eifel in der Karte versehen sind, hintereinander schreibst, erhältst du den Namen eines Berges.

a) *Wie heißt der Berg (Großer ...)?*

b) *Wie hoch ist er?*

c) *Wie heißt das Mittelgebirge, in dem er liegt?*

3 Zum Knobeln

Welches Mittelgebirge hat Eva besucht und welchen Gipfel hat sie erklommen?
ERASTAUZRAHMITNEKCORBTUAMITLAUSRELT

4 Richtig oder falsch? Benutze auch den Atlas.

- *Schwäbische Alb und Fränkische Alb bilden die südliche Begrenzung Süddeutschlands.*
- *Die höchsten Gipfel der Alpen sind auch im Sommer mit Schnee bedeckt.*
- *Die deutschen Mittelgebirge sind jünger als die Alpen, weil sie niedriger sind.*
- *Das Nährgebiet eines Gletschers liegt in der Regel tiefer als sein Zehrgebiet.*
- *In Mittelgebirgen kann man nicht Ski fahren, weil die Hänge zu steil sind.*
- *Mittelgebirge sind meist bis in die höchsten Lagen von Wäldern bedeckt.*
- *Der Harz ist das nördlichste Mittelgebirge in Bayern.*
- *Kein Mittelgebirge in Deutschland außer dem Schwarzwald weist Höhen über 1400 m über NN auf.*
- *Der größte Teil der Alpenbewohner lebt heute von der Almwirtschaft.*
- *Mittelgebirge heißen so, weil sie in der Mitte Deutschlands liegen.*
- *Die Alpen sind das einzige Hochgebirge Deutschland.*

5 Finde das Lösungswort

a) Landeshauptstadt von Bayern
_ _ _ _ _ _ _

b) Höchster Berg der Alpen
_ _ _ _ _ _ _ _ _

c) Grenzfluss zwischen Deutschland, Frankreich und der Schweiz
_ _ _ _ _

d) Höchster Berg der Allgäuer Alpen
_ _ _ _ _ _ _ _ _ _ _

e) Größter deutscher See
_ _ _ _ _ _ _ _

f) Größter italienischer Alpensee
_ _ _ _ _ _ _ _

6 Außenseiter gesucht

a) Feldberg, Schneeberg, Watzmann, Brocken
b) Chiemsee, Hiddensee, Bodensee, Ammersee
c) Neckar, Lech, Isar, Iller
d) Mure, Lawine, Sturmflut, Steinschlag
e) gerundet, alt, bewachsen, felsig

7 Bilderrätsel

a) Löse die Bilderrätsel.
b) Erkläre Begriff a.

a

b

8 Zum Knobeln

Es regnet in München und in Stuttgart. In welche Meere gelangen die Regentropfen nach einer langen Reise?

Teste dich selbst
mit den Aufgaben 2a, 5 und 6a

Training

Europa wächst zusammen

Der Kontinent Europa und seine Menschen aus der Sicht des Zeichners: Was erkennt ihr auf dem Bild? Was stimmt überein mit euren Vorstellungen von Europa? Viele Situationen sind sicherlich übertrieben gezeichnet. Was hättet ihr anders dargestellt? Was fehlt euch?

6

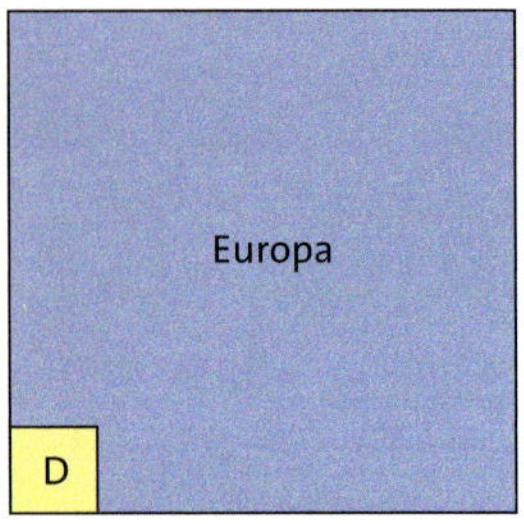

1 *Flächendiagramm Europa/ Deutschland*

Europa: 10 532 000 km²
Deutschland: 357 000 km²
Europa ist etwa 30 mal größer als Deutschland

Ausdehnung Europas:
N: Nordkap (N): 71 ° N
O: Jekaterinburg (RUS): 61 ° O
S: Iraklion (GR): 35 ° S
W: Reykjavik(ISL): 22 ° W

Europa – Ein Kontinent

Europa – Ein Kontinent?
Anhand ihrer klaren Umrisse und Grenzen kann man Afrika, Amerika oder Australien sehr gut bestimmen. Schwieriger ist das mit Europa. 40 000 km Küstenlinie im Norden, Westen und Süden kann man abfahren. Aber wo hört Europa im Osten auf, oder wie weit erstreckt sich Asien nach Westen? Eigentlich muss man vom Doppelkontinent Eurasien sprechen. Um Europa von Asien zu trennen, behelfen sich Geographen mit naturräumlichen Hilfsgrenzlinien: mit dem Uralgebirge, dem Fluss Ural, dem Kaspischen Meer, der Manytsch-Niederung und dem Asowschen Meer. Nach dieser Abgrenzung haben die Staaten Russland, Kasachstan und die Türkei Anteile an Europa und Asien.
Ein Drittel der Landfläche entfällt auf Inseln und Halbinseln. Der Atlantik mit seinen Nebenmeeren reicht weit nach Europa hinein.

Europa – ein Kontinent mit vielen Gemeinsamkeiten!
Auch wenn die 730 Millionen Bewohner Europas über 70 sehr unterschiedlich klingende Sprachen sprechen, lassen sich Ähnlichkeiten und gemeinsame Wurzeln feststellen. So sind die meist verbreiteten Sprachfamilien – die germanische, die romanische und die slawische – miteinander verwandt. In vielen Ländern wird die lateinische Schrift verwendet. Während im Orient der Islam die am weitesten verbreitete Religion darstellt, gehören die meisten Europäer einer christlichen Religion an.
Gotische Kathedralen wurden beispielsweise in Deutschland, Spanien, Großbritannien und vielen anderen europäischen Ländern in sehr ähnlicher Bauweise errichtet.
Die Vielzahl der Völker mit ihrer Geschichte, Kultur und Sprache ließen Europa zu einem der staatenreichsten Kontinente der Erde werden. Heute gibt es in Europa 44 Staaten von sehr unterschiedlicher Größe und Einwohnerzahl.

2 **Sprache**		
Deutsch	Vater	Mutter
Norwegisch	far	moder
Isländisch	fadir	móðir
Französisch	père	mère
Italienisch	padre	madre
Spanisch	padre	madre
Russisch	Отец	Мать
Tschechisch	otec	matka

③ Satellitenbild von Europa

Kaum zu glauben

Der Name „Europa" stammt aus der griechischen Sagenwelt. Zeus, der Göttervater, verliebte sich in Europa, die Tochter des phönizischen Königs Agenor. Dieser beherrschte ein großes Reich im Vorderen Orient. Zeus nahm die Gestalt eines Stieres an und entführte die schöne Europa auf die Mittelmeerinsel Kreta. Dort gebar sie ihm drei Söhne und gab dem ganzen Kontinent ihren Namen.

④ Griechische 2 Euro-Münze

1 *Welche große Inseln, Halbinseln und Meere kannst du auf dem Satellitenbild erkennen? Benenne sie mithilfe einer Atlasseite.*

2 *Benenne die großen Seen und Flüsse Europas.*

3 *Bestimme mithilfe von Atlaskarten, welche Länder an der Ostsee, der Adria und dem Schwarzen Meer liegen.*

❶ ***Grise Fjord nördlich des Polarkreises***

❷ ***Russisches Tiefland***

❸ ***Großglockner in Österreich***

❹ ***In der Toskana***

Europas Landschaften

Europa hat viele Gesichter. Je nach dem Zusammenwirken von Klima, Boden, Oberflächenformen, der Tier- und Pflanzenwelt haben sich ganz verschiedene **Landschaften** herausgebildet. Sie haben alle eine eigene Entwicklungsgeschichte und verändern sich ständig weiter: Die Auswirkungen eines Orkans, die ständige Verwitterung, Überschwemmungen, Vulkanismus oder Eingriffe des Menschen (Tourismus, Tagebau) können ganzen Regionen ein anderes Gesicht geben.

Landschaften, die gemeinsame Merkmale aufweisen, fasst man unter einem Begriff zusammen. So spricht man von Waldlandschaften, Industrielandschaften oder auch Hochgebirgslandschaften. Sie können ein ganz unterschiedliches Alter haben.

Drei große Gebirgsbildungen schufen die Gebirge des Kontinents. Während der jüngsten Gebirgsbildung vor etwa 50 Millionen Jahren entstanden die Hochgebirge im Süden, wie z. B. die Alpen. Älter sind die Gebirgskörper der Mittelgebirge in Europa sowie der Ural und das Skandinavische Gebirge.

Die Tiefländer des Kontinents wurden von Flüssen und im Norden auch vom Inlandeis geformt. Die Küsten Europas entstanden sogar erst nach der letzten Kaltzeit. Mit dem Abschmelzen des Inlandeises stieg der Meersspiegel an, Europa erhielt seine heutigen markanten Umrisse.

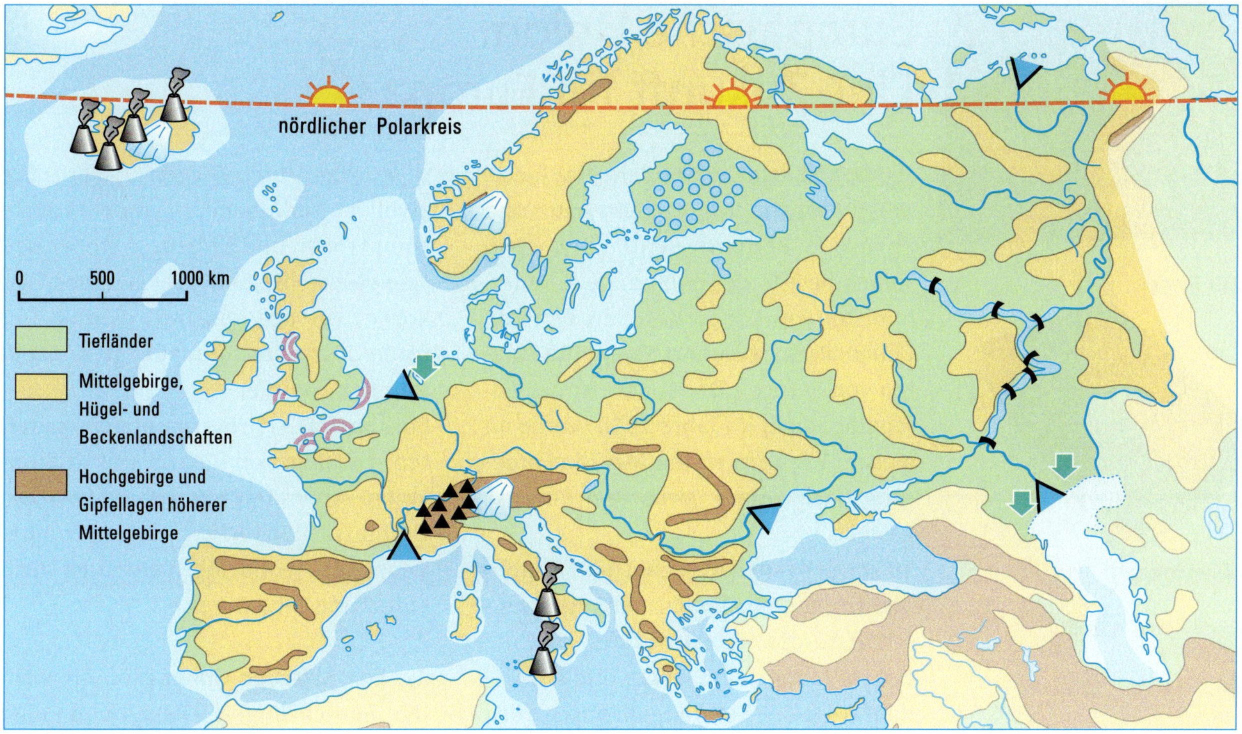

5 ***Landschaften Europas***

6

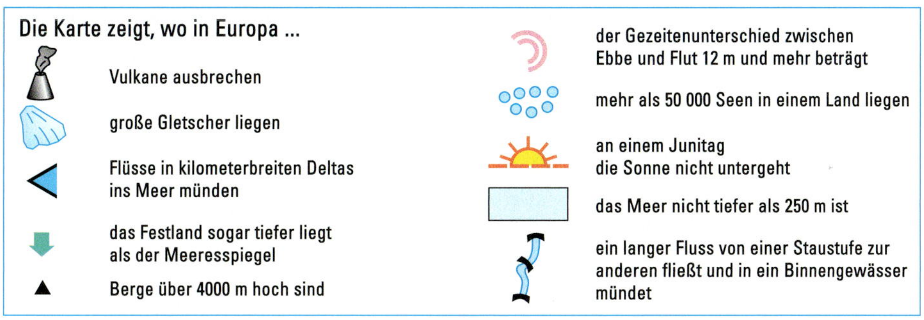

1 *Vergleiche die Fotos 1-4:*
a) Welche Merkmale von Tiefländern, Mittelgebirgen und Hochgebirgen kannst du erkennen?
b) Überlege, welche Kräfte (Naturkräfte, Mensch) die ursprünglichen Naturlandschaften geformt und verändert haben.

2 *Benenne mithilfe der physischen Europakarte in deinem Atlas die Gebirge und Tiefländer Europas.*

3 *In der Karte 5 sind besonders interessante Erscheinungen in Europas Landschaften dargestellt. Suche ihre Namen heraus. In welchen Staaten liegen sie? Erstelle eine Tabelle.*

❶ ***EU-Flagge***

❷ ***EU-Reisepass***

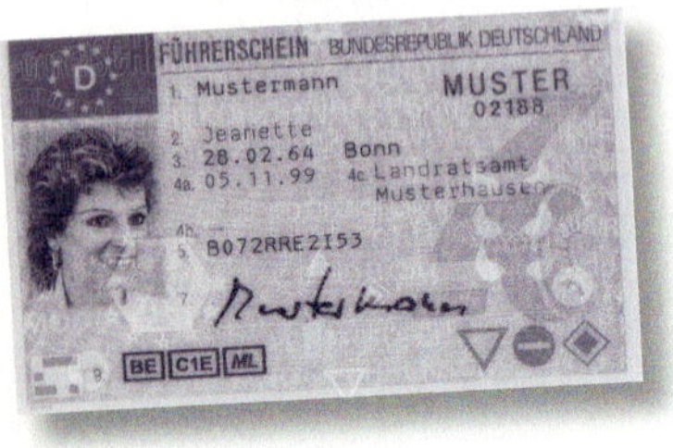

❸ ***EU-Führerschein***

Europäische Union: Eine Zukunft für Europa?

„Europa ist kein Ort, sondern eine Idee." Dieser Satz stammt von dem Autor und Philosoph Bernard Henri Levy. 1946 sprach bereits der ehemalige Premierminister von Großbritannien Winston Churchill von „einer Art Vereinigte Staaten von Europa". Der 9. Mai ist der Europatag, denn im Jahre 1950 wurde an diesem Tag zum ersten Mal die Forderung nach einem „Vereinten Europa" gestellt.

1951 war es soweit. Sechs Länder legten den Grundstein für die Wohngemeinschaft Europa. Es war für die verschiedenen Nationen ein langer und schwieriger Weg, eine Staatengemeinschaft zu bilden. Inzwischen ist die Gemeinschaft auf 25 Länder angewachsen. Die europäische Flagge, der Kreis der 12 Sterne, steht für Solidarität und Harmonie zwischen den europäischen Völkern. Die Zwölf ist traditionelles Symbol für Vollkommenheit und Einheit. So stehen beispielsweise die zwölf Zeichen des Tierkreises für das gesamte Weltall. Der blaue Grund der Europaflagge symbolisiert den Himmel.

Europastraßen, Europameisterschaften, Europapokal, Grand Prix d´Eurovision – vieles trägt den Namen Europa. Und tatsächlich begegnet uns Europäisches fast jeden Tag. Europa ist auch Kultur und Lebensweise.

Zur **Europäischen Union** gehören wichtige Einrichtungen. Diese nennt man auch Institutionen oder Organe der EU. Die EU-Organe dienen vor allem dem Ziel, den Einigungsprozess in Europa schrittweise zu verwirklichen. Sie sind

❹

dazu mit einer Vielzahl von Rechten und Pflichten ausgestattet. In der belgischen Hauptstadt Brüssel ist der Sitz der Europäischen Kommission mit einem Präsidenten an der Spitze und 20 Kommissaren. Jeder Kommissar verwaltet einen besonderen Aufgabenbereich und stammt aus einem der verschiedenen europäischen Länder.

Die **Europäische Kommission** unterbreitet Gesetzesvorschläge, erlässt Vorschriften und verwaltet das Haushaltsgeld der EU. Sie achtet darauf, dass sich die Mitgliedsstaaten an bereits abgeschlossene Verträge halten. Außerdem spielt die Kommission eine große Rolle, wenn es um die Beziehung zu anderen Staaten geht. Sie ist zum Beispiel an den Verhandlungen mit neuen Beitrittskandidaten beteiligt.

In Brüssel befindet sich auch der Rat der Europäischen Union, auch **EU-Ministerrat** genannt. Er erlässt Gesetze, die in allen Mitgliedsstaaten der EU gültig sind. Er weist auch einzelne Länder an, ihre nationalen Gesetze zu ändern. Jedes EU-Mitgliedsland entsendet ein Mitglied in dieses Organ. Die Ratsmitglieder versuchen vor allem die Interessen ihrer Länder zu vertreten.

Das **Europäische Parlament** arbeitet in Straßburg. Im Parlament beraten die vom Volk gewählten Abgeordneten aller Mitgliedsländer.

5 ***Europäisches Parlament in Straßburg***

Alle 5 Jahre werden die Abgeordneten neu gewählt. Das Europäische Parlament wirkt an der Gesetzgebung mit und ist zusammen mit dem EU-Ministerrat für die Verteilung von Geldern zuständig. Werden neue Länder in die EU aufgenommen, muss das Europäische Parlament damit einverstanden sein.

1 *Untersuche die Grafik. Welche Länder gehören derzeit zur Wohngemeinschaft Europa? Schreibe sie auf.*

2 *Recherchiere z.B. im Internet oder Lexikon, wann die einzelnen Länder der „Wohngemeinschaft" beitraten.*

3 *Informiere dich über andere wichtige Einrichtungen der EU und finde heraus, welche Aufgaben sie haben.*

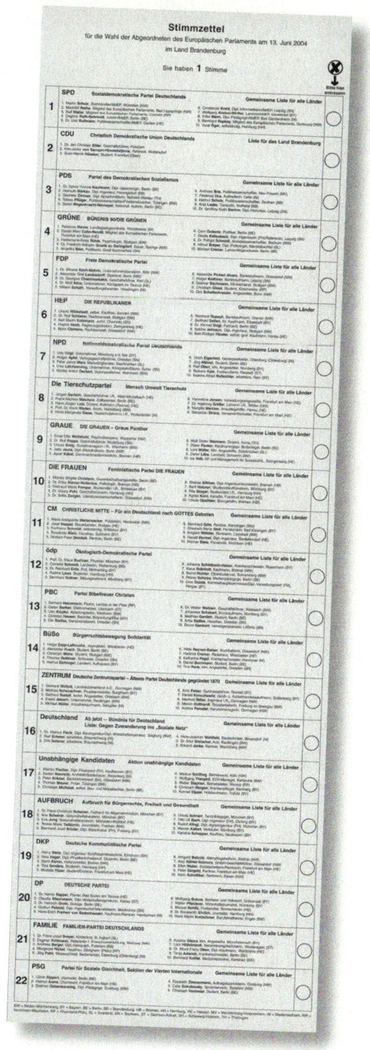

Stimmzettel
für die Wahl der Abgeordneten des Europäischen Parlaments am 13. Juni 2004
im Land Brandenburg
Sie haben 1 Stimme

6 ***Stimmzettel zur Wahl des Europäischen Parlaments***

1 ***Ein EU Projekt im Bundesland Brandenburg***

Ziele und Aufgaben der EU

Der Eine oder Andere von euch wohnt vielleicht auch in einem Mietshaus mit vielen Mietern. Um ein friedliches Miteinander zu erreichen gibt es eine Hausordnung, die die Rechte und Pflichten eines Jeden beschreibt. Ähnlich ist es in der EU. Eine gemeinsame Verfassung für Europa ist eines der wichtigsten Ziele. Sie regelt die Grundrechte eines EU Bürgers. Sie legt die Grundlagen der Zusammenarbeit unter den Ländern fest. Jeder Europäer soll die gleichen Rechte genießen. Er soll in jedem Land Europas frei leben können. Pässe werden an den Grenzen nicht mehr kontrolliert. Zur Einheit Europas gehört, dass seine Staaten mit einer einheitlichen Stimme in der Welt zu hören sind. Deshalb will die EU eine gemeinsame Außenpolitik, die für die Sicherheit ihrer Mitglieder und für ein friedliches Zusammenleben aller Völker eintritt.

Genauso wichtig ist die Zusammenarbeit in der Wirtschaft. Die EU ist eine der führenden Wirtschaftsmächte der Erde. Mit ihrem Import und Export hat sie einen Anteil von mehr als 20% des Welthandels. Unter den Mitgliedsländern ist der Handel mit Waren zollfrei, dass heißt, es müssen keine Abgaben bezahlt werden. Mit der Einführung des EURO als einheitliche Währung ist der Handel in Europa vereinfacht worden.
Weil Wasser und Luft nicht an Grenzen halt machen, ist auch im Umweltschutz eine enge Zusammenarbeit notwendig. Noch gibt es große regionale Unterschiede in Europa, aber die europäische Gemeinschaft setzt alles daran diese zu überwinden.

❷ ***Fördergebiete der EU***

Kaum zu glauben

Mit dem Euro kann man nicht nur in der europäischen Eurozone direkt bezahlen, sondern auch auf den Inseln Guadeloupe und Martinique in der Karibik, Tahiti in Polynesien oder La Reúnion vor der Ostküste Afrikas. Frankreich hat in allen seinen Überseebesitzungen die neue Währung eingeführt. Auch Andorra, Montenegro und das Kosovo haben den Euro zur offiziellen Währung erklärt.

❸ **Interview mit einer EU-Kommissarin**

Lara: *Ein Ziel der EU ist, in den Regionen annähernd ähnliche Lebensbedingungen zu schaffen. Wie soll dies erreicht werden?*

EU-Kommissarin: In der EU gibt es verschiedene Fonds, wie z. B. den Strukturfond oder anders ausgedrückt „Geldtöpfe", die für verschiedene Bereiche Mittel bereitstellen, um benachteiligte Regionen zu fördern.

L: *Können Sie konkrete Beispiele nennen?*

EU-K.: Nehmen wir den Landkreis Potsdam-Mittelmark. Hier sind zwischen 2000 bis 2003 über 197 Mio € aus vier EU-Fonds geflossen. Aus dem Fonds für regionale Entwicklung sind beispielsweise 24 Mio € zur Unterstützung von Wirtschaftsunternehmen eingesetzt worden. Nicht minder zu bewerten sind Zuwendungen für die Infrastruktur. Es wurden Maßnahmen unter anderem zur Abwasserbeseitigung, zum Straßenbau und zum Radwegebau gefördert. Für die Erschließung des Europa-Radwanderweg R1 in der Region Belzig wurden 3 Mio € zur Verfügung gestellt. Aus dem Europäischen Sozialfonds werden Mittel für Beschäftigungspolitik bereitgestellt.

❹ ***Radweg R1***

1 *Arbeite mithilfe des Textes und des Interviews wichtige Ziele und Aufgaben der EU heraus.*

1 *Bauernprotest*

Landwirtschaft – Sorgenkind der EU

Ziel der gemeinsamen Agrarpolitik der EU ist es, die Verbraucher mit hochwertigen Nahrungsmitteln zu günstigen Preisen zu versorgen und gleichzeitig den Landwirten einen angemessenen Lebensstandard zu sichern. Um das zu erreichen hatte man Garantiepreise eingeführt: Ein Bauer bekam z. B. für einen Liter Milch immer einen garantierten Preis, unabhängig davon, ob diese Milch überhaupt verkauft werden konnte. Die Folge waren hohe Überschüsse, da die Bauern ihre Produktion unabhängig von der Nachfrage steigern konnten. Ein Teil der Überschüsse wurde eingelagert, der Rest auf dem Weltmarkt verkauft. Da die Weltmarktpreise erheblich niedriger lagen als die Garantiepreise, musste jeder Verkauf subventioniert werden, d. h. die Europäische Gemeinschaft stützte die Preise und so die Bauern. Bald verbrauchte der Agrarbereich mehr als 60 % des europäischen Haushaltes.

Um weitere Überschüsse zu verhindern, schaffte die EU die Garantiepreise ab. Die Landwirte bekommen nun für ihre Produkte einen Preis, der sich am Weltmarktpreis orientiert. Zusätzlich erhalten sie je Hektar Ackerfläche mehrere hundert Euro im Jahr als direkte Einkommenshilfe. Außerdem müssen die Bauern 10 % der Ackerflächen auf Dauer stilllegen. Auch dafür erhalten sie eine jährliche Entschädigung. Heute wird also nicht mehr die Produktionssteigerung gefördert, sondern der Betrieb direkt.

Immer mehr Kleinbauern mussten aufgeben. Dagegen haben Betriebe mit großen eigenen Flächen nun hohe feste Einnahmen. „Butterberge“ und „Milchseen“ gehören inzwischen der Vergangenheit an. Der Anteil der Ausgaben für die Agrarpolitik verringerte sich auf 40 %. Mit der Aufnahme der neuen Mitgliedsstaaten 2004 werden die Probleme nicht geringer. Die Anzahl der Landwirtschaftsbetriebe hat sich mehr als verdoppelt. Kleinbäuerliche Betriebe (z. B.

2 Verbraucherprotest

in Polen) stehen hochmodernen Großbetrieben gegenüber. Aber auch das gestiegene Interesse der Verbraucher an ökologisch biologischen Nahrungsmitteln, umweltgerechten Produktionsmethoden und artgerechter Tierhaltung erfordert ein Umdenken in der Agrarpolitik der EU.

1 Vergleiche die Agrarpolitik früher und heute. Welche Folgen haben die Veränderungen?

2 Erläutere, was der Zeichner mit der Grafik 3 vermutlich ausdrücken will?

3 Nenne Gründe für die Unzufriedenheit von Bauern und Verbrauchern auf den Fotos 2 und 3 .

3 Europas „höchste Gipfel"

1 A 380

Made in Europe – der Airbus

Daten zum Airbus A 380
- *Zusammenarbeit von 5 Ländern*
- *Spannweite 79,80 m*
- *Länge 73,00 m*
- *Höhe 24,10 m*
- *Gewicht (voll) 560 t*
- *Reisegeschwindigkeit 870 km/h*
- *max. Flughöhe 12 500 m*
- *Reichweite 15 000 km*
- *Treibstoff 269 000 l*
- *Passagiere 555 – 1 000 auf 2 Decks*
- *Neupreis ca. 220 Mio. €*

Der Airbus

Jedes Airbus-Flugzeug wird wie ein Puzzle aus 3,5 Millionen Einzelteilen zusammengesetzt. Diese werden nach einem genauen Plan in verschiedenen europäischen Ländern hergestellt und über weite Strecken zur Endmontage in Toulouse und in Hamburg transportiert. Ein einzelnes europäisches Land könnte allein ein solches Vorhaben kaum bewältigen.

Die großen Luftfahrtunternehmen wollen zwischen verschiedenen Flugzeugtypen auswählen. Allein die Entwicklung einer solchen Typenvielfalt verschlingt Milliarden Euro. Weil die Flugzeuge immer sparsamer, leiser und sicherer werden sollen, muss viel Geld für die Erforschung und Erprobung neuer Technologien ausgegeben werden. Mit dem neuen A380 werden völlig neue Maßstäbe für den zivilen Luftverkehr im 21. Jahrhundert gesetzt.

Airbus ist neben Boeing der zweite große Hersteller von Passagierjets. Inzwischen haben die Europäer den Rivalen aus den USA bereits vom Fliegerthron gestoßen. Schon seit Jahren liegt Airbus bei den Bestellungen vorn. Ein Erfolg der Zusammenarbeit.

Nicht nur in der Luftfahrt arbeiten europäische Länder zusammen, sondern auch in der Raumfahrt. Die Europäische Weltraumorganisation ESA entwickelt Raketen (z. B. ARIANE), Weltraumlabors (SPACELAB), Satelliten (z. B. METEOSAT) und Navigationssysteme (z. B. GALILEO).

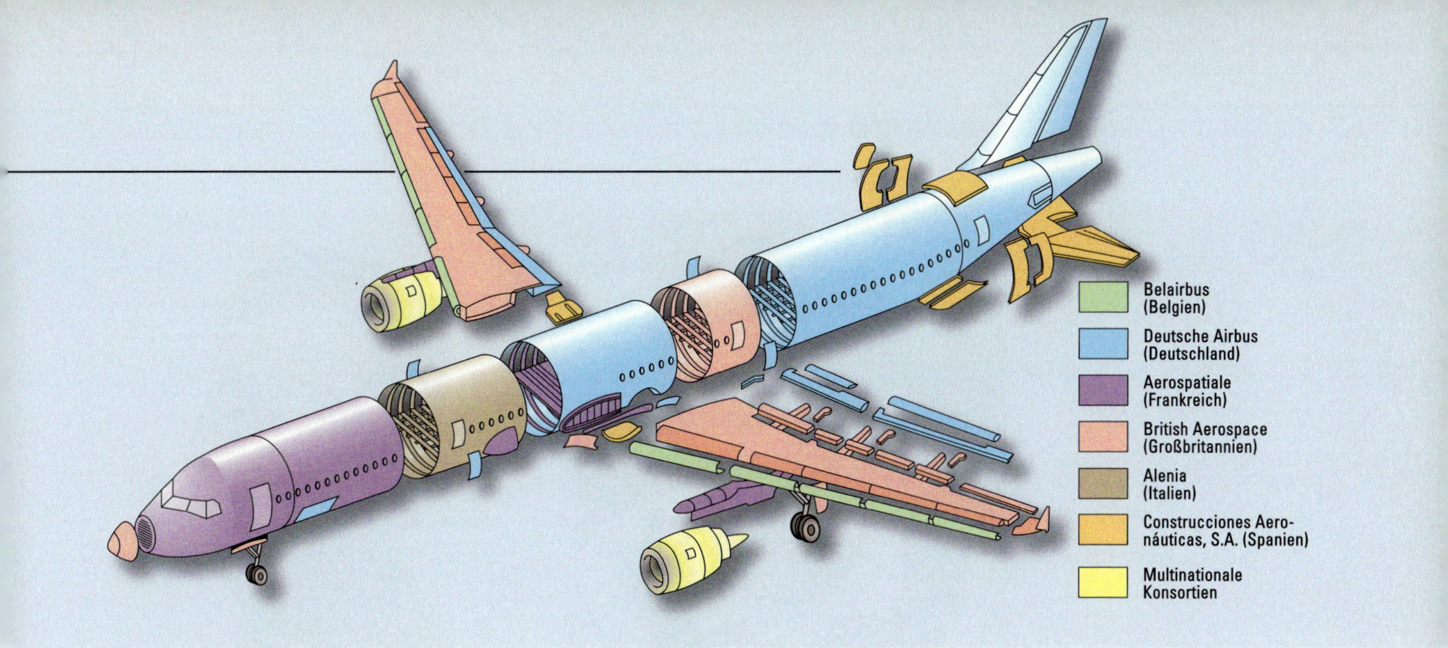

2 Wer liefert die Teile des Airbus A321?

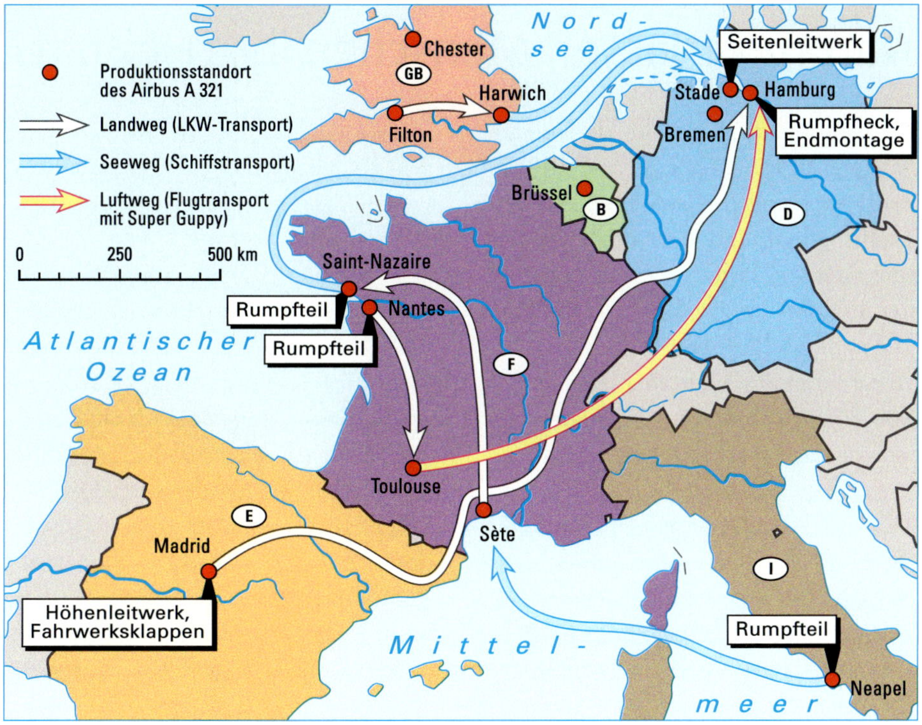

3 Produktionsstätten und Transportwege eines Airbus A 321

Die Airbus Familie – viele verschiedene Modelle für den Flugverkehr
Passagierflugzeuge:
A 300 / A 310
A 320 Familie
A 330 / A 340
A 380
Transportflugzeug:
Airbus Beluga
Militärflugzeug (in Planung):
Airbus A400M

1 Beschreibe mithilfe der Karte 2 und der Grafik 3 den Produktionsablauf eines Airbus.

2 Nenne Gründe, warum nicht ein europäisches Land allein ein Flugzeug entwickelt und baut.

1

2

Warum verlassen Menschen ihre Heimat?

Überall triffst du Menschen, die eine andere Hautfarbe oder eine andere Herkunft haben als du. Sie haben ihre vertraute Umgebung und ihre Freunde verlassen und kamen in ein Land mit einer anderen Tradition, Kultur, Religion und anderen Denkweisen.
Warum nehmen Menschen eine solche Last auf sich? Vier Kinder schildern dir hier ihr Los, das sie gezogen haben.

Ich heiße Tüley und bin in Deutschland geboren. Mein Großvater kam schon 1968 als Gastarbeiter in die Bundesrepublik Deutschland, weil hier dringend Arbeitskräfte gebraucht wurden. Er fand in einer Eisengießerei Arbeit, die er so gut ausführte, dass er bleiben sollte. Deshalb sind meine Eltern 1972 auch nach Deutschland gezogen. Heute wird uns manchmal vorgeworfen, dass wir den Deutschen die Arbeitsplätze wegnehmen. Dabei verrichten wir Arbeiten, die viele Deutschen ablehnen und haben dazu beigetragen, dass der Wirtschaftsaufschwung erhalten blieb.

Meine Freunde hier im Norden Italiens nennen mich Tonia. Geboren bin ich allerdings in Sizilien, der größten Insel des Mittelmeeres.
Mein Vater hat als Kleinpächter Landwirtschaft betrieben. Doch trotz aller Reformversuche der Regierung war unsere soziale Lage gegenüber den Großgrundbesitzern sehr schlecht. Mein Vater konnte die naturgegebenen Möglichkeiten nie richtig ausnutzen, weil für eine wirtschaftliche Entwicklung kein Geld vorhanden war. Viele Menschen sind wie wir nach Oberitalien abgewandert, da Sizilien gegenüber dem Norden des Landes wirtschaftlich, kulturell und politisch rückständig war.

3

4

Mein Name ist Helena und ich komme aus Tadschikistan. Wir sind 1997 als Aussiedler hierher nach Deutschland gekommen. Eigentlich sind wir keine Ausländer, denn meine Ururgroßeltern waren Deutsche, die 1762/63 nach Russland gerufen wurden, um das fruchtbare Gebiet der unteren Wolga gegen die Tataren zu sichern. Deshalb werden wir Russlanddeutsche genannt. Nach dem deutschen Überfall auf die Sowjetunion 1941 wurden die Russlanddeutschen zu Unrecht der Unterstützung der deutschen Angreifer beschuldigt und zwangsweise nach Kasachstan, Kirgisistan und Tadschikistan umgesiedelt. Die Rückkehr in unsere traditionellen Gebiete wurde nicht mehr ermöglicht. Deshalb sind wir schließlich nach Deutschland umgesiedelt, um hier wieder eine Heimat zu finden.

Ich bin Meles. In meiner Heimat Äthiopien kam es 1998 zu einem Grenzkrieg mit Eritrea. Ich habe viele Menschen sterben sehen, manche sind ermordet worden. Aber das war nicht das Einzige! Die übergroße Dürre führte auch noch zu Hungerkatastrophen. Wir hatten sehr wenig zu essen und ich kannte nicht das Gefühl, satt zu sein. Auf Grund dieser schlimmen Lebensbedingungen haben meine Eltern entschieden, dass wir in Italien einen Neuanfang probieren.
Heute habe ich ein eigenes Bett, mein Vater hat Arbeit und meine Mutter kann jeden Tag etwas für uns kochen.

1 *Stelle in Stichworten Gründe zusammen, weshalb Menschen ihre Heimat verlassen.*

2 *Zeichne in eine Europakarte mit Pfeilen und Namen ein, woher zugewanderte Mitschüler oder ihre Familien gekommen sind.*

Eine thematische Karte auswerten

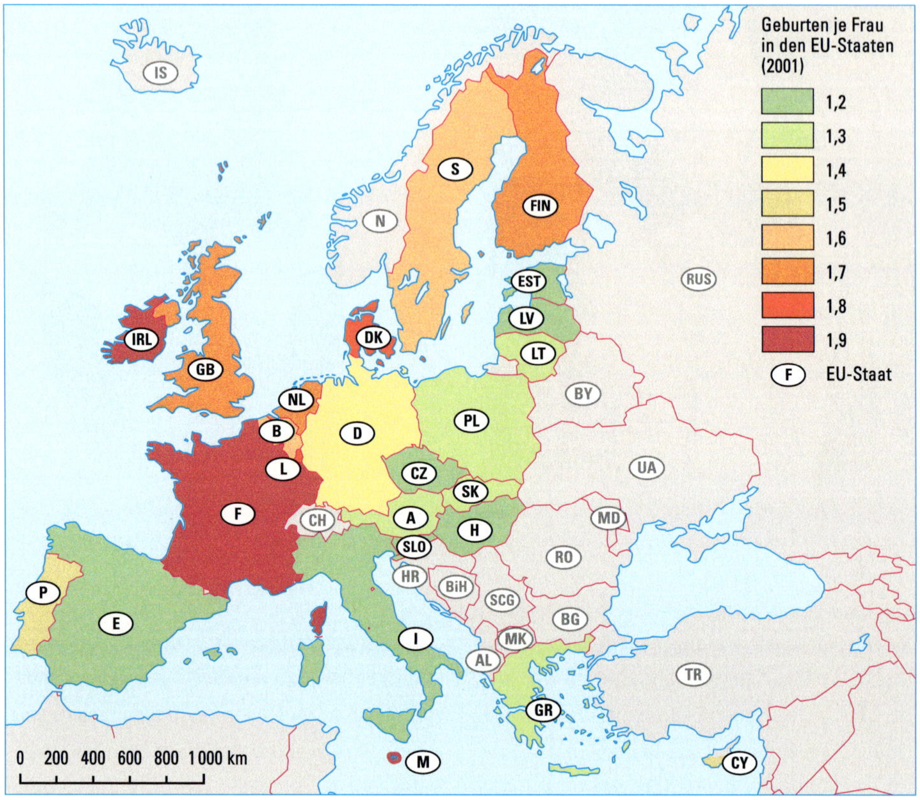

❶ ***Durchschnittliche Kinderzahl je Frau in den Staaten der EU*** *(Berechnungsgrundlage ist das Jahr 2001)*

Nicht alles, was du über einen Raum erfahren willst, kannst du vor Ort mit dem Auge wahrnehmen. Thematische Karten dienen dazu, spezielle Informationen über einen Raum zu vermitteln. Diese werden durch Messen oder Zählen gewonnen und als Symbole in der Karte dargestellt. Dadurch wird es möglich, Gemeinsamkeiten und Unterschiede von Regionen besser zu verdeutlichen.

Thematische Karten helfen, bestimmte räumliche Zusammenhänge schnell zu erfassen. Man benutzt etwa eine Karte zur Kinderzahl je Frau, um herauszufinden, wie stark die Bevölkerung eines Landes in den nächsten Jahren oder Jahrzehnten zunehmen oder abnehmen wird. Diese Zahlen sind beispielsweise wichtig für die Planungen von Kindergärten und Schulen. Auch kann man schon Aussagen darüber treffen, wie viele Menschen in einigen Jahren einen Beruf ausüben und mit ihren Abgaben z. B. die Renten finanzieren werden.

Eine thematische Karte auswerten

1. Schritt: Überblick verschaffen
Erfasse das in der Karte dargestellte Thema und den betreffenden Raum: Meist kannst du dies anhand der Kartenunterschrift ablesen. Sie gibt dir dabei wichtige Hilfen.

2. Schritt: Informationen klären
Stelle anhand der Legende fest, welche Bedeutung die jeweiligen Flächenfarben oder **Signaturen** *haben. Kläre Begriffe, die du nicht kennst.*

3. Schritt: Karteninhalt beschreiben
Beschreibe, wo die jeweiligen Flächenfarben oder Signaturen vorkommen. Wähle auffallende Räume aus (z. B. höchste, niedrigste oder besonders häufige Werte). Ordne die Räume zu einer Rangfolge. Kannst du diese Werte mit deiner Heimatregion vergleichen?

4. Schritt: Karteninhalt auswerten
Experten versuchen anhand dieser Ergebnisse Ursachen für die Unterschiede und Gemeinsamkeiten herauszufinden.

Anwendung

Die Auswertung der abgebildeten thematischen Karte könnte so aussehen:

zu 1:
Die Karte zeigt für das Jahr 2001 und das Gebiet der EU, wie viele Kinder jede Frau in einem Staat im Verlauf ihres Lebens wahrscheinlich zur Welt bringt.

zu 2:
Die jeweiligen Flächenfarben stehen für die wahrscheinliche Anzahl der Geburten je Frau in einem Staat im Verlauf ihres Lebens. Die Signaturen stehen für die Autokennzeichen der Staaten.

zu 3:
In der EU gibt es starke Unterschiede bei der Kinderanzahl je Frau. Die höchsten Zahlen werden in Frankreich und Irland erreicht. In Osteuropa, Mitteleuropa und Südeuropa sind die Werte vergleichsweise am niedrigsten. Deutschland zeigt im Vergleich zur Spitzengruppe ebenfalls niedrige Werte.

zu 4:
Die Ursachen dieser Entwicklungen sind sehr vielgestaltig. Hilfen können hier Recherchen im Internet oder in Tageszeitungen bieten.

→ *Multimediale Informationen auswerten, siehe Seite 164*
→ *Sachtexte auswerten, siehe Seite 64*

1 *Suche eine thematische Karte im Atlas und werte sie aus.*

Wichtige Begriffe:
EU-Ministerrat
Europäische Kommission
Europäische Union (EU)
Europäisches Parlament
Landschaft

1 *Kennst du dich aus?*
Europa grenzt im
a) Westen an...
b) Norden an...
c) Osten an...
d) Süden an...

2 *Topographie-Merkwissen Europa*
Benenne in der Karte 1
a) die Meere A–E,
b) die Inseln a–f,
c) die Flüsse a–n,
d) die Hauptstädte 1–40.

3 *Findest du den Begriff?*
Ein Zusammenschluss von 25 europäischen Staaten zur wirtschaftlichen und politischen Zusammenarbeit.

4 *Bilderrätsel*
a) Welche Begriffe sind dargestellt?
b) Erkläre die Begriffe a und c

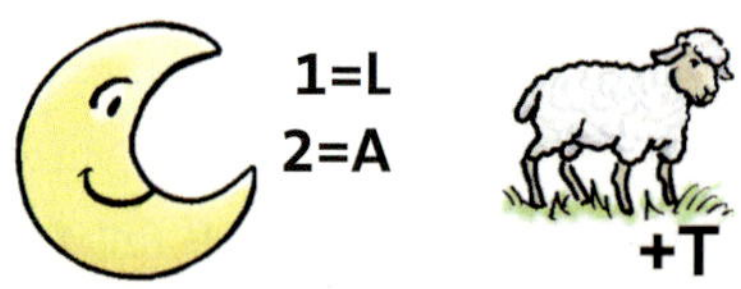

a

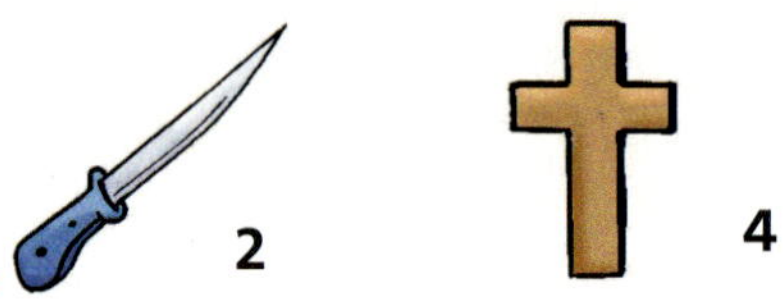

b

c

d

5 *Sommerzeit – Ferienzeit – Urlaubszeit*
Familie Gericke hat bereits neun Hauptstädte besichtigt. Es gab viel zu sehen und sie haben viel erlebt. Jetzt sind sie etwas müde und möchten ihren Reise mit einem Badeurlaub beenden. Die Anfangsbuchstaben der waagerechten und die Endbuchstaben der senkrechten Namen ergeben den europäischen Kleinstaat, in dem sie ihn verbringen.

D	A	S	T	U	H	S	S	R	I	P	O
A	S	T	O	C	K	H	O	L	M	A	P
S	I	L	B	E	N	K	F	B	E	H	M
O	B	E	N	L	A	K	I	P	R	E	U
B	E	R	M	O	S	K	A	U	L	L	I
R	E	K	I	N	F	O	A	L	T	S	O
M	A	R	G	D	O	L	T	I	P	I	M
R	S	T	R	O	M	I	H	M	E	N	G
S	T	U	L	N	E	N	E	I	M	K	I
O	S	L	O	S	N	A	N	E	L	I	M
K	A	M	S	T	E	R	D	A	M	E	R
H	E	U	L	I	G	A	D	I	S	R	E

6 *Staatensalat*
Bei den folgenden Staaten sind einige Buchstaben durcheinander geraten. Sicher kannst du sie wieder richtig zusammensetzen.
a) agnnru.
b) adilns
c) agloprtu
d) adelnst
e) beegiln

7 *Europa im Maisfeld*
Hat der Künstler Staaten vergessen? Vergleiche das Ornament mit der Europakarte und überprüfe, ob alle Staaten vorhanden sind.

❶ *Europa – Politische Gliederung*

Teste dich selbst

mit den Aufgaben 3 und 4d

❷ *Europa im Maisfeld*

Training

Klima und Vegetation in Europa

Das Satellitenbild zeigt Europa im Winter. Große Teile Nordeuropas und Osteuropas liegen unter einer geschlossenen Schneedecke, andere Gegenden sind aber schneefrei. Ist das jeden Winter so? Warum aber liegt in Spanien eigentlich nur an der Grenze zu Frankreich Schnee? Anworten auf diese Fragen erhältst du auf den nächsten Seiten.

Klimadiagramme zeichnen

1 **Die mittleren Temperatur- und Niederschlagswerte von Berlin-Dahlem, 51m**

Monat	Jan.	Feb.	März	April	Mai	Juni	Juli	Aug.	Sep.	Okt.	Nov.	Dez.	mittlere(r)
Temperatur	1	1	5	9	14	17	18	18	14	9	4	2	J-Temp. 9,2 °C
Niederschlag	43	36	41	38	53	67	55	62	45	37	45	57	J-Nied. 578 mm

Um Aussagen über das Klima treffen zu können, ist es notwendig, ein Klimadiagramm richtig lesen und auswerten zu können. In diesem Schuljahr lernst du das Klima vieler europäischer Staaten kennen.

Das Wetter kann jeden Tag anders sein und sich sehr schnell verändern. Es ist der „aktuelle Zustand“ unseres Klimas. Wenn man das **Klima** beschreiben will, muss man über einen längeren Zeitraum genaue Messdaten sammeln und aufzeichnen. Am aussagekräftigsten sind dabei Niederschlagsmengen und Temperaturverhältnisse. Beide werden in anschaulicher Form in eine Grafik, das Klimadiagramm eingetragen. Ein solches **Klimadiagramm** zeigt im Jahresverlauf die Durchschnittswerte von Temperatur und Niederschlag eines Ortes an.
Da eine Tabelle mit den Klimawerten nicht sehr anschaulich ist, wählt man zur Darstellung ein Diagramm mit drei Linien: Auf der Grundlinie sind die Monate des Jahres eingetragen. Auf der linken Seite begrenzt die Temperaturlinie das Diagramm und auf der rechten Seite die Niederschlagslinie.
Die mittleren Monatstemperaturen werden als rote Temperaturkurve, die mittleren Monatsniederschläge als blaue Niederschlagssäulen dargestellt.

Darstellung der Jahrestemperaturkurve
Für jeden Monat wird der Temperaturwert in der Mitte des Monatsabschnittes mit einem Punkt oder Kreuz markiert. Dann werden die einzelnen Punkte mit einem roten Stift zu einer Kurve verbunden.

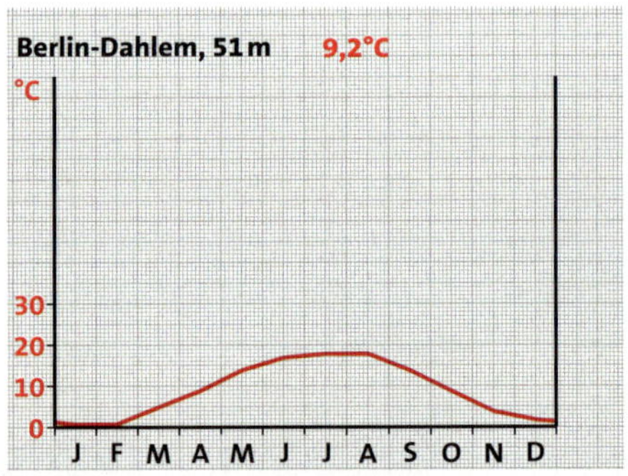

2

Darstellung der Niederschlagssäulen
Für jeden Monat wird der Niederschlagswert in der Mitte des Monatsabschnittes als eine Säule gezeichnet. Dann werden die Säulen blau eingefärbt.

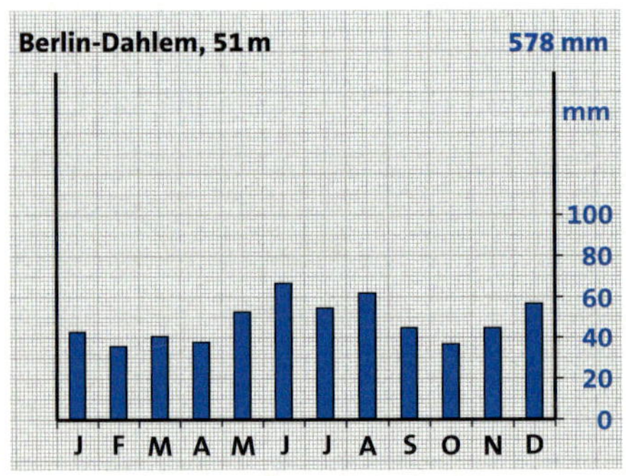

3

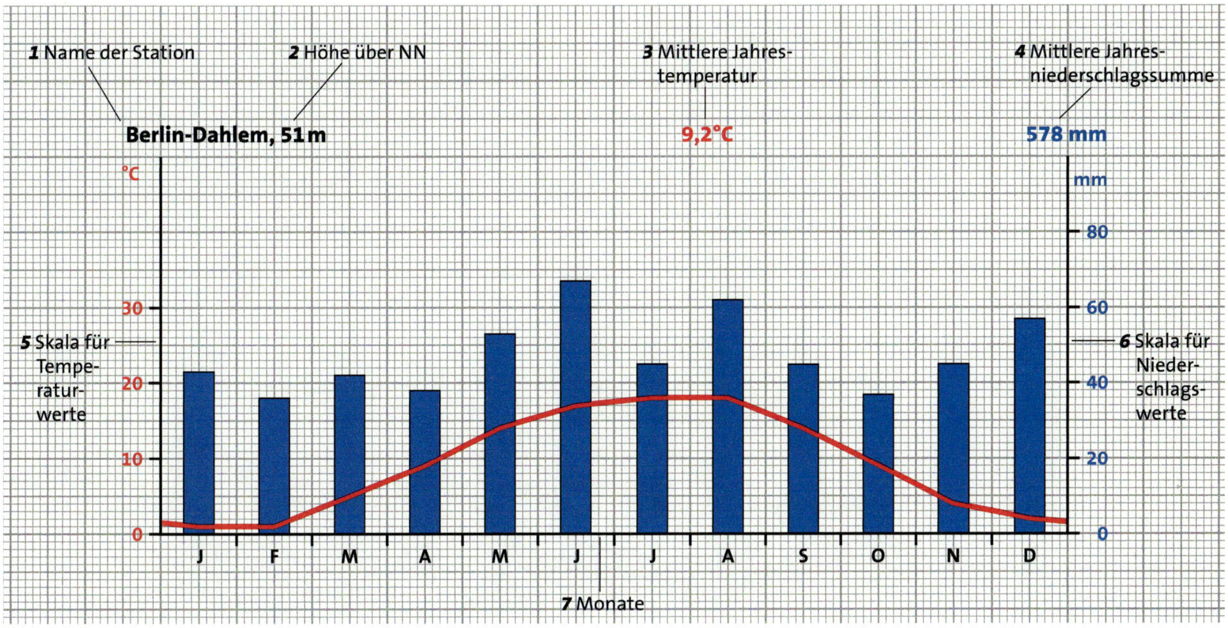

4

Ein Klimadiagramm zeichnen:

1. Schritt: *Zeichne auf dem Millimeterpapier eine waagerechte, 12 cm lange Grundlinie in die Mitte des Blattes. Teile diese entsprechend den Monaten in 12 Abschnitte zu je 1 cm Breite ein. Schreibe die Anfangsbuchstaben der Monate (Januar = J, Februar = F ...) unter diese Grundlinie.*

2. Schritt: *Zeichne links von der Grundlinie eine senkrechte Linie für die Temperaturwerte. Trage den Wert 0 °C an der Grundlinie ein. Beschrifte dann mit roter Farbe nach oben hin die Temperaturskala für die Plus-Temperaturen und nach unten für die Minus-Temperaturen. Dabei entspricht jeweils 1 cm 10 °C.*

3. Schritt: *Zeichne rechts von der Grundlinie eine senkrechte Linie für die Niederschläge. Trage den Wert 0 mm an der Grundlinie ein. Achte bei der Einteilung der Skala darauf, dass 1 cm 20 mm Niederschlag entspricht. Schreibe mit blauem Farbstift.*

4. Schritt: *Beschrifte nun den Kopf des Klimadiagramms, wobei du links beginnst: Name (1) und Höhe (2) der Station, die mittlere Jahrestemperatur (3) und die Jahresniederschlagssumme (4).*

5. Schritt: *Trage die mittleren Monatstemperaturwerte ein und verbinde sie zu einer Kurve. Zeichne schließlich die mittleren Niederschlagswerte als Säulen.*

1 *Zeichne nach der beschriebenen Schrittfolge das Klimadiagramm eines Ortes aus deinem Bundesland. Die Klimadaten findest du auf Seite 242.*

5 ***Was du benötigst***

Klimadiagramme auswerten

Wie man ein Klimadiagramm zeichnet, das habt ihr schon gelernt. Wie aber kann man Klimadiagramme auswerten, Erkenntnisse gewinnen z. B. über Pflanzenwuchs, auch über Nutzpflanzen?

Die Klimadiagramme in diesem Buch sind bisher so gezeichnet wie in Abbildung 1. Das Millimeterpapier hilft beim Zeichnen und beim Ablesen der Werte. Bei den Säulen für die Monatsniederschläge kann man sich mehr oder weniger gefüllte Messgefäße vorstellen.
Meist werden jedoch Klimadiagramme benutzt, bei denen sowohl Temperatur als auch Niederschlag als Kurve gezeichnet sind wie in Zeichnung 2. Man muss nur die oberen Enden der Niederschlagssäulen miteinander verbinden und erhält so die Niederschlagskurve. Solche Klimadiagramme helfen, das Klima an einem bestimmten Ort zu beurteilen: Welche Pflanzen können hier wachsen, welche Möglichkeiten hat die Landwirtschaft; kann man hier den Urlaub verbringen, wann ist die beste Reisezeit ...?
Pflanzen brauchen zum Wachsen sowohl Wärme als auch Feuchtigkeit. Die mittlere Tagestemperatur muss mindestens 5 °C betragen, damit Pflanzen wachsen können. Wie viel Niederschlag aber ist nötig? Das hängt auch von der Temperatur ab. Je wärmer es ist, desto mehr Regen wird gebraucht, weil ja viel verdunstet.

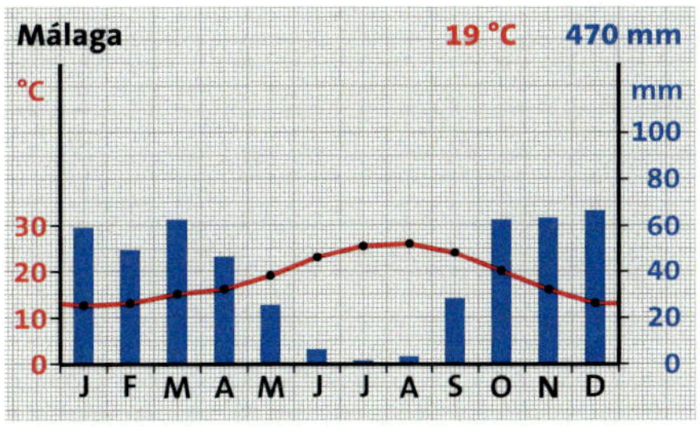

1

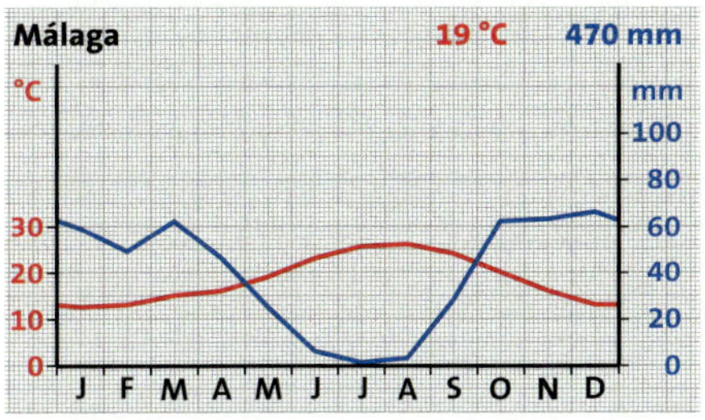

2

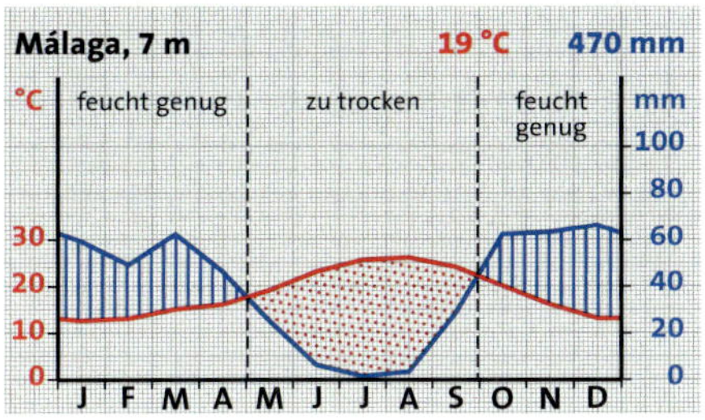

3

Die Klimadiagramme sind so gezeichnet, dass jeweils 10 °C Temperatur (links) 20 mm Niederschlag (rechts) entsprechen. Der Vorteil: So kann man die feuchten und die zu trockenen Zeiten des Jahres direkt ablesen. Liegt der Niederschlagswert in der Zeichnung über dem Temperaturwert, ist der Monat feucht genug für das Pflanzenwachstum. Liegt der Niederschlagswert unter dem Temperaturwert, ist der Monat zu trocken. Diesen Zusammenhang haben Fachleute durch viele Beobachtungen überall auf der Welt festgestellt.
Unser Beispiel ist das Klimadiagramm von Málaga. So kannst du bei der Auswertung vorgehen:

1. Schritt: *Wo und in welcher Klimazone liegt Málaga? Mithilfe von Atlas und Klimakarte wird schnell klar: Málaga liegt in Südspanien in der subtropischen Zone.*

2. Schritt: *Wie verläuft die Temperaturkurve? Am besten nennst du den wärmsten und den kältesten Monat des Jahres. In Málaga ist der August der wärmste Monat (26 °C), Dezember, Januar und Februar sind die kältesten Monate (13 °C). Málaga liegt also auf der Nordhalbkugel. Auf der Südhalbkugel wäre die wärmste Zeit in unseren Wintermonaten.*

3. Schritt: *Wie verläuft die Niederschlagskurve im Verhältnis zur Temperaturkurve? In Málaga liegt die Niederschlagskurve in den Monaten Oktober bis April über der Temperaturkurve; das ist die feuchte Zeit. Während der Monate Mai bis September liegt die Niederschlagskurve unter der Temperaturkurve: die trockene Zeit.*

4. Schritt: *Welche Auswirkungen hat das Klima an diesem Ort, z. B. für die natürliche Vegetation, für den Anbau von Nutzpflanzen?*

1 *Werte das Klimadiagramm von Berlin-Dahlem (Seite 129) aus und vergleiche es mit dem Klimadiagramm von Malaga.*

Internettipp:
www.klimadiagramme.de

1 *Klimazonen und Klimatypen in Europa*

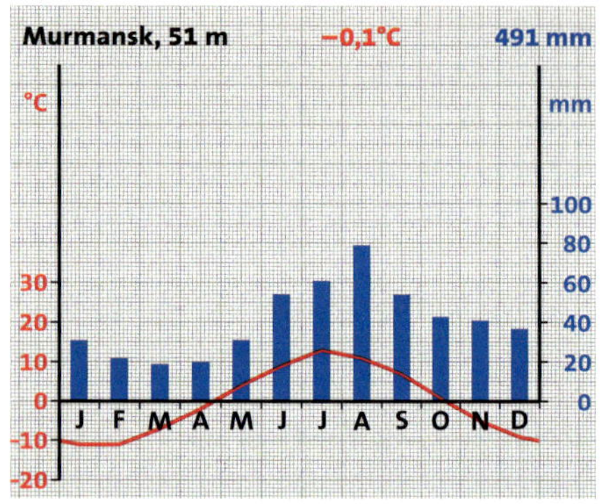

2

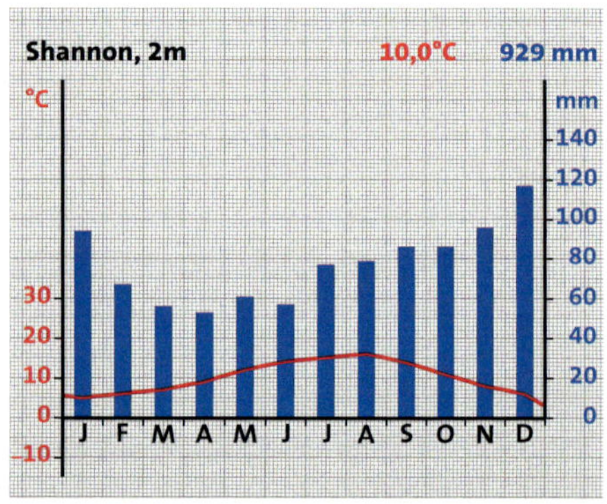

3

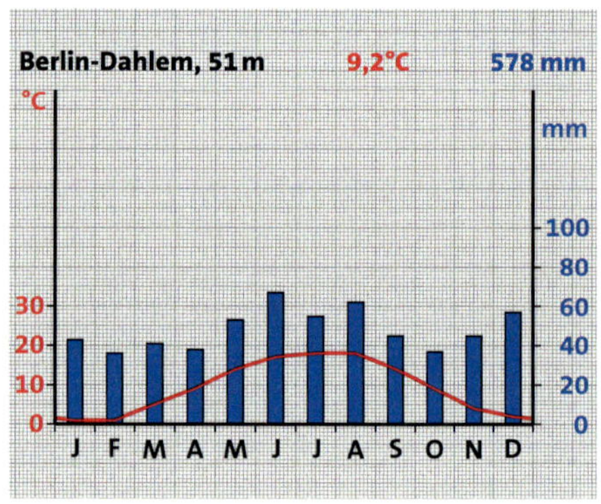

4

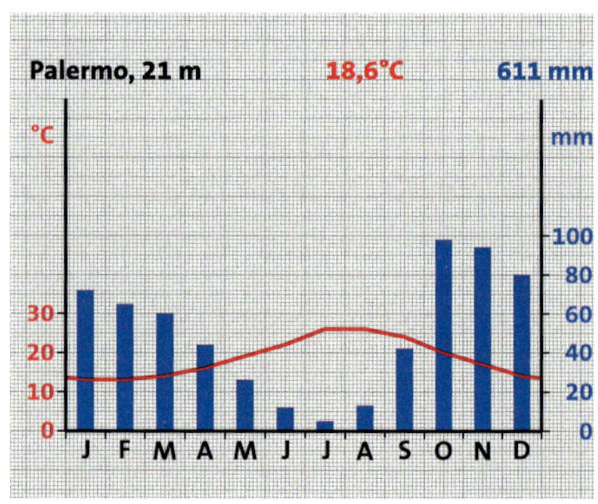

5

Klima und Vegetation in Europa

Weihnachten in Europa: In Murmansk liegt auf den Bäumen eine dicke Schneeschicht, es ist klirrend kalt: minus 20 °C, da geht keiner freiwillig raus. In Berlin liegt eine dünne Schneeschicht. Wir kratzen bei Null Grad Schnee für eine Schneeballschlacht zusammen. In Palermo dagegen sind Schnee und Frost nahezu unbekannt.

Welch ein Gegensatz! Aber Europa reicht von der Polarzone im hohen Norden bis in die Subtropen im Süden. Die gürtelartig angeordneten Gebiete mit ähnlichen Klimamerkmalen werden als **Klimazonen** bezeichnet. Auch innerhalb einer Klimazone kann es große Unterschiede geben. So nimmt die ausgleichende Wirkung des Meeres auf das Klima nach Osten hin immer weiter ab – die **Kontinentalität** erhöht sich. Deshalb unterscheidet man innerhalb einer Klimazone verschiedene **Klimatypen**.

→ *Kontinentalität, siehe auch Seite 141*

6

7

8

9

Da sich die Pflanzen dem Klima sehr stark anpassen, haben sich natürliche **Vegetationszonen** ausgebildet.

In der **Tundra** (Bild 6) reicht die Vegetationszeit für Bäume nicht aus. Deshalb wachsen hier Flechten, Moose, Gräser, Sträucher und vereinzelt auch verkümmerte Bäume. Der Zwergwuchs nutzt die Bodenwärme und schützt vor Austrocknung und Wind.

In der **Nadelwaldzone** (Bild 7) findest du vor allem Fichten, Tannen und Kiefern. Die immergrünen Nadeln nutzen die frühen Sonnenstrahlen und schützen die Bäume im Winter vor dem Austrocknen.

Buchen und Eichen sind kennzeichnend für die **Laub- und Mischwaldzone** (Bild 8). Sie werfen ihr Laub im Herbst ab und entfalten neues Laub im Frühjahr. Da die dichten Baumkronen viel Licht wegnehmen, gibt es kaum Unterholz.

Typisch für die Zone der **Hartlaubgewächse** (Bild 9) sind Olivenbäume, Stein- und Korkeiche, Lorbeer und Myrte. Das sind an die heißen Sommer angepasste Pflanzen. Sie haben immergrüne, meist feste, kleine, manchmal auch nadelförmige Blätter, die mit einer Wachsschicht überzogen oder behaart sind.

1 *Nenne die Abfolge der Klimazonen vom Nordkap nach Sizilien.*

2 *Welche Klimatypen überfliegst du bei einem Flug von Shannon nach Perm?*

3 *Beschreibe mithilfe der Klimadiagramme 2 bis 5 die Klimaveränderungen in Europa von Westen nach Osten und von Norden nach Süden.*

4 *Erläutere anhand der Fotos die Abhängigkeit von Klima und Vegetation.*

Klimaregeln

1 Ein Tag Anfang März

in Kiruna (Nordschweden):
Sven Olavson zieht sich warm an, bei minus 20 °C muss er zur Arbeit. Die nächsten Tage soll es schneien. Vom Frühling kann er nur träumen.

in Rom (Italien):
Manuela Cortini sitzt im Straßencafé in der Sonne. Das Thermometer zeigt 17 °C, die Mandelbäume blühen.

in Shannon (Irland):
Patrick Joyce schneidet vor seinem Haus die immergrünen Hecken. Zwar wird es noch lange keine warmen Frühlingstage geben, aber es bleibt über 0°C, wie fast den ganzen Winter über.

in Moskau (Russland):
Boris Salmov muss noch einmal Schnee schaufeln. Das Thermometer zeigt minus 3°C. Der Winter will noch nicht weichen. Es ist kalter Wind angesagt.

Die große Ausdehnung des Kontinents, seine Lage zwischen den kalten Polargebieten und den heißen Regionen am Mittelmeer sowie die Entfernungen der Landmassen zum Meer bestimmen das Klima Europas. Darüber hinaus wird das Klima auch durch die Höhenlage eines Ortes beeinflusst. Wenn man diese Einflussgrößen kennt, kann man für das so vielfältige Klima Europas hilfreiche Regeln aufstellen:

Wer zum Badeurlaub im Sommer statt an die norwegische Küste ans Mittelmeer reist, weiß weshalb: Dort ist es wärmer.

Klimaregel 1:
Von den kalten Polargebieten im Norden nehmen die Temperaturen nach Süden hin zu. Die warme Jahreszeit wird länger. Im Mittelmeerraum finden wir die wärmste Klimaregion Europas.

Wer in Europa reist, sollte seine Regenkleidung nicht vergessen – mit einer Ausnahme: im Mittelmeerraum während des Sommers.

Klimaregel 2:
In Europa gibt es in den meisten Gebieten Niederschlag zu allen Jahreszeiten. Im Mittelmeerraum aber fällt im Sommer nahezu kein Niederschlag.

Wer von der Atlantikküste nach Moskau umzieht, macht eine Erfahrung: Nach Osten hin werden die Winter immer kälter, der Temperaturunterschied zwischen Sommer und Winter wird größer.

Über den Nord-Süd-Wandel des Klimas legt sich als weitere Unterscheidung der West-Ost-Wandel: das ausgeglichene Seeklima (atlantisches Klima) im Westen und das Landklima (kontinentales Klima) im Osten.

Klimaregel 3:
In Europa unterscheiden wir küstennahe Gebiete mit ausgeglichenem **Seeklima** und küstenferne Regionen mit **Landklima.**
Dazwischen liegt Mitteleuropa mit seinem **Übergangsklima**.

Klimaregel 4:
Wer in einem Hochgebirge vom Tal in die Gipfelregion aufsteigt, stellt fest, dass es mit zunehmender Höhe immer kälter wird. Innerhalb einer Klimazone bilden sich also noch höhenabhängige Klimate heraus, wie z. B. das **Hochgebirgsklima**.

1 *Vergleiche jeweils die Januar- und Julitemperaturen sowie die Jahresniederschlagssumme der Städte Tromsø, Shannon, Rom und Moskau. Begründe die Unterschiede.*

2 *Versuche den Begriff „Übergangsklima" genauer zu beschreiben. Ziehe dazu die Klimawerte deines Heimat- oder Schulstandortes heran.*

3 *Arbeite mit den Karten (2–4): Wähle selbst eine West-Ost- und eine Süd-Nord-Profillinie quer durch Europa aus und erläutere die dort ablesbaren Unterschiede in den Temperaturen und Niederschlägen.*

4 *Erkläre, wie sich Klimastationen der gleichen Region, die im Hochgebirge bzw. im Tiefland liegen, unterscheiden.*

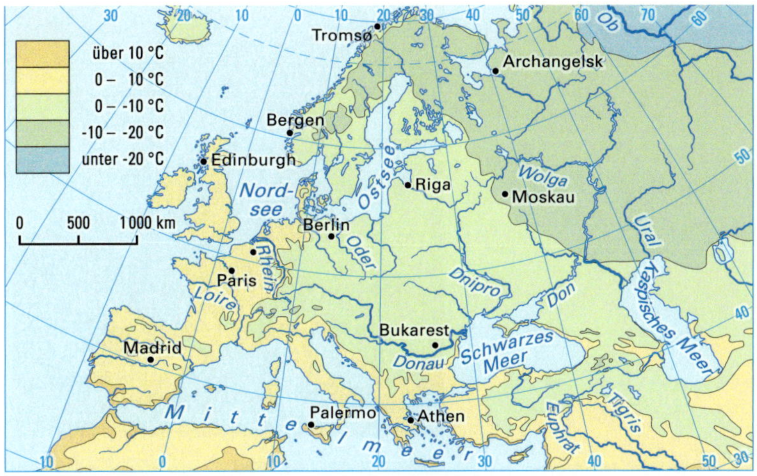

2 ***Durchschnittliche Januartemperatur in Europa***

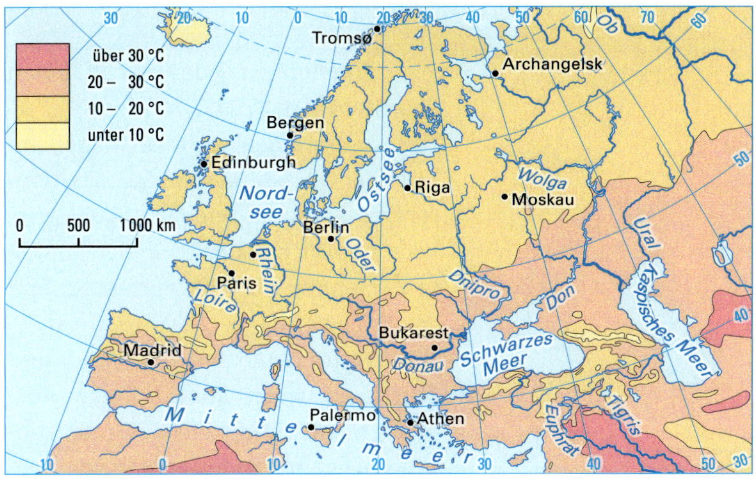

3 ***Durchschnittliche Julitemperatur in Europa***

4 ***Jahresniederschlag (langjähriger Mittelwert)***

1 *Ölbäume bei Cordoba*

3 *Agaven*

Klima und Vegetation am Mittelmeer

Warum verbringen jedes Jahr Millionen Touristen ihren Urlaub im Süden?

Die Länder am Mittelmeer liegen im Sommer im Einflussbereich des Azorenhochs. Dieses Hochdruckgebiet ist verantwortlich für das von den Touristen ersehnte wolkenarme, heiße und trockene Wetter.

Die Winter dagegen sind mild und feucht. Die Westwinde bringen viele Wolken und es regnet häufig wolkenbruchartig. Im Landesinneren von Spanien, Griechenland und der Türkei kann es sehr kalt werden. Vereinzelt treten sogar Fröste und Schneefall auf.

An den Küsten dagegen sind die Winter recht mild, da das Mittelmeer hier als Wärmespeicher wirkt. So sprießt gerade im Winter frisches Grün und schon Ende Januar beginnt die Blütezeit. Deutliche Gegensätze zwischen Sommer und Winter kennzeichnen also das Mittelmeerklima, das zum **subtropischen Klima** gehört.

Die natürliche Vegetation hat sich dem Mittelmeerklima angepasst. Die Pflan-

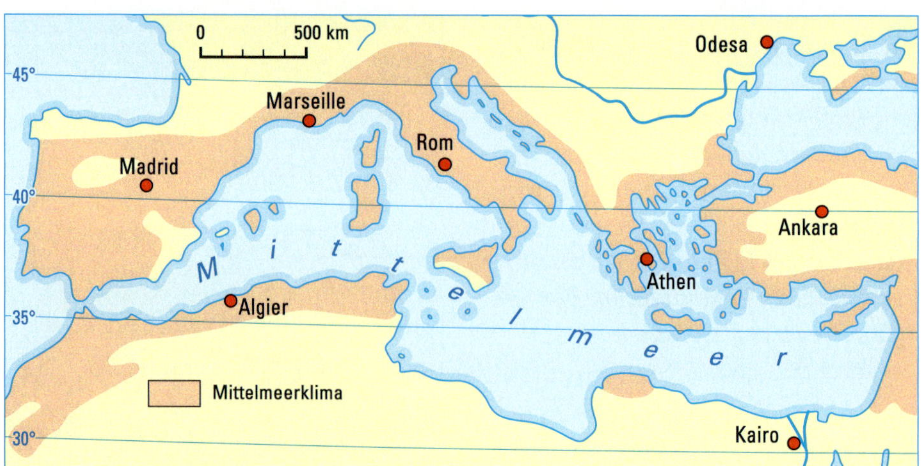

2 *Verbreitung des Mittelmeerklimas*

zen müssen hier nicht wie bei uns mit kalten Wintern zurechtkommen, sondern die trockenen und heißen Sommer überstehen und sich vor zu starker Verdunstung schützen. Kennzeichnend sind z.B. immergrüne Bäume und Sträucher mit kleinen Blättern und harter, lederartiger Oberfläche. Man nennt sie daher Hartlaubgewächse. Typisch ist der Ölbaum (Olive, siehe Foto 1), der nur im Bereich des Mittelmeerklimas wächst. Die Ölbaumgrenze gilt daher auch als Grenze des Mittelmeerklimas.

Andere Anpassungen an die Trockenheit sind behaarte Blätter, Dornen und Stacheln. Einige Pflanzen schützen sich, indem sie Harz, Wachs oder duftende Öle ausscheiden. Wieder andere speichern Feuchtigkeit in fleischigen Blättern und Stängeln (z. B. Agave, siehe Foto 3).

1 *Beschreibe die Verbreitung des Mittelmeerklimas (Karte 2 und Atlas).*

2 *Werte das Klimadiagramm von Rom aus:*

a) Bestimme den wärmsten und kältesten Monat und berechne die Temperaturdifferenz.

b) Beschreibe die Niederschlagsverteilung.

c) Formuliere Merkmale des Mittelmeerklimas.

3 *Vergleiche das Klima von Rom mit jenem von Berlin. Notiere die Unterschiede.*

a) Lokalisiere die Klimastationen 4–7 im Atlas und bearbeite die Stationen 4, 5 und 7 wie in Aufgabe 2.

b) Welche Station entspricht den Merkmalen des Mittelmeerklimas am meisten, welche am wenigsten?

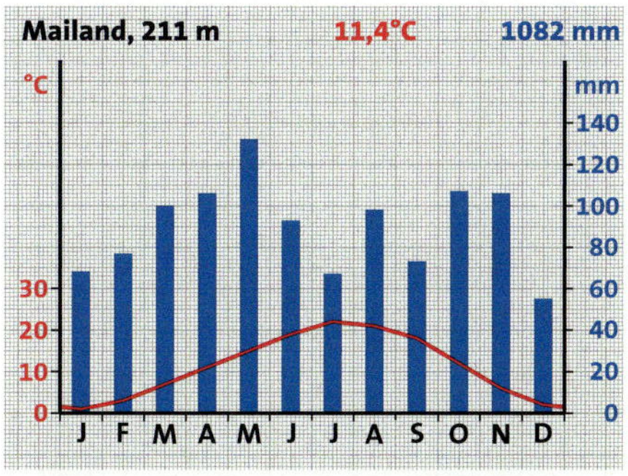

4

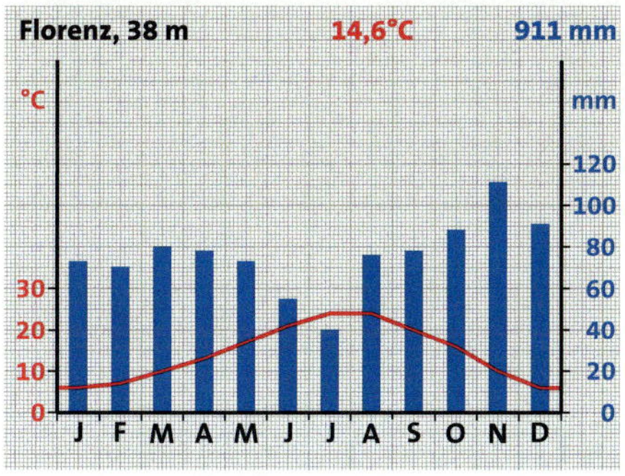

5

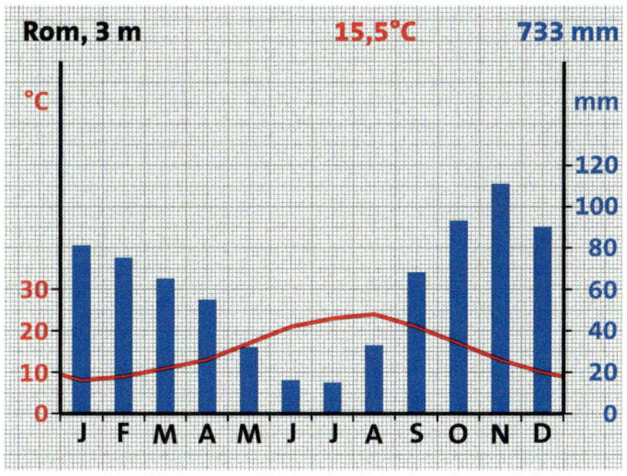

6

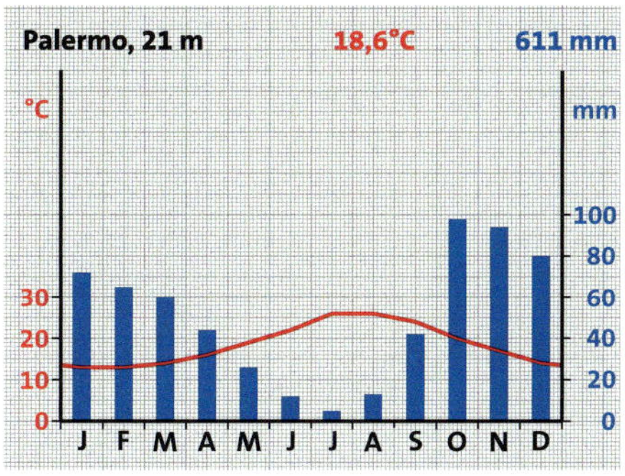

7

Früchte wichtiger Kulturpflanzen des Mittelmeerraumes

8 ***Olive***

9 ***Feige***

10 ***Zitrone***

11 ***Mandel***

① *Tundralandschaft in Norwegen*

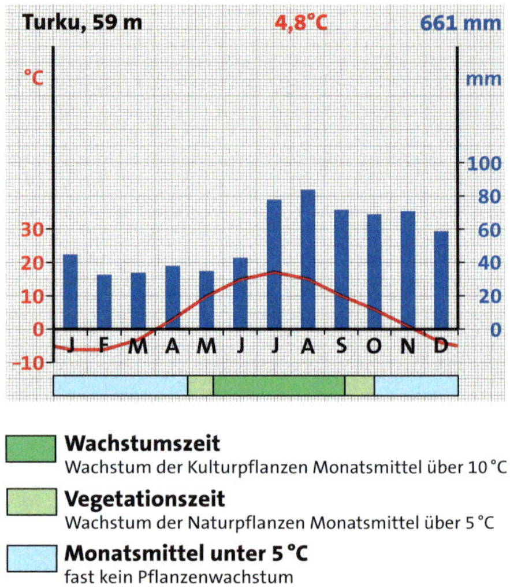

② *Klimadiagramm von Turku*

Boreas
im antiken Griechenland der kalte Nordwind, der als Gott dargestellt wurde
Boreal
zum rauen nördlichen Klima gehörend

Im polaren Norden Europas

Die Gebiete Europas nördlich des Polarkreises liegen in der Zone des **polaren Klimas**. Hier übersteigen die Monatsmitteltemperaturen nie +10 °C, sodass es selbst im nebelreichen Sommer kalt bleibt. Die Niederschläge fallen fast ausschließlich das ganze Jahr als Schnee. Dort, wo ganzjährig eine geschlossene Schneedecke liegt, können keine Pflanzen wachsen, deshalb nennt man die Vegetationszone **polare Kältewüste**.
In den Gebieten südlich der polaren Klimazone, der Zone des **subpolaren Klimas**, dauert der Winter bis zu sieben Monate. Die Temperaturen können dann bis auf –40 °C sinken. In den kurzen Sommermonaten übersteigt jedoch die Monatsmitteltemperatur +10 °C. Die ganzjährig geringen Niederschläge fallen im Sommer als Regen.

Tundra
In den Gebieten des subpolaren Klimas und in den Hochlagen der europäischen Gebirge reicht die Vegetationszeit für das Wachstum von Bäumen nicht mehr aus. Im kurzen Sommer taut nur die Oberfläche des Bodens auf. In der Tiefe jedoch bleibt er ständig gefroren. Auf diesem so genannten Dauerfrostboden staut sich deshalb das Wasser, sodass er im Sommer oft feucht und morastig ist. Hier gedeihen nur noch Flechten, Moose, Gräser, Sträucher und vereinzelt kümmerliche, niedrige Zwergbäume. Diese Vegetation nennt man Tundra.

Boreale Nadelwälder (Taiga)
Südlich an die Tundra schließen sich die borealen Nadelwälder aus Fichten, Kiefern und Lärchen an. Trotz der langen, kalten Winter taut im Sommer der Boden auf. So können die Bäume mit ihrem Wurzelwerk im Boden den nötigen Halt und Nahrung finden. Unter den extremen Voraussetzungen des Klimas und des Bodens gedeihen fast nur Nadelbäume. Vor allem Fichten, Kiefern und Lärchen überdauern die langen,

kalten Winter. Nur wenige Laubbäume, wie etwa die frostharte Birke, wachsen in diesen borealen Nadelwäldern. Diese Wälder gibt es nicht nur in Nordeuropa. Wie ein grünes Band umspannen sie die kalten und kontinental geprägten Gebiete der Nordhalbkugel. Sie umfassen rund ein Drittel der Waldfläche der Erde. Ihr langsam wachsendes, hartes Holz ist ein bedeutender Rohstoff.

Golfstrom

Große Teile Skandinaviens werden vom polaren Klima beeinflusst. Aber an der Westküste Norwegens wachsen sogar Erdbeeren und Kirschen. Dort bleibt das Meer bis in den hohen Norden immer eisfrei, während die Ostsee auf gleicher Breitenlage mehrere Monate im Winter zugefroren ist. Ursache dafür ist der Golfstrom. Er befördert wie eine riesige Pumpe warmes Meerwasser bis in den Nordatlantik. Dies wirkt wie eine Warmwasserheizung, die auch die Luft so stark erwärmt, dass sie viel Feuchtigkeit aus dem Meer aufnehmen kann. Deshalb fallen an der Westküste Skandinaviens bei relativ milden und ausgeglichenen Temperaturen ergiebige Niederschläge. Je weiter man aber in das Binnenland geht, desto trockener und extremer wird es, da das Skandinavische Gebirge wie eine Sperre wirkt.

3 ***Vegetation, Anbaugrenzen und Meeresvereisung in Nordeuropa***

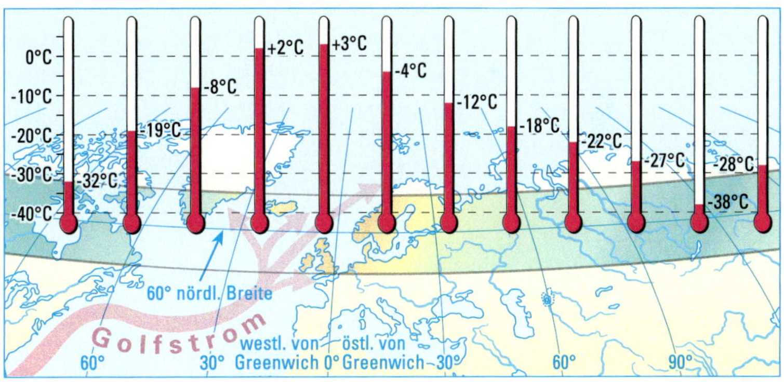

4 ***Januarmittel der Temperatur entlang 60 °Nord***

1 *Erkläre den Zusammenhang zwischen Klima, Boden und natürlicher Vegetation in der polaren Zone.*

2 *Die Orte Helsinki und Bergen liegen beide auf 61° nördlicher Breite. Begründe, warum sie sich im Klima so deutlich unterscheiden.*

3 *Bestimme mithilfe der Karte 3 und einer Atlaskarte, in welchen Ländern es boreale Nadelwälder gibt.*

4 *Klimaforscher befürchten, dass der Golfstrom „ausfallen" könnte. Erläutere, welche Auswirkungen dies für Nordeuropa bringen würde (Karte 3 und 4).*

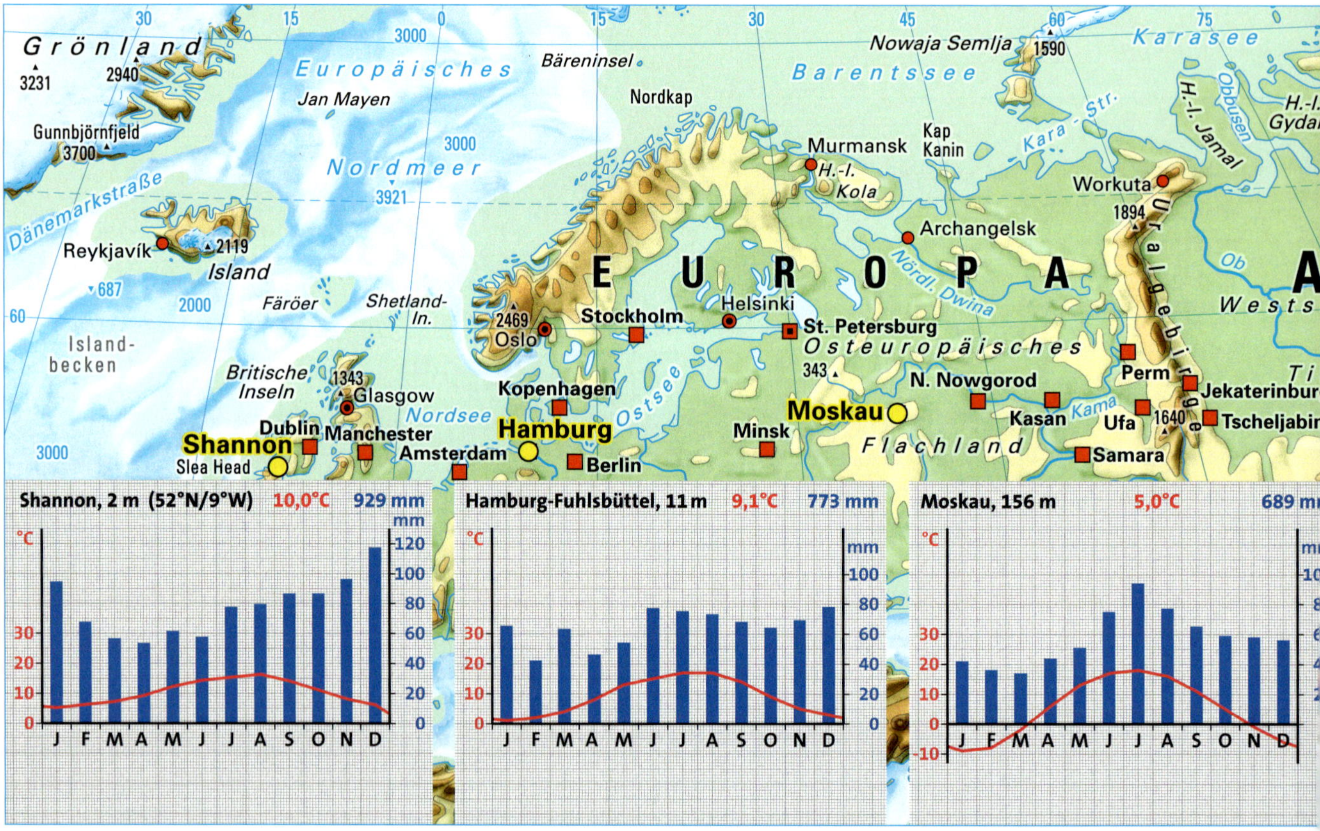

1

Seeklima und Landklima

Verdunstungskälte
Du kennst sie. Wenn du im Sommer schwitzt, verdunstet auf deiner Haut Schweiß. Dadurch sinkt dort die Temperatur, dir wird kühler. Die gleiche Wirkung stellt sich in der Natur ein, wenn Wasser z.B. über einem See oder dem Meer verdunstet.

Seeklima

An den Westküsten Irlands, Großbritanniens und Frankreichs wachsen Lorbeerbäume und Palmen, die in Europa sonst nur im Mittelmeerraum gedeihen. Schneefall und Frost im Winter sind an diesen Küsten eher die Ausnahme. Dafür bleibt es im Sommer allerdings recht kühl und das ganze Jahr über sehr regnerisch. Da das Klima dieser Gebiete offensichtlich vom Meer beeinflusst ist, nennt man es Seeklima.

Wasser erwärmt sich bei Sonneneinstrahlung nur langsam und kühlt auch nur langsam wieder ab. Da Luft die Wärme vom Untergrund aufnimmt über die sie streift, sind in Meeresnähe die Winter mild und die Sommer nur mäßig warm.

Das Seeklima kennt also nur geringe Temperaturgegensätze zwischen den Jahreszeiten; es ist ausgeglichen.

Die Niederschläge sind hoch und relativ gleichmäßig über das Jahr verteilt.

2 London im Winter ...... und im Sommer.

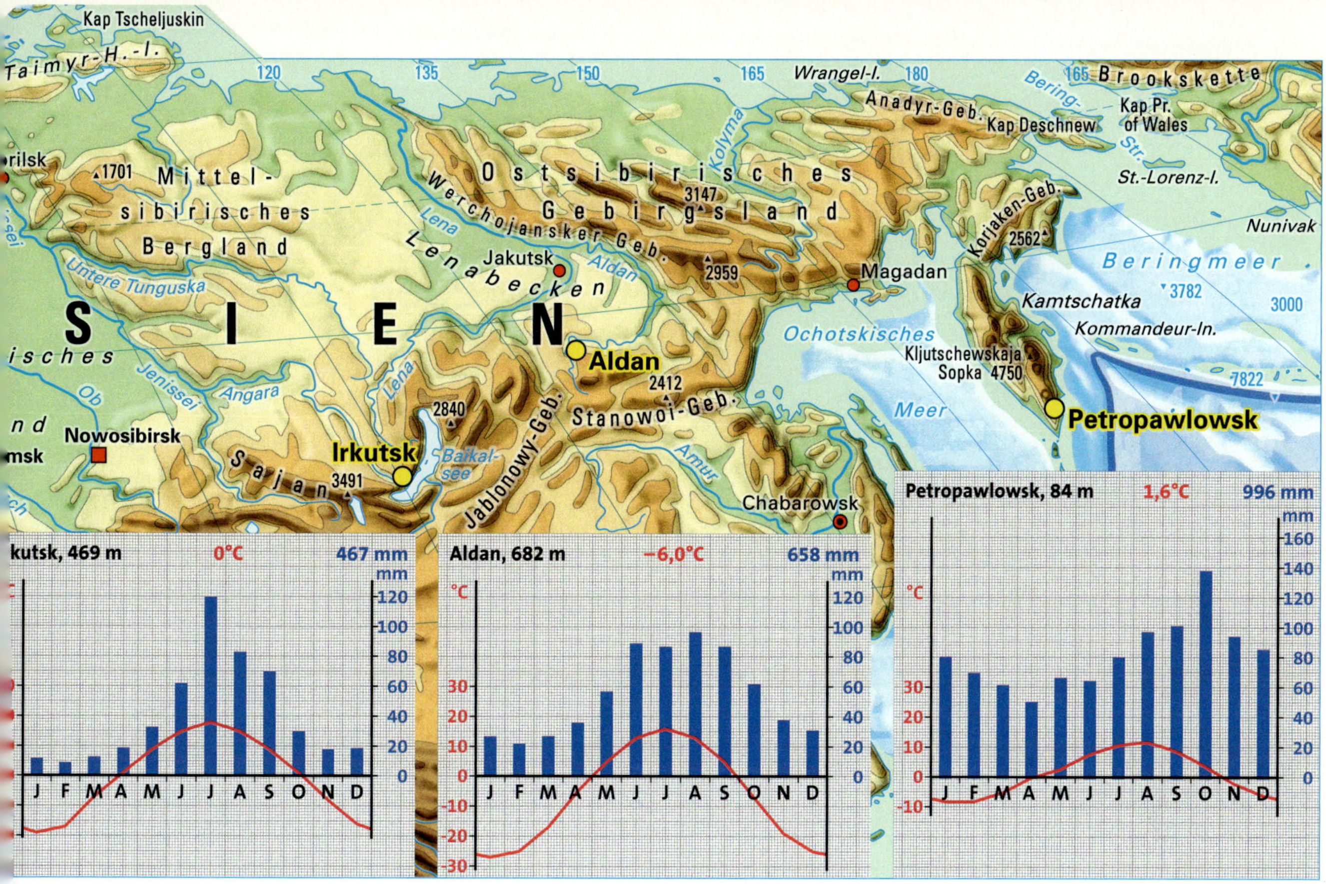

Landklima

Land erwärmt sich bei Sonneneinstrahlung rasch, es kühlt aber auch schnell wieder aus. Folglich ist der große Temperaturunterschied zwischen Sommer und Winter, welcher umso größer wird, je meeresferner man ist, das erste Merkmal des Landklimas.

Das zweite Merkmal sind der kurze Frühling und Herbst. Die Luft heizt sich nach dem Winter schnell auf, weil die Landfläche wie eine Heizplatte wirkt. So erreichen die Temperaturen nach einem sehr kurzen Frühjahr rasch sommerliche Höhen. Umgekehrt kühlt das Festland nach dem Sommer schnell aus, sodass der Herbst sehr kurz ist.

Das dritte Merkmal sind die geringen Jahresniederschläge, die mit zunehmender Entfernung zum Meer abnehmen und zum größten Teil in den Sommermonaten fallen.

Der Himmel ist meist wolkenlos und klar, sodass die Sonne tagsüber das Land stark aufheizt und nachts die Wärme ungehindert in den Weltraum zurückgestrahlt wird. Hohe Tagestemperaturen und geringe Nachttemperaturen sind deswegen das vierte Merkmal des Landklimas.

1 *An warmen Sommertagen kann ein Sandstrand so heiß werden, dass man dort nicht barfuss laufen kann. Das Meer bietet hingegen eine angenehme Erfrischung. Erkläre.*

2 *Vergleiche verschiedene deutsche Klimastationen. Lässt sich hier der Einfluss von Seeklima und Landklima nachweisen?*

3 *Arbeitet zu zweit:*
a) Jeder von euch wertet drei Klimadiagramme aus Abb. 1 aus, sodass alle Diagramme bearbeitet werden.
b) Vergleicht gemeinsam die Diagramme und erläutert die Unterschiede.

3 Die richtige Bekleidung für Osteuropa?

❶ ***Klimazonen und Klimatypen in Europa***

Unser Klima – von wegen gemäßigt!

Wenn ihr einen Wandertag plant, müsst ihr an vieles denken: neben Essen und Trinken sollte auf jeden Fall immer Regenbekleidung im Rucksack sein!
Warum ist das so?
Deutschland liegt zwischen dem Seeklima im Westen und dem Landklima im Osten, deshalb wird unser Klima auch Übergangsklima genannt.
Im Gegensatz zum Seeklima sind bei uns Temperaturgegensätze zwischen den Jahreszeiten ausgeprägt, wobei jedoch der Temperaturunterschied zwischen Sommer und Winter weniger hoch ist als beim Landklima.
Unsere Jahreszeiten sind gleichmäßig verteilt und haben keinen plötzlichen Übergang, wie wir ihn beim Landklima haben.
Die Niederschläge sind bei uns über das ganze Jahr verteilt, wobei sie im Sommer in der Regel am höchsten sind. Die Jahresniederschlagssumme ist in Deutschland deutlich geringer als zum Beispiel an der französischen Atlantikküste, aber

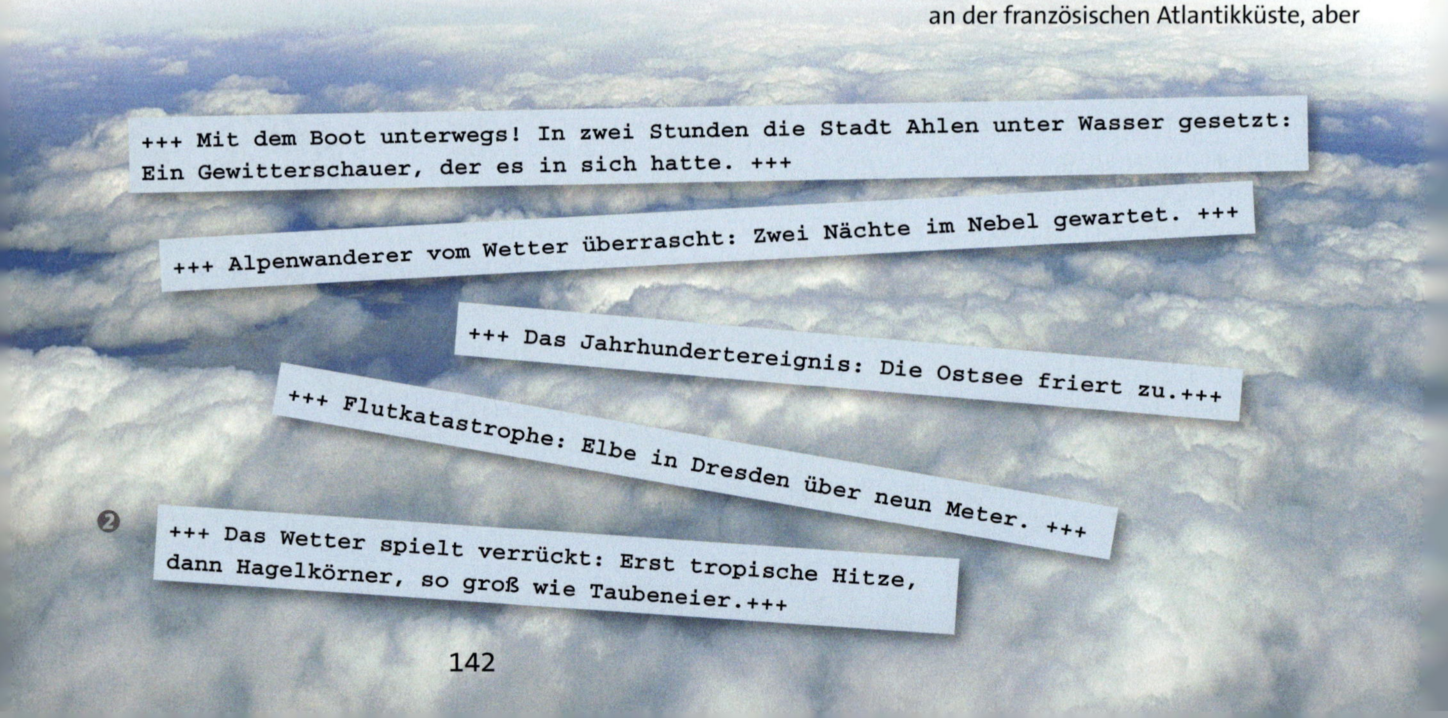

❷

höher als in Irkutsk. Aufgrund dieser Merkmale wird unser Klima auch als **gemäßigtes Klima** bezeichnet.

In unserer Klimazone bestimmen oft Niederschlag bringende Tiefdruckgebiete unser Wetter. Sie bilden sich an der Grenze zwischen warm-feuchten und kalt-trockenen Luftmassen. Deshalb kann man sich auf unser Wetter eigentlich nie so richtig verlassen, es kann sehr wechselhaft sein.

1 *Vergleiche die Klimadiagramme von Shannon, Hamburg und Irkutsk (siehe Seite 140/141). Lege dazu eine Tabelle an. Die Methodenseiten 130 und 131 helfen dir dabei.*

2 *Stellt fest, ob es innerhalb von Deutschland auch Klimaunterschiede gibt. Sucht im Anhang Klimastationen heraus und vergleicht diese:*
a) im Westen und Osten
b) im Norden und Süden
Was könnt ihr feststellen?

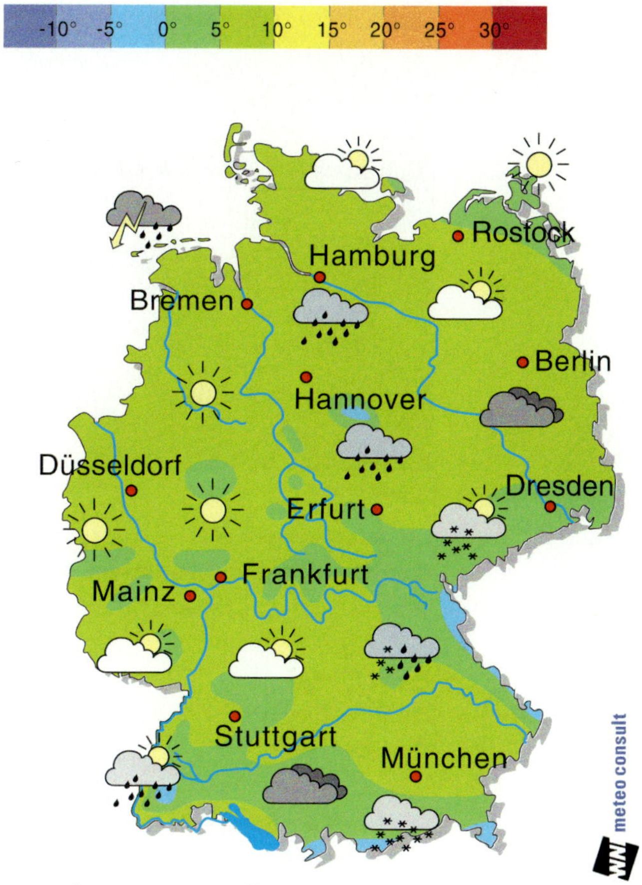

④ ***Wetterkarte vom 12. April 2002***

Internettipp:
www.wetter.com
www.dwd.de
dwd = Deutscher Wetterdienst

③ ***Gemäßigtes Klima?***

TERRATraining

Klima und Vegetation in Europa

1

2

Wichtige Begriffe:
gemäßigtes Klima
Golfstrom
Hartlaubgewächse
Hochgebirgsklima
Klimatypen
Klimazonen
Laub- und Mischwaldzone
Nadelwaldzone
polare Kältewüste
polares Klima
Seeklima
subpolares Klima
subtropisches Klima
Tundra
Übergangsklima
Vegetationszone

1 *Landschaften gesucht*
Bestimme für jedes Foto die typische Vegetation und die Klimaregion.

2 *Prima Klima?*
Erläutere die Vorzüge und Nachteile des Seeklimas.

3 *Kennst du die Begriffe?*
a) Darstellung von Klimawerten.
b) Trockene, heiße Sommer und milde regenreiche Winter.
c) Klimaregion, in der Nadelwälder vorherrschen.
d) Klimaregion zwischen Seeklima und Landklima.

4 *Pflanzenexperte für das Mittelmeer?*
Bei uns müssen die Pflanzen „überwintern“, im Mittelmeerraum dagegen „übersommern“:
a) Beschreibe Merkmale des Mittelmeerklimas.
b) Erkläre, wie sich die Pflanzen an dieses Klima angepasst haben.
c) Welche Pflanze markiert die natürliche Grenze des Mittelmeerklimas?

5 *Außenseiter gesucht*
a) kontinental - äquatorial -mediterran - boreal
b) Apfel - Zitrone - Feige - Olive
c) Olivenhain - Nadelwald - Regenwald - Steppe

6 *Fachbegriffe gesucht!*
Finde die Begriffe und schreibe sie in dein Heft. Jeder angegebene Buchstabe des Begriffs trägt zum Lösungswort bei.
a) Problem für die Pflanzen des Mittelmeerraums im Sommer (5.)
b) Land in der Region Mittelmeerklima (4.)
c) Gebiet mit ähnlichen Klimamerkmalen (3.)
d) Bringt warmes Wasser in den Nordatlantik (9.)
e) Dort gibt es Dauerfrostboden (6.)

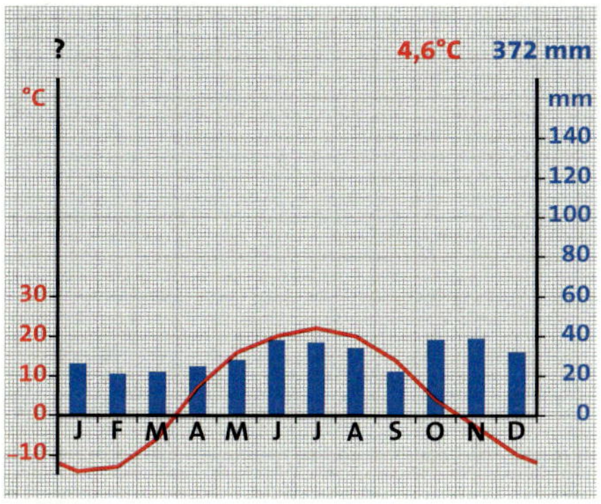

❸

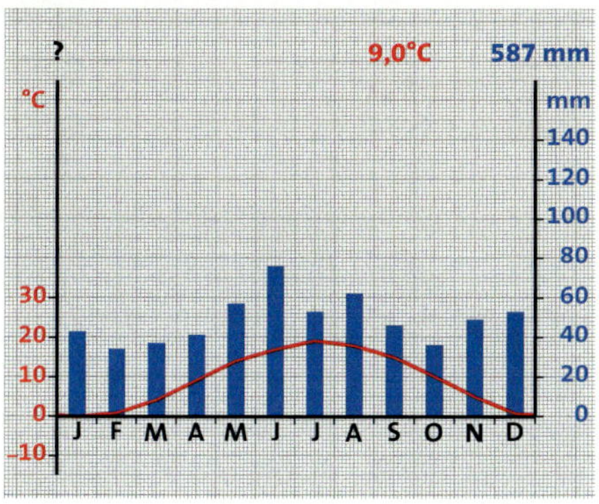

❹

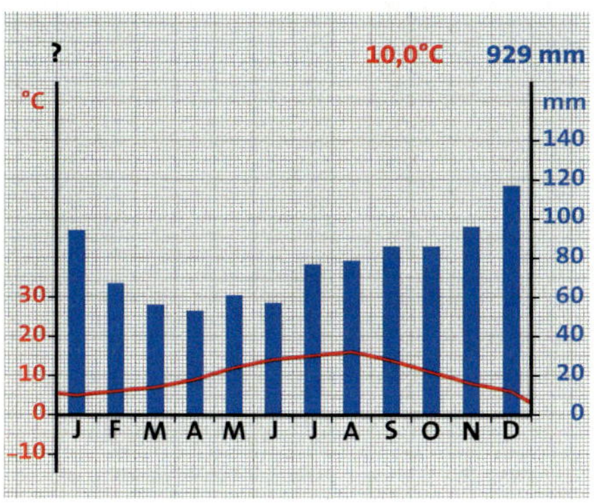

❺

7 Klimaexperten gesucht

Ordne die Klimadiagramme 3 bis 5 den Orten Shannon, Berlin und Orenburg zu und begründe die Zuordnung.

8 Bilderrätsel

Löse das Bilderrätsel auf und erkläre den gesuchten Begriff.

a

b

9 Richtig oder falsch?

Verbessere die falschen Aussagen und schreibe sie richtig auf:

a) An den Westküsten Irlands und Großbritanniens sind die Sommer überwiegend trocken und heiß.

b) Die boreale Klimaregion zeichnet sich durch lange, sehr kalte Winter und ganzjährige Niederschläge aus.

c) Das Übergangsklima ist vor allem in Südeuropa zu finden.

d) Innerhalb des Seeklimas können sogar Palmen wachsen.

e) Klimastationen des Hochgebirges und Tieflandes haben ähnliche Werte, wenn sie der gleichen Region angehören.

Teste dich selbst

mit den Aufgaben 3b, 4a, 9d

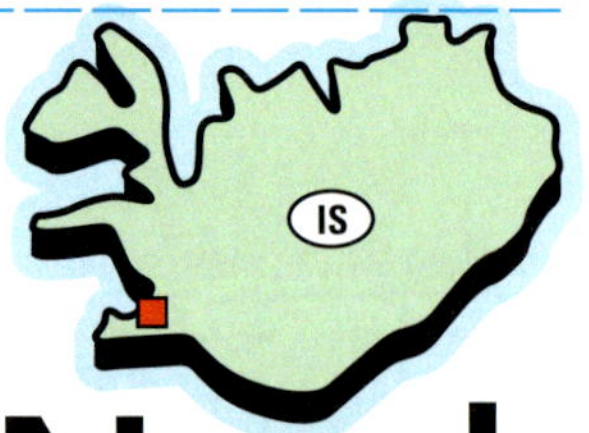

Nordeuropa und Südeuropa –

Eis und Feuer sind Gegensätze und haben doch etwas gemeinsam. Findest du heraus, warum in diesem Kapitel beide zusammengefasst sind?

Eis und Feuer

8

1 ***Ein Findling***

Kaum zu glauben
Während der letzten Kaltzeit war weltweit so viel Wasser in Form von Schnee und Eis gebunden, dass der Meeresspiegel um etwa 100 m tiefer lag als heute. Man hätte damals trockenen Fußes von Frankreich nach Großbritannien laufen können.

Die Eiszeit in Nordeuropa

Die Kinder auf dem Bild leben südlich von Berlin. Aber was haben sie mit dem Norden von Europa zu tun?
Der Riesenstein, auf dem sie alle Platz nahmen, kommt ursprünglich aus Skandinavien. Weil die Menschen aus früheren Zeiten nicht wussten, woher diese Steine kamen, wurden sie als „Findlinge" bezeichnet.
Aber wie wurde ein so großer Stein über tausende von Kilometern bewegt? Vor über 1 Mio. Jahren begann das **Eiszeitalter**, auch **Pleistozän** genannt. In diesem Zeitabschnitt der Erdgeschichte wechselten sich Kaltzeiten und Warmzeiten ab. In den Kaltzeiten herrschten Temperaturen wie heute in Spitzbergen oder Grönland. Der Niederschlag fiel als Schnee, der auch im Sommer nicht abtaute. Da diese Kaltzeiten Jahrtausende anhielten, wuchsen die Gletscher und das Inlandeis der Erde auf 44 Mio. km² an.
Als **Inlandeis** bezeichnet man Eismassen, die ausgedehnte Landflächen bedecken und deren Oberfläche (Relief) völlig verhüllen. Heute ist die Erde auf einer Fläche von 16 Mio. km² von Inlandeis und Gletschern bedeckt. Die Eiskappen des Nordpols und die Gletscher Skandinaviens wuchsen in den Kaltzeiten zu einer bis zu 3500 m mächtigen Eisdecke zusammen und schoben sich langsam in Richtung Süden. Wie einen Riesenhobel muss man sich diese Eismassen vorstellen. Alles Lockere schoben sie vor sich her, begruben es unter sich oder schlossen es in Eis ein. Felsen wurden abgeschliffen, Vertiefungen ausgeschürft. Auch mächtige Felsbrocken schleppte das Eis über tausende von Kilometern mit, die später dort liegen blieben, wo das Eis durch ein wärmeres Klima gestoppt wurde. Die Oberfläche großer Teile Skandinaviens, aber auch die nördlichen Teile Mitteleuropas wurden so verändert.
Mit dem Beginn der Warmzeiten begann das Inlandeis abzuschmelzen. Die mitgeführten Materialien blieben als Ablagerungen liegen. So kamen gewaltige Mengen Sand, Ton und unterschiedlich große Steine vom Norden Europas in die Mitte von Europa. In der Vergangenheit und auch heute noch werden die Findlinge, Sande und Tone von den Menschen genutzt. Besonders stark waren die „Umwidmungen" der Findlinge im 18. und 19. Jahrhundert, als die Gesteine zu Baumaterial für Straßen, Kirchen, Brücken und anderem verarbeitet wurden.

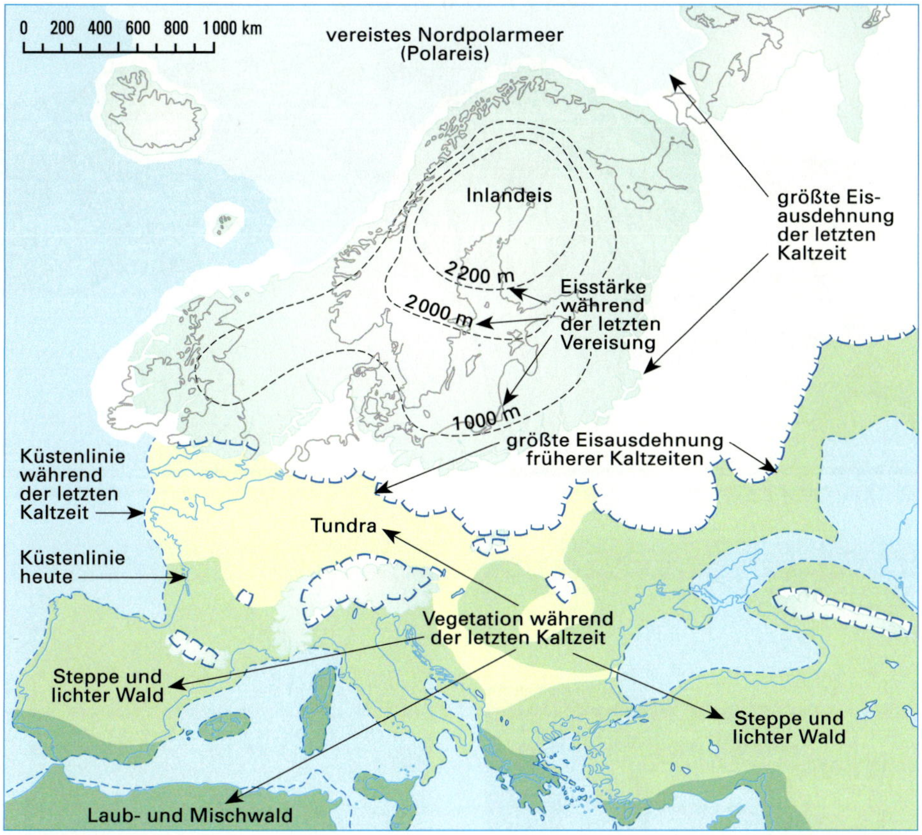

❷ ***Europa im Eiszeitalter***

Ein Gebiet, in dem die Oberflächenformen durch das Inlandeis zerstört werden und das zerstörte Material abtransportiert wird, bezeichnet man als **Abtragungsgebiet**.

Jenes Gebiet aber, in dem das Material aufgeschüttet wird, nennt man **Ablagerungsgebiet**.

Vor 10 000 Jahren endete die letzte Kaltzeit. Mindestens dreimal drangen riesige Eismassen nach Süden vor, wobei die Spuren der vorhergehenden Vorstöße zum Teil wieder überformt wurden.

1 *Stelle mithilfe einer entsprechenden Atlaskarte die Grenzen der Ausdehnung des Inlandeises der letzten Eiszeit und die der größten Ausdehnung der Vereisung fest. Benenne Landschaften, die sich an diesen Grenzlinien befinden.*
2 *Beschreibe den Unterschied zwischen Abtragungs- und Ablagerungsgebiet.*
3 *Unterscheide Inlandeis vom Gletscher.*
4 *Erkläre, warum die eiszeitliche Festlandsküste einen anderen Verlauf aufwies als die heutige Küstenlinie.*

Kaum zu glauben

Die Giganten unter den Findlingen

- *Kapellenstein bei Tallinn (Estland) mit einem Umfang von 56,5 m*
- *„Ehalkivi“(Estland) mit 49,6 m Umfang*

❶

❷ ***West-Ost-Profil durch Nordeuropa***

Kaum zu glauben
Sognefjord
Länge: ca. 200 km
Breite: 4 bis 5 km
Tiefe der Wände
über der Wasseroberfläche
900 m
unter der Wasseroberfläche
1 300 m

❸ ***Schärenküste***

❹ ***Fjord***

Von der Eiszeit geprägt

Die Gletscher des Inlandeises wirkten wie gewaltige Hobel. Sie rissen mächtige Blöcke aus dem darunter liegenden Gestein heraus und trugen sie mit sich. Eingebettet in den Gletscher kann man sich die herausragenden Felsbrocken und hausgroßen Findlinge wie die Zähne einer Feile vorstellen. Sie schleifen alles ab, was ihnen in den Weg kommt.

Die Landschaften Nordeuropas zeigen eine reizvolle Vielfalt. Entlang der Küste liegen unzählige kleine, meist vegetationslose Inseln: die **Schären**.

Das Inlandeis überformte das Felsmassiv des Gebirges und schliff es ab. Nach dem Abschmelzen wurde dieses zum Teil überflutet, sodass heute nur noch die Kuppen der Felsen über dem Meeresspiegel herausragen – die Schären.

Auch im skandinavischen Gebirge hatten Flüsse tiefe Kerbtäler eingeschnitten. In den Kaltzeiten wanderten die Gletscherzungen der Inlandeismassen durch die Flusstäler zum Meer. Der Talgrund wurde tief ausgeschürft. Das ganze Tal wurde durch die Kraft des Eises breiter. Es wurde zu einem Trogtal

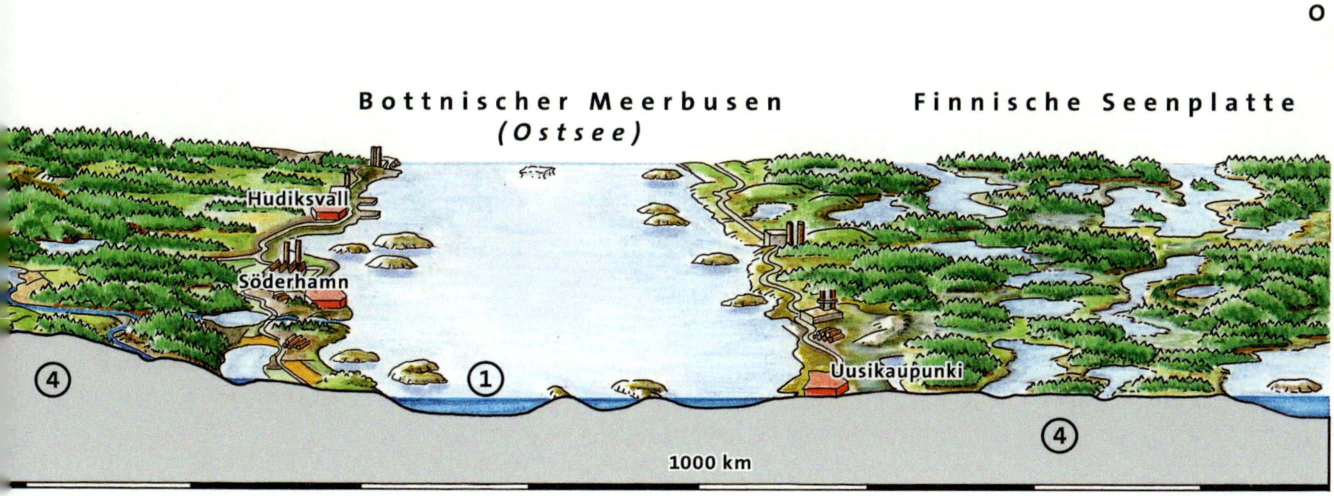

5 ***Fjell***

6 ***Finnische Seenplatte***

Schon gewusst?
In Schweden und Finnland gibt es zusammen mehr als 150 000 Seen.

umgeformt. Als das Eis schmolz, überflutete das Meer die Täler. Diese steilwandigen, vom Meerwasser gefüllten Trogtäler, die weit ins Landesinnere hineinreichen, nennt man **Fjorde**.

Das abgeschliffene Felsmassiv im Landesinneren ist heute eine flachwellige, mit Moosen und Flechten bewachsene Hochfläche. Sie wird als Fjell bezeichnet.

Im Flachland schuf das Eis Vertiefungen, die heute mit Wasser gefüllt sind. Es sind die unzähligen Seen der Seenplatten.

1 *Benenne die Oberflächenformen im Profil 2 und ordne die Fotos 3 bis 6 zu.*

2 *Erkläre die Entstehung der Oberflächenformen.*

Ein Kausalprofil skizzieren

Die drei Blockbilder stellen die Entstehung eines Fjordes dar. Blockbilder zeigen den senkrechten Schnitt durch die Erde. Es wird ein Ausschnitt einer Landschaft sichtbar, ein Teil der Oberfläche und die oberen Teile der Erdkruste. In deinem Heft sollen Skizzen zur Landschaftsentstehung in vereinfachter Form erstellt werden. Achte darauf, dass du die Größenverhältnisse einhältst.

Die Landschaften der Erde sind in vielen Millionen von Jahren entstanden und werden auch heute noch ständig verändert. Diese Vorgänge kannst du dir in einfachen Skizzen sehr gut verdeutlichen.

❶ ***Geirangerfjord in Norwegen***

❷ ***voreiszeitliches Kerbtal (V-Tal)***

❸

1. Schritt:

Es sollen drei Skizzen entstehen. Teile dein Blatt also so ein, dass du nach Möglichkeit alle drei untereinander auf ein Blatt bekommst. Wähle z. B. 10 Kästchen in der Höhe und 15 Kästchen in der Breite für eine Skizze.

Skizziere dünn mit einem Bleistift die Vorderansicht des Blockbildes. Wenn du mit deiner Skizze zufrieden bist, zeichne die Umrisse kräftiger nach und zeichne den Fluss und die wirkenden Kräfte ein.

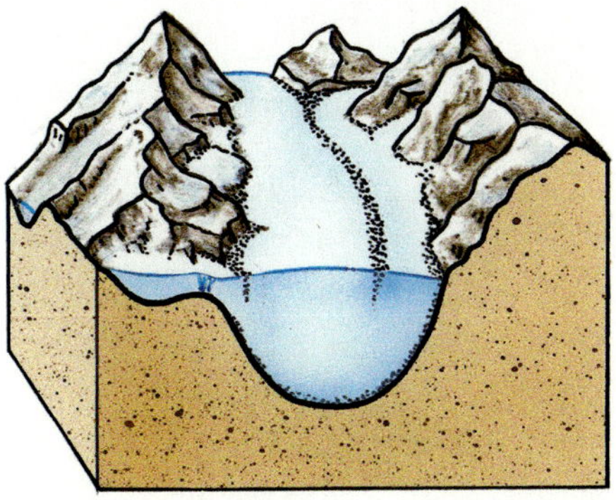

④ **eiszeitlicher Gletscher**

⑥ **heutiger Fjord mit einem Trogtal (U-Tal)**

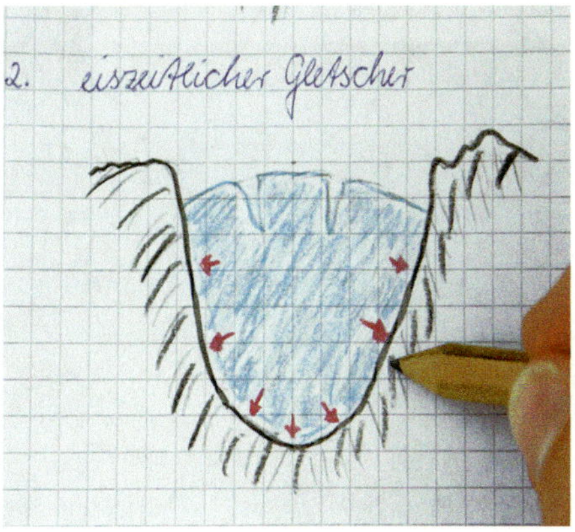

⑤

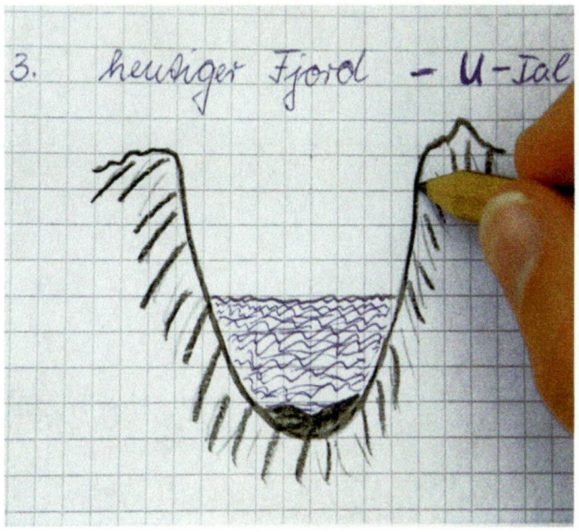

⑦

2. Schritt:

In der nächsten Skizze solltest du von der Mitte ausgehen. Dort, wo der Fluss war, füllte sich das Tal mit Gletschereis. Es formte die Wände und die Talsohle. Zeichne die Wände weiter auseinander und die Talsohle etwas tiefer. Zeichne das Gletschereis und die wirkenden Kräfte ein.

3. Schritt:

Auch in der letzten Skizze solltest du von der Mitte ausgehen. Entnimm den Abstand der Wände und die Tiefe der Talsohle der zweiten Skizze. Zeichne in der Talsohle abgelagertes Material ein und den heutigen Wasserstand.
Beschrifte die Skizzen.

1 *Aufgabe: Skizziere die Entstehung eines Fjordes in deinem Heft.*

Vom Eis geformt

Kaum zu glauben
Die Endmoränenhügel des Baltischen Landrückens ragen über 300 m hoch.

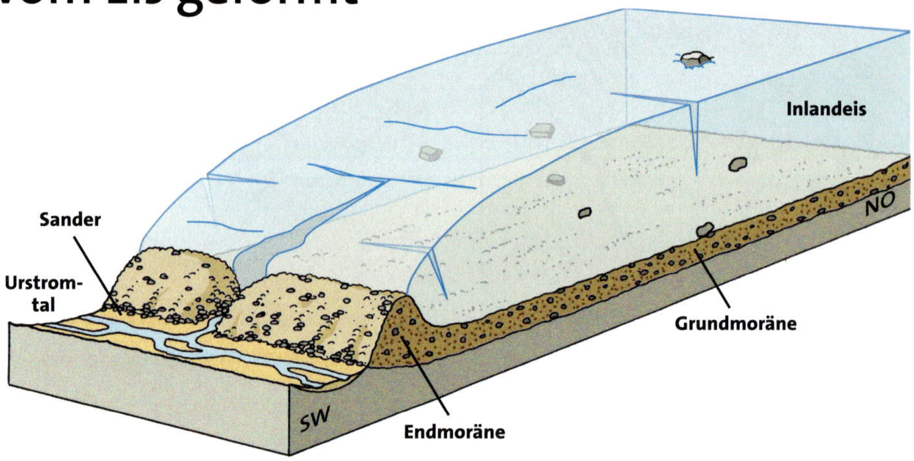

❶ ***Landschaft vor etwa 200 000 Jahren***

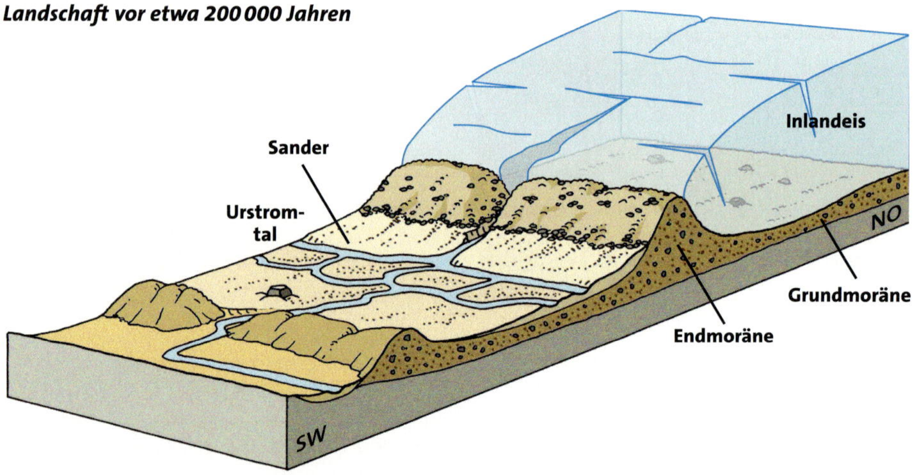

❷ ***Landschaft vor etwa 40 000 Jahren***

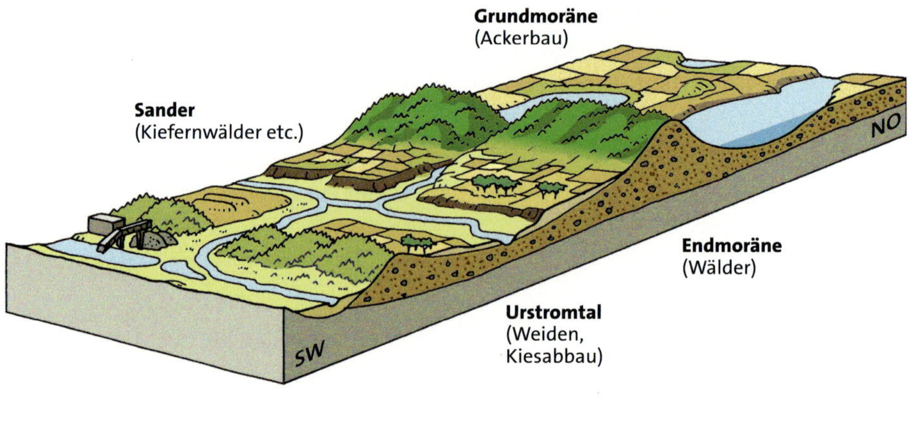

❸ ***Landschaft heute***

Als vor 10 000 Jahren das Inlandeis abschmolz, lagerte sich das mitgeführte Gesteinsmaterial ab.

Diese Ablagerungen sind mehrere Meter mächtig und erreichen teilweise sogar hunderte Meter.

Die Ablagerungen unter dem Inlandeis werden als **Grundmoränen** bezeichnet. Es sind ebene bis wellige Flächen, deren Böden aus lehmigem Material bestehen. In den jüngeren Moränenlandschaften findet man heute noch zahlreiche Seen. Es sind vom Inlandeis geformte Vertiefungen, die sich mit Schmelzwasser oder Niederschlagswasser füllten.

Am Eisrand wurde das Material teilweise zusammengeschoben. Es bildeten sich langgestreckte **Endmoränen**. Diese wallartigen Hügel erreichen Höhen von mehr als 100 m und bestehen aus vorwiegend kiesigen und sandigen Materialien.

Mit dem Beginn der Warmzeiten floss das Schmelzwasser zunächst in südliche Richtung ab. Dabei wurde feines Material ausgewaschen, welches sich vor den Endmoränen ablagerte. Diese flachen Kies- und Sandablagerungen sind die heutigen **Sander**.

In kilometerbreiten Flusstälern, so genannten **Urstromtälern**, sammelte sich das Schmelzwasser und floss in Richtung Nordwesten ab.

Das allerfeinste Material, der Löss, wurde vom Wind aufgenommen und in Richtung Süden transportiert. Er lagerte sich am Rand und in den Tälern der Mittelgebirge ab. Aus den Lössablagerungen bildeten sich sehr fruchtbare Böden.

Weil sich diese Oberflächenformen immer wieder in der gleichen Abfolge gebildet haben, nennt man sie in ihrer Gesamtheit **glaziale Serie** (Glazial = Eiszeit).

4 ***Grundmoränenlandschaft***

5 ***Endmoränenlandschaft***

1 *Nenne und beschreibe die Oberflächenformen der glazialen Serie, die direkt durch das Inlandeis und durch das Schmelzwasser beim Abtauen des Inlandeises entstanden sind.*

→ *Löss, siehe Seite 58/59*

2 *Erstelle in deinem Heft einfache Skizzen, welche die Entstehung der glazialen Serie wiedergeben und beschrifte sie.*

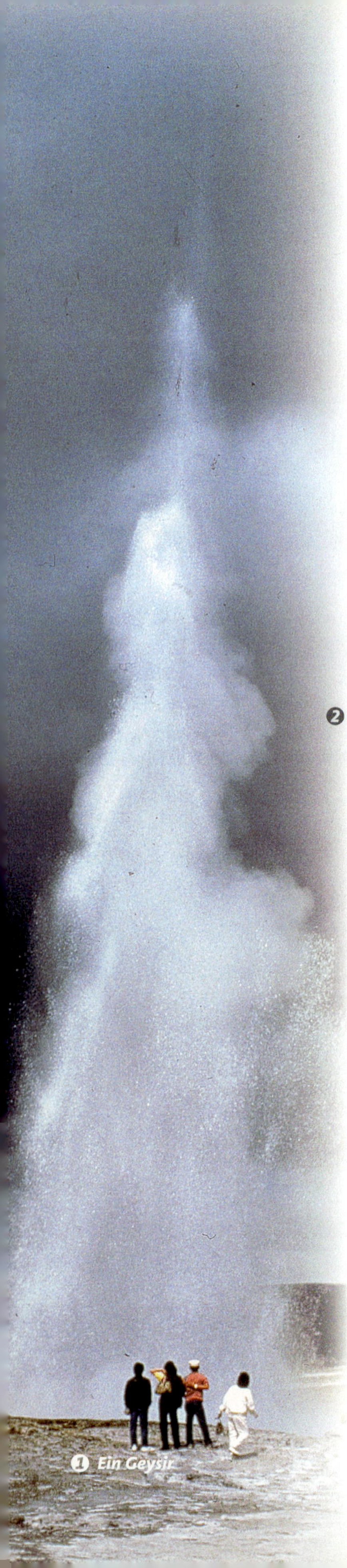

❶ Ein Geysir

❷ *Am Gletscher Vatnajökull*

Island – Glut unter Eis

Heiße Quellen, sprudelnde Geysire, dicke, übel riechende Dampfschwaden, Gletscher sowie tosende Wasserfälle - das ist die Natur Islands.

Die Insel ist aus Vulkanen entstanden und auch noch heute müssen die Isländer alle 7-8 Jahre mit einem Vulkanausbruch rechnen.

Fast alle Touristen wollen die **Geysire** sehen. Das sind Springquellen, die regelmäßig Dampf- oder Wasserfontänen in die Luft schleudern. Sie werden durch die extrem hohen Temperaturen der Erdkruste auf Island „angetrieben". Über verwinkelte Schächte fließt Wasser hinunter in Höhlen, es erhitzt sich in der Tiefe, wandelt sich zu Wasserdampf um. Der Druck im Inneren wird immer größer. Er kann nicht sofort entweichen, weil der Weg durch das kältere Wasser im Zufluss versperrt wird. Schließlich wird der Dampfdruck so hoch, dass er alles Wasser im Zufluss schlagartig hochschleudert.

Tomaten auf Island?

Klingt sehr unwahrscheinlich, ist es aber gar nicht. Jährlich 1000 Tonnen Tomaten, 1000 Tonnen Gurken, täglich frische Blumen – dies alles ist durch die Nutzung der **Erdwärme** möglich.

Auf Island gibt es insgesamt etwa 150.000 m² Gewächshausfläche, beheizt durch Erdwärme. Bereits um 1930 zapfte man die heißen Quellen an und leitete das Wasser in die Hauptstadt Reykjavik um, zunächst nur in Badehäuser.

Heute laden über 60 Schwimmbäder mit 40° Wassertemperatur das ganze Jahr zum Baden ein.

Die Erdwärme lässt sich aber nicht nur zum Heizen benutzen, sondern in spe-

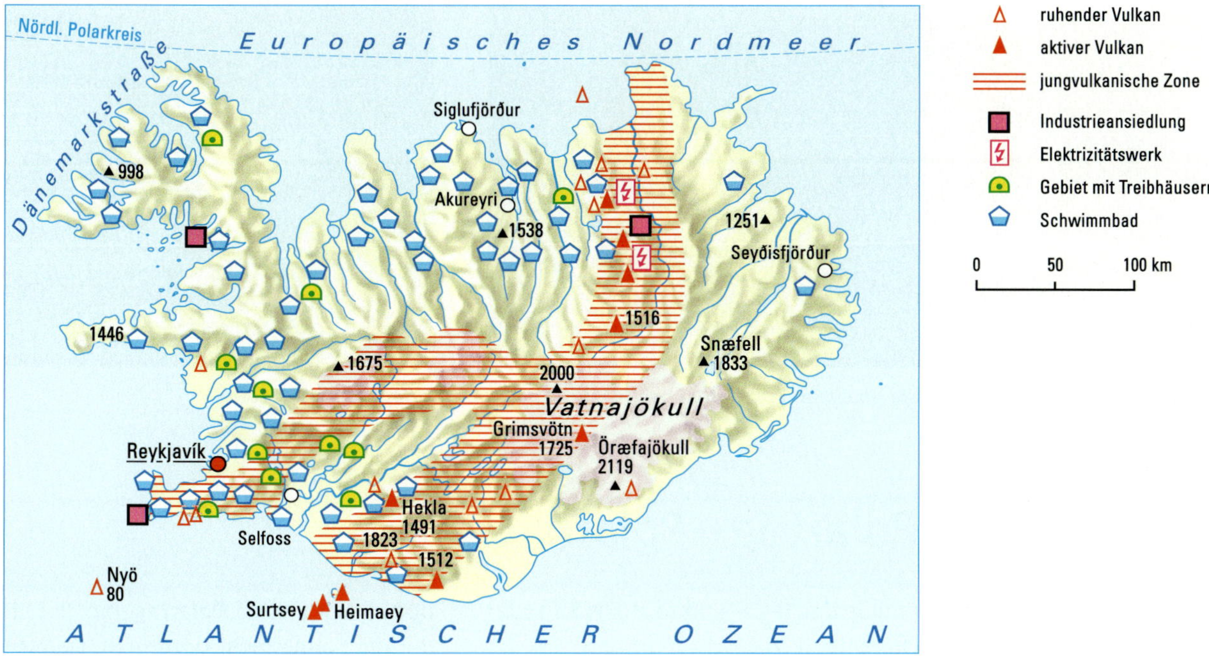

3 Nutzung der Erdwärme auf Island

4 Badende in der „blauen Lagune"

ziellen Kraftwerken erzeugt man daraus elektrische Energie. Wasser wird durch eine Bohrung in die Tiefe gepresst und dort in den Rissen des Gesteins erhitzt. Durch eine zweite Bohrung wird es an die Erdoberfläche zurückgepumpt und der Dampf des erhitzten Wasser treibt die Turbinen des Kraftwerks an, wodurch Elektrizität erzeugt wird.

1 *Beschreibe die Natur Islands.*
2 *Erkläre die Wirkungsweise eines Geysirs.*
3 *Erläutere, wozu die Isländer die Erdwärme nutzen.*
4 *Begründe mithilfe der Karte 3 die Lage der isländischen Siedlungen.*

Kaum zu glauben

Die Hauptstadt Reykjavik heißt übersetzt „rauchende Bucht". 90 % der Häuser der Stadt werden durch ein 845 km langes Fernwärmenetz , das durch einen „natürlichen Boiler" gespeist wird, mit Wärme und Warmwasser versorgt. In den Heißwassertanks können 24 Mio Liter heißes Wasser gespeichert werden.

❶ ***Fischerdorf nördlich des Polarkreises an einem Tag im Juni um 24 Uhr***

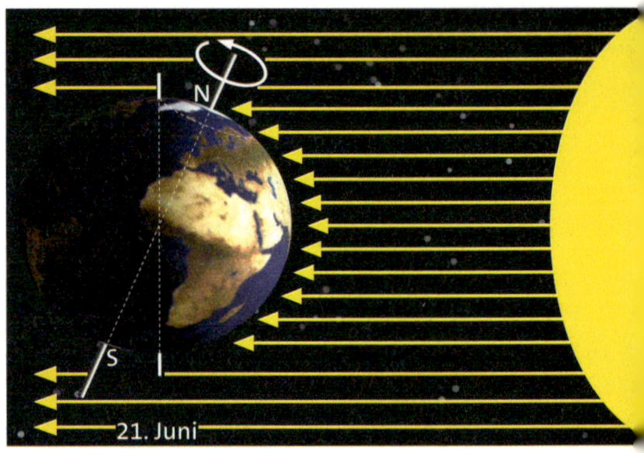

❹ ***Beleuchtung der Erde***

Polartag – Polarnacht

❷ ***Dauer des Polartages***

Nordpol	*183 Tage*
Spitzbergen	*130 Tage*
Nordkap	*78 Tage*
Tromsø	*64 Tage*
Bodo	*35 Tage*
Polarkreis	*1 Tag*

Endlos der Tag – endlos die Nacht. Bei Dunkelheit zur Schule gehen, das ist nichts Außergewöhnliches. Aber dass es bei Schulschluss um 13 Uhr immer noch nicht Tag ist, das gibt es nur nördlich des Polarkreises.

Die Zeit, in der die Sonne nicht aufgeht, d. h. dauernd unter dem Horizont steht, ist **Polarnacht**. Für die Menschen und Tiere ist es nicht einfach, die lange Dunkelheit im Mittwinter zu ertragen.

Viele Europäer freuen sich, wenn es im Sommer abends länger hell ist. Die Menschen nördlich des Polarkreises erleben, dass es nachts überhaupt nicht dunkel wird. Es ist **Polartag**, die Zeit, in der die Sonne nicht untergeht, sie also dauernd über dem Horizont steht. Die Menschen passen ihre Lebensweise den Lichtverhältnissen an. Es ist gleichgültig, zu welcher Zeit man schläft, denn eine Nacht wie bei uns gibt es zu dieser Jahreszeit nicht. Es ist die Zeit der Mitternachtssonne.

❸ ***„Tageslauf der Sonne" zur Zeit des Polartages***

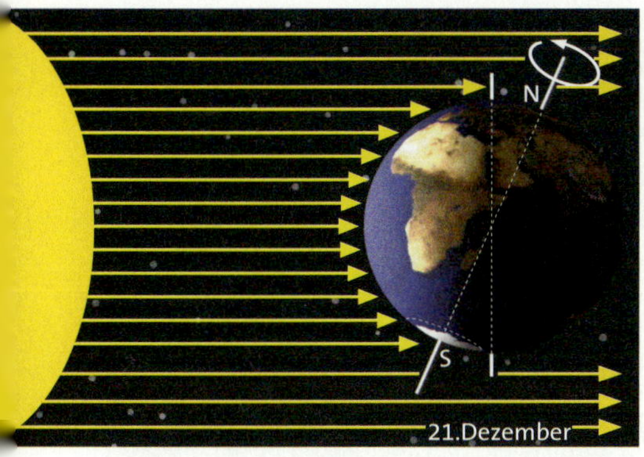

⑥ **Tromsø an einem Dezembertag um 13 Uhr**

⑤ **Experiment zu den Lichtverhältnissen**
Material: Globus, Lichtquelle z. B. Taschenlampe oder Diaprojektor, Klebestreifen
Durchführung: Markiert den nördlichen und südlichen Polarkreis auf dem Globus mit dem Klebestreifen. Eine Schülerin oder ein Schüler nimmt den Globus zur Hand, jemand anderes bedient die Lichtquelle (Sonne). Der Globus umkreist nun die Sonne. Die Erdachse muss dabei immer in der gleichen Schrägstellung bleiben. Die LIchtquelle ist immer auf den Globus ausgerichtet. Vergesst nicht, dass sich die Erde auch um sich selbst dreht. Dreht den Globus entgegen dem Uhrzeigersinn.
Auswertung: Beobachtet, wie unterschiedlich die Bereiche der Erde nördlich bzw. südlich der Polarkreise je nach Stellung zur Sonne beschienen werden.

1 In welchen Ländern der Erde gibt es Polartag und Polarnacht?
2 Erkläre mithilfe der Grafik 4, wie Polartag und Polarnacht entstehen.
3 Suche die Orte aus der Tabelle auf einer entsprechenden Atlasseite. Warum ist der Polartag nicht überall gleich lang? Formuliere eine Regel über die Länge des Polartages.
Überlege, ob diese Regel auch für die Polarnacht gilt.
4 Im Norden Europas wird das ganze Leben der Menschen vom Sonnenstand bestimmt. Nenne Auswirkungen im Mittwinter und Mittsommer.

Kaum zu glauben
„Im Bereich der Mitternachtssonne" gibt es viele volkstümliche Bräuche, die mit den besonderen Lichtverhältnissen zu tun haben z. B. Sankthans, Midsommar, Lucia.

1

2 *Erdbeben in Mariano (Friaul)*

Kaum zu glauben

Zur Vorhersage von Erdbeben beobachten Forscher auch Tiere. Diese verhalten sich vor einem Beben oft sehr ungewöhnlich. Hunde fangen ohne erkennbaren Anlass zu bellen an und laufen aufgeregt aus den Häusern. Vögel singen plötzlich in der Nacht. Leider aber tritt dieses Verhalten nicht vor jedem Erdbeben auf.

Erdbeben in Italien

3 31. Oktober 2002

Erdbeben in Mittelitalien – Schulen evakuiert

Um 11:30 Uhr erschütterte ein schweres Erdbeben mit der Stärke 5,4 Mittelitalien. Nach ersten Schätzungen wurden in einigen Dörfern 70% der Häuser zerstört oder beschädigt. In der Region Molise 200 Kilometer südöstlich von Rom stürzten eine Schule und ein Kindergarten ein. Mehr als 60 Kinder und Lehrer wurden von den Trümmern verschüttet. Bis zum Abend gelang es den Rettungsmannschaften 25 Verletzte zu bergen. Mit Spürhunden wird nach weiteren Überlebenden gesucht.

Wie entstehen Erdbeben?

Die Erdkruste ist wie ein Puzzle aus einzelnen Erdplatten zusammengesetzt. Diese werden durch Kräfte aus dem Erdinneren bewegt. So können Platten aneinander vorbeigleiten, miteinander kollidieren oder sich unter andere Platten schieben. Dadurch bauen sich große Spannungen auf. Diese lösen sich dann in ruckartigen Bewegungen, den **Erdbeben**. Sie dauern oft nur wenige Sekunden, richten aber verheerende Schäden an. Die Schwingungen des erschütterten Gesteins laufen als Erdbebenwellen um die ganze Welt und können überall durch Messgeräte aufgezeichnet werden. Dabei zeigt sich, dass sich Erdbeben meist an den Rändern der einzelnen Platten ereignen. Genau vorhersagen, wann und wo die Erde wieder beben wird, kann man bislang nicht.

Die geologische Situation in den Apenninen

Auch die Beben in den Apenninen haben ihre Ursache in den Plattenbewegungen. Afrika bewegt sich langsam auf Europa zu. Italien ist dazwischen eingeklemmt und wird der Länge nach „geknautscht". Die Bergkette der Apenninen ist das Ergebnis dieser Bewegung.

4 ***Erdbebengebiete und Vulkane in Europa***

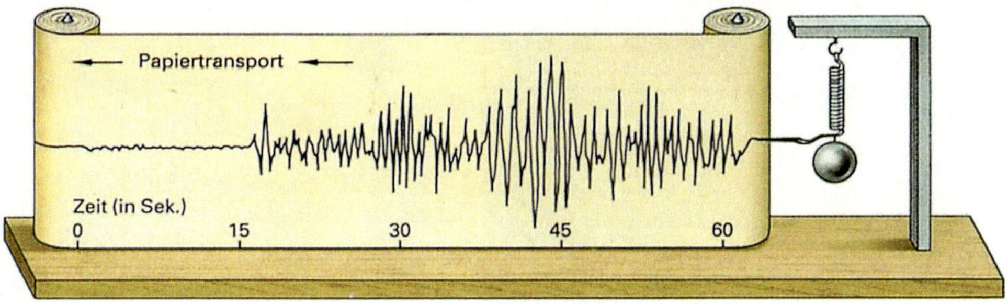

5 ***Seismograf***

So funktioniert ein Seismograf

Bewegt sich der Boden auf und ab, so schwingt der Seismograf mit. Die frei aufgehängte Kugel mit der Schreibnadel aber ist träge und macht keine Schwingbewegung. Zieht man einen Papierstreifen an der Schreibnadel vorbei, so zeichnen sich die Schwingungen des Bodens mit dem darauf stehenden Seismografen ganz von selbst auf.

1 Zeichne eine Skizze zur Entstehung von Erdbeben.

2 Arbeite mit dem Atlas: Nenne Gebiete, in denen Erdbeben und Vulkanausbrüche besonders häufig vorkommen.

3 Versuche zu erklären, warum die Vorhersage von Erdbeben nahezu unmöglich ist.

Richterskala:

Die Stärke von Erdbeben wird mit der nach oben offenen Richterskala angegeben. Dabei misst man die Höhe des größten Ausschlages auf dem Seismografen und die Entfernung zum Erdbebenherd. Aus diesen Angaben wird der Wert auf der Richterskala ermittelt. Dabei verzehnfacht sich die Stärke von Zahl zu Zahl. Ein Beben der Stärke 7,0 ist demnach 10 mal stärker als ein Beben von 6,0.

❺ ***Schnitt durch einen Schichtvulkan***

Internettipp:
Hast du Lust, einmal einen Vulkan zu besteigen, einen Rundblick vom Krater zu genießen oder sogar einen Ausbruch aus nächster Nähe zu beobachten? Dann schau im Internet nach unter: http://stromboli.net Dort findest du auch aktuelle Bilder des Ätna.

Wo die Erdkruste von tiefen Rissen durchzogen ist, entstehen **Vulkane**. Aufgeschmolzenes Gesteinsmaterial, das glutflüssige Magma, quillt dort aus größeren Tiefen empor. Wenn es durch eine Erdspalte, den Schlot, an die Erdoberfläche tritt, spricht man von Lava.
Bei Vulkanausbrüchen werden aus dem Krater explosionsartig Asche, Gesteins- und Lavabrocken geschleudert. Lavaströme ergießen sich talwärts. Bevor sie erkalten und erstarren, walzen sie oft ganze Ortschaften nieder. Häufig geht dichter Ascheregen in der Umgebung nieder und behindert den Verkehr.Wenn scharfkantige Ascheteilchen eingeatmet werden, können die Atemwege bei Mensch und Tier blockiert werden. Daher müssen Masken getragen werden.
Trotz der Gefahren haben die Menschen die Vulkanhänge dicht besiedelt. Auf verwittertem Lavagestein und vulkanischer Asche entstanden nährstoffreiche Böden, die gut Wasser speichern können. Hier haben die Menschen große Weinberge angelegt.

Ein Vulkan, der abwechselnd Asche und Lava auswirft und an seinen Seiten ablagert, heißt **Schichtvulkan.**

Viel zu erleben
Neben der Landwirtschaft ist der Tourismus in den letzten Jahrzehnten wichtig für die Menschen auf Sizilien geworden. Geführte Touren bis zur Gipfelregion werden angeboten. Im Winter ist die schneesichere Hochregion des Ätna ein beliebtes Skigebiet.
So leben immer mehr Menschen von den Besuchern: Sie arbeiten in den Souvenirläden und Restaurants, als Touristenführer und als Skilehrer.

1 *Ordne den Ziffern des Blockbildes 5 die richtigen Begriffe aus dem Text zu.*
2 *Erkläre die Entstehung eines Schichtvulkans.*
3 *Warum hat sich der Ätna zu einer touristischen Attraktion entwickelt? Führe Gründe an.*

Multimediale Informationen auswerten

Heute begegnen dir Informationen in vielfältigen Formen. Wie du mit der Informationsflut umgehst, erfährst du hier.

Multimedia – was ist das?
Auf CD-Rom oder im Internet hast du Zugriff auf „viele Medien“, also auf Multimedia: Texte und Bilder gibt es wie in Büchern. Aber darüber hinaus kannst du dir Filme ansehen, z. B. den letzten Vulkanausbruch oder den Wissenschaftler beobachten, der sich im letzten Moment vor dem Lavastrom in Sicherheit bringt. Animationen zeigen dir anschaulich die Vorgänge im Erdinneren. Du kannst sogar das dumpfe Grollen aus dem Krater als Ton hören.
Wenn ein Programm auf deine Eingabe reagiert, nennt man das Interaktion. Probiere z. B. aus, ob du mithilfe von Seismografendaten ein Erdbeben orten kannst.

Informationen finden
Das Internet bietet dir aktuelle und vielfältige Informationen. Hier ist es die Kunst, die benötigten Informationen zu finden. Sei kritisch und achte darauf, woher die Information stammt. Nicht alle Internetseiten geben zuverlässige Informationen wieder.

Auf CD-Rom oder auch DVD wird ein bestimmtes Thema ausführlich gezeigt. Meistens gibt es zusätzliche Funktionen, die beim Auswerten, Lernen und Präsentieren helfen. Gerade zum Thema Naturgewalten gibt es eine Reihe von CDs, die aber erst gekauft werden müssen.

1 **Bildschirmfoto (Screenshot) einer Seite der CD-Rom ,**

Multimediale Informationen auswerten

1. Schritt: Frage formulieren
Finde eine Frage, die dich interessiert und zu der du eine Antwort finden möchtest. Achte bei der Suche darauf, dass du bei dieser Frage bleibst. Beispiel: Welche Arten von Lava gibt es am Ätna?

2. Schritt: Informationen suchen
Suche Informationen im Internet oder auf CD-Rom. Überlege dir Schlüsselbegriffe, die zu deiner Frage passen und gib sie in eine Suchmaschine im Internet oder in die Suche des Programms auf der CD-Rom ein. Überfliege kurz den Text, ob er zu deiner Frage passt. Speichere zu deiner Frage passende Informationen in einem Ordner auf der Festplatte. Vielleicht kannst du die wichtigsten Ergebnisse ausdrucken.

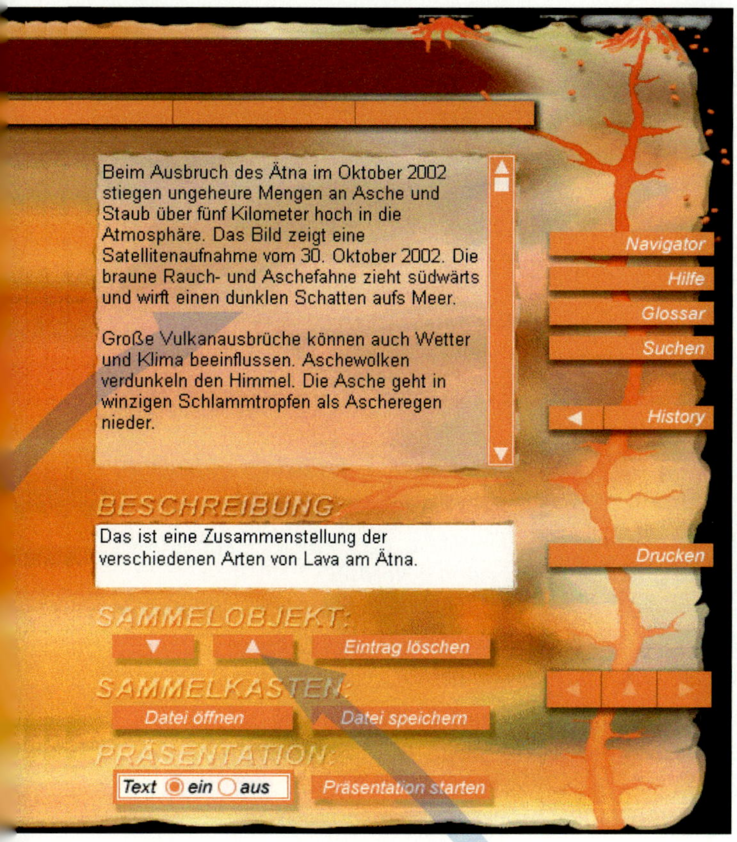

rde - Unruhiger Planet" vom Klett-Perthes Verlag

❷ Beispiel: Lava am Ätna

Immer wenn die Arbeitsgruppe beim Recherchieren auf der CD auf wichtige Informationen stößt, klickt sie auf „Sammeln" und die Seite wird gespeichert. In der Funktion „Sammelkasten", die auf dem Bildschirmfoto zu sehen ist, kann die Arbeitsgruppe die Reihenfolge mit den Pfeilen verändern oder Seiten, die doch überflüssig sind, entfernen, wie z.B. den letzten Eintrag. Mit der Taste „Präsentation starten" werden die Fotos und das Video in der festgelegten Abfolge gezeigt. Die Schüler schreiben einen eigenen Text für den Vortrag, denn die Texte von der CD müssen gekürzt und an die Frage angepasst werden.

Methode

3. Schritt: Informationen auswerten

Bearbeite die ausgewählten Seiten nun genauer. Werte die unterschiedlichen Medien wie Texte, Bilder oder Filme aus. Schreibe Informationen zu deiner Frage z.B. in Form von Mindmaps, Tabellen oder Stichpunktlisten auf. Notiere, wo du interessante Medien gesehen hast, damit du sie später wieder findest.

4. Schritt: Präsentation erstellen

Fasse die Ergebnisse zusammen. Entscheide dich, wie du präsentieren möchtest: z.B. mit dem Computer oder auf einem Plakat. Wähle Medien aus, die besonders anschaulich für dein Publikum sind. Übe, deine Präsentation vorzustellen.

1 *Werte Informationen über andere Vulkane aus und erstelle eine Präsentation.*

2 *Finde im Internet heraus, wo aktuell starke Erdbeben stattfinden.*

Surftipp:

www.ethlife.ethz.ch/articles/sciencelife/aetnaszenen.html

Du findest dort einen Film zu einem Vulkanausbruch des Ätna.

→ *Sachtexte auswerten, siehe Seite 64*

→ *Eine Präsentation durchführen, siehe Seite 232*

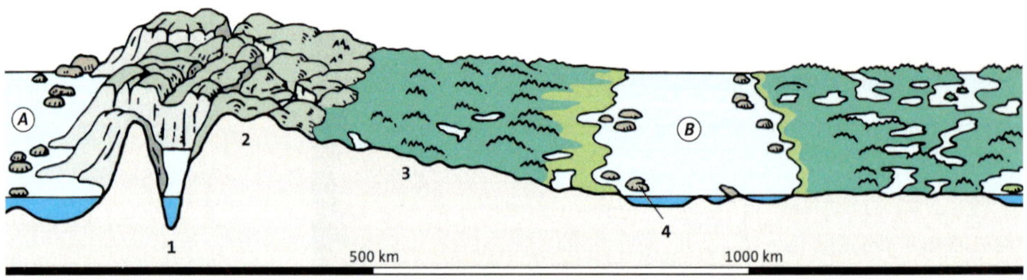

1

Wichtige Begriffe:
Ablagerungsgebiet
Abtragungsgebiet
Eiszeitalter (Pleistozän)
Erdbeben
Fjord
Glaziale Serie
Inlandeis
Polarnacht
Polartag
Schäre
Vulkan

1 Landschaftsprofil

Zeichne den Querschnitt in dein Heft und setze die richtigen Begriffe (1–4) und Meeresnamen (A, B) ein.

2 Teste deine Topografiekenntnisse

Fertige einen Reisebericht an. Benutze dazu die Karte auf Seite 240 und den Atlas.

a) *Busrundreise in den Osterferien:* 16, → (10), → 10, → (3), → 3, → (C), → (4), → 4, → r, → (A), → (I), → (1), → 1, → (2), → 2.

b) *Kreuzfahrt in den Sommerferien:* (G), → 39, → (38), → 38, → (F), → e, → (J), → (32), → (29), → 29, → (30), → f, → c, → (A), → (27), → 27.

3 Staaten gesucht

a) *Zu welchen Staaten gehören die Inseln: Åland, Faröer, Gotland, Kreta, Korsika, Lofoten, Mallorca, Sizilien, Spitzbergen, Rhodos*

b) *Welche Inseln bilden einen eigenen Staat?*

4 Was passt nicht?

a) *Asche – Krater – Lava – Magma*

b) *Grundmoräne – Endmoräne – Fjord – Sander*

c) *Gletscher – Erdbeben – Vulkan – Geysir*

d) *Ostsee – Europäisches Nordmeer – Adria – Nordsee*

e) *Balkan – Apenninen – Pyrenäen – Skandinavisches Gebirge*

5 Kennst du die Begriffe?

a) *Große Feier in Nordeuropa am 21. Juni.*

b) *Steilwandige, von Meerwasser gefüllte Trogtäler, die weit ins Landesinnere hineinreichen.*

c) *Hochfläche, auf der nur noch Moose, Gräser, Flechten, Sträucher und vereinzelt kümmerliche Bäume gedeihen.*

d) *Gebiet, aus dem das Inlandeis Material abtransportiert hat.*

e) *Zeitabschnitt der Erdgeschichte, in dem sich Kalt- und Warmzeiten abwechselten.*

f) *Glutflüssiges Gestein an der Erdoberfläche.*

g) *Die Öffnung eines Vulkans, durch den Magma an die Oberfläche tritt.*

h) *Mit diesem Gerät lassen sich Bewegungen der Erdkruste aufzeichnen.*

i) *Röhre, durch die glutflüssiges Gestein transportiert wird.*

j) *Die Gesteinsschmelze, die sich in unterirdischen Kammern eines Vulkans sammelt.*

6 Ein Vulkanrätsel

suv-bo-strom-ät-ve-san-li-to-rin-na-ca-vul-no.

a) Nenne die fünf Vulkane.

b) Zu welchen Ländern gehören sie?

7 Richtig oder falsch?

Verbessere die falschen Aussagen und schreibe sie richtig auf.

- *Ein Frühwarnsystem kann Vulkanausbrüche und Erdbeben exakt vorhersagen.*
- *Wenn Lava an die Oberfläche gelangt, nennt man sie Magma.*
- *An Plattengrenzen sind die Menschen vor Erdbeben sicher.*
- *Vulkanböden sind besonders nährstoffreich und fruchtbar.*
- *Wenn sich die Spannung zwischen zwei verhakten Erdplatten ruckartig löst, kommt es zu einem Erdbeben.*
- *Mit einem Seismografen misst man die Höhe eines Vulkans.*
- *Das durch die Erdwärme aufgeheizte Wasser lässt sich als billige Energiequelle verwenden.*
- *Satelliten sind in der Lage die Wärmestrahlung der Erdoberfläche aufzuzeichnen.*
- *Bei jedem Erdbeben werden große Mengen glutflüssigen Gesteins ausgestoßen, die anschließend an der Erdoberfläche erkalten und erstarren.*
- *Vulkanausbrüche können auch Geröll- und Schlammlawinen auslösen.*
- *Vulkangebiete und Erdbebenregionen sind gleichmäßig über die Erde verteilt.*

8 Ein nordisches Rätsel

po-vat-gne-nord-kul-kreis-so-lar-fjord-na-kap-jö

a) Finde die vier Begriffe.

b) Bestimme mit dem Atlas die geographische Lage im Gradnetz.

9 Bilderrätsel

a) Welche Begriffe sind dargestellt?

b) Erkläre Begriff b.

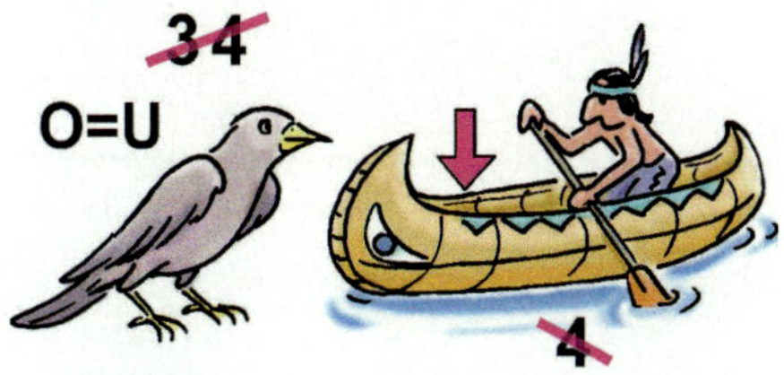

a

b

c

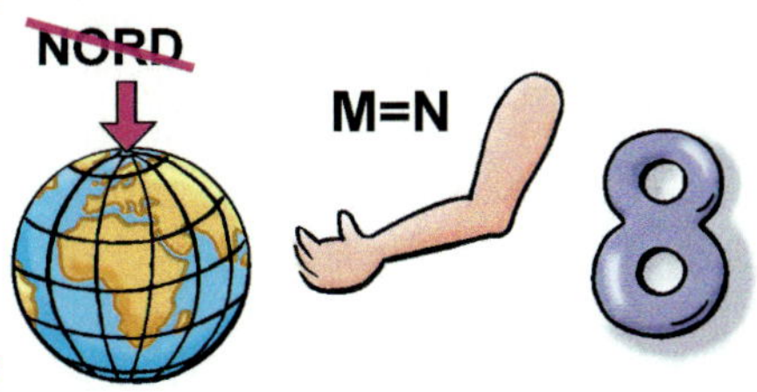

d

Teste dich selbst

mit den Aufgaben 4a und 5a

Training

Westeuropa – dicht besiedelte Räume

Dieses Satellitenbild von Europa wurde bei Nacht aufgenommen. Die Kamera empfing Lichtquellen von der Erdoberfläche. Woher könnten diese stammen? Die Arbeit mit dem Atlas zeigt dir, welche Räume in Westeuropa dicht besiedelt oder fast leer sind. Gründe für die Attraktivität bestimmter Regionen erfährst du in diesem Kapitel.

9

1

2 *Blick auf Paris von Westen. Im Vordergrund das Büroviertel „La Défense“*

Paris – Eine Metropole

Bevölkerungsentwicklung im Großraum Paris

Die Bedeutung von Paris und der Ile de France (Region, die Paris umschließt) für Frankreich ist enorm: Auf nur 2% der Staatsfläche finden sich z. B. 90% der nationalen Banksitze und 78% der fünfhundert größten Firmensitze, wohnen 75% der französischen Journalisten, 60% der Forscher und 54% der Künstler. Da ist es kein Wunder, dass die französische **Metropole** seit jeher wie ein Magnet große Bevölkerungsströme anzieht.

Bis 1960 wuchs Paris planlos und ungehindert; Wohnbauten, Industrie und Gewerbebetriebe verschlangen immer mehr

3 **Stadtentwicklung**

52 v. Chr. Die Römer erobern das gallische Lutetia auf der Seine-Insel

12. Jh. Ausdehnung auf das rechte Ufer der Seine

15. Jh. Bau des Louvre

18. Jh. Paris reicht von der Place de l'Etoile (West) bis zur Place de la Nation (Ost)

Ende 19. Jh. Modernisierung; Ausbau großer Boulevards, Bau der Metro

1889 Bau des Eiffelturms zur Weltausstellung

1970 – 2000 Bau der modernen Sehenswürdigkeiten von Paris: Centre Pompidou, Forum des Halles, Glaspyramide, La Grande Arche de la Défense u. a.

4 ***Im Zentrum der Ville Nouvelle Marne-la-Vallée***

5

6

7

8

Flächen. Im Stadtzentrum stiegen die Mieten für Wohnungen und Büros ins Unermessliche; Verkehrs- und Umweltprobleme waren kaum mehr zu bewältigen. Deshalb arbeiteten Raumplaner zwei Lösungsansätze aus: Zum ersten sollten weitere Büro- und Dienstleistungszentren unmittelbar am Stadtrand entstehen – das bekannteste ist das Viertel „La Défense" in der Verlängerung der Avenue des Champs Elysées nach Westen; zum zweiten wurden fünf so genannte Entlastungsstädte (Villes Nouvelles, d.h. „Neue Städte") in ca. 30 km Entfernung von der Kernstadt errichtet.

Um die Bevölkerung tatsächlich in die Villes Nouvelles zu locken, wurden die Gebäude architektonisch oft außergewöhnlich gestaltet; man legte Parks sowie Erholungsgebiete an und versuchte Arbeitsplätze in Industrie und im Dienstleistungssektor zu schaffen. Wie bei einem so ehrgeizigen stadtplanerischen Experiment nicht anders zu erwarten war, halten sich im Ergebnis Gelingen und Misserfolg die Waage: Obgleich das Zentrum von Paris spürbar entlastet wurde, sind die Villes Nouvelles längst nicht so gewachsen und verfügen nicht über so viel eigene wirtschaftliche Kraft, wie es einmal angestrebt wurde. Gerade für jüngere, besser ausgebildete Menschen besitzt die Kernstadt als Arbeits- und Wohnort weiterhin die größere Anziehungskraft. Geschäftsleute profitieren von der räumlichen Nähe zu ihren Partnern und Kunden und viele schätzen das besonders große kulturelle Angebot.

1 *Stelle in einer Ablaufskizze Stichworte zum Prozess der Entstehung der Villes Nouvelles und der neuen Bürozentren wie „La Défense" zusammen.*

2 *Begründe, warum die Villes Nouvelles nur einen Teil der in sie gesetzten Erwartungen erfüllt haben.*

Leben in Paris

Mehr als 11 Millionen Menschen wohnen heute im Großraum Paris – aber sehr viele sind nicht in der Metropole selbst geboren, sondern zugewandert. Aus welchen Gründen kommen so viele Frauen und Männer aus Frankreich und vielen anderen Gebieten der Erde nach Paris, und wie leben sie da? Vier Einwohner beschreiben ihren Alltag:

Martin (49 Jahre): Ich bin in Tours an der Loire geboren und lebe seit fünfzehn Jahren in Paris. Ich kam hierher, um einen Posten in einer Versicherung anzunehmen, der besser bezahlt wird als bei mir zu Hause. Einen großen Teil meines Einkommens muss ich allerdings für meine Mietwohnung nahe dem Eiffelturm im feinen 16. Arrondissement (so heißen hier die Stadtbezirke) aufbringen. An Paris liebe ich die Oper, die Theater und Museen. Ich darf auch nicht vergessen, dass ich, wenn ich in meiner Firma noch weiter aufsteigen möchte, nirgendwo anders leben dürfte. Nur in der Hauptstadt werden alle Entscheidungen getroffen und man begegnet den Menschen, die Einfluss besitzen. Trotzdem sehne ich mich wegen all der Enge und des Krachs hier nach Tours zurück, das in einer wunderschönen und ruhigen Landschaft liegt. Seit einiger Zeit benötigt der TGV, ein moderner Schnellzug, für die ca. 240 km lange Strecke nur noch etwas mehr als eine Stunde Fahrtzeit. Vielleicht kann ich deswegen in meine Heimatstadt zurückziehen, ohne meinen Arbeitsplatz in der Hauptstadt aufgeben zu müssen.

Muriel (15): Mein Name ist Muriel, und meine Familie lebt in Poissy, einem kleinen Ort vor den Toren von Paris. Poissy besitzt alles, was zu einer richtigen Stadt gehört: ein Einkaufszentrum, Behörden, gute Schulen, Kirchen, einen Park und so weiter. Deswegen verlasse ich meine Gegend auch kaum, sondern treffe mich mit meinen Schulfreunden in einem Café oder Kino im Stadtzentrum. Mein Vater arbeitet hier als Bankangestellter, nur meine Mutter muss täglich mit dem Vorortzug nach Paris hineinpendeln, weil dort der Verlag, bei dem sie beschäftigt ist, seinen Sitz hat. Wir leben gern in unserem ruhigen Städtchen – nur manchmal drängele ich so lange, bis meine Eltern mit mir zum Einkaufen nach Paris fahren, denn nur dort, auf den Grands Boulevards, den Hauptgeschäftsstraßen, sieht man die neueste Mode in den Läden. Und erst diese riesigen Kaufhäuser mit ihren Schuh-, Parfüm- und Porzellanabteilungen! Ab dem nächsten Jahr, wenn ich sechzehn bin, wollen mir meine Eltern sogar erlauben, dass ich am Abend zusammen mit Freunden nach Paris fahren darf um in einem Club tanzen zu gehen.

Aus einem Stadtführer:

Berühmte Pariser Stadtviertel:

***Montmartre** – mit 128 m der höchste Berg der Stadt, der einem ganzen Viertel seinen Namen gab; auf ihm thront die Kirche Sacré Coeur. Hier befand sich lange Zeit das Künstlerviertel, in dem auch Picasso oder van Gogh malten.*

***Jardin du Luxembourg** – ein bereits im 17. Jahrhundert angelegter Park, der heute noch im Zentrum als streng symmetrischer französischer Garten gepflegt wird. In seinem Randbereich ist er ein „englischer" Landschaftsgarten, den die Pariser gerne nutzen.*

***Quartier Latin** – das „lateinische Viertel" ist das Studentenviertel von Paris. Hier finden wir viele Eliteschulen und die berühmte Universität Sorbonne.*

***Marais** – der Name dieses Viertels bedeutet „Sumpf". Nach seiner Trockenlegung bauten viele Adelige hier ihre Stadtpaläste (Hôtels).*

Louise (36 Jahre): Meine Familie kommt aus Kamerun, das ist ein Land in Westafrika, das bis 1960 eine französische Kolonie war. Ich bin bereits in Paris geboren und besitze die französische Staatsbürgerschaft. Wir leben in einem Neubaugebiet aus den 1980er-Jahren nördlich von Paris mit vielen breiten, bis zu 20 Stockwerken hohen Wohnhäusern, fast eine Stunde mit Bahn und Bus vom Zentrum entfernt. Leider ist es heute dort sehr schmutzig und die Arbeitslosenrate sowie die Kriminalitätsrate sind hoch. In Frankreich kennt man für diese mit Problemen behafteten Vororte, die sich wie ein Gürtel um viele Großstädte legen, den Ausdruck „banlieue". Aber eine Wohnung in den besseren Vierteln von Paris könnten wir uns niemals leisten, selbst die Mieten in den bekannten Villes Nouvelles sind noch unerschwinglich. Immerhin ist es für uns möglich, solange man jung und einsatzbereit ist, in den vielen Pariser Restaurants, Hotels oder kleinen Fertigungsbetrieben eine natürlich gering bezahlte Stelle zu bekommen. Aber was sollen die Älteren und Kranken machen, die zudem ständig um ihre Aufenthaltsgenehmigung fürchten?

Jamal (25 Jahre): Mein Vater stammt aus Algerien, das früher einmal zu Frankreich gehörte, und meine Mutter ist eine Französin – solche gemischten Ehen gibt es heute immer noch nicht oft, obwohl allein in der Kernstadt von Paris über 400 000 Ausländer leben. Meine Eltern haben auf vieles verzichtet, um mir den Besuch einer technischen Hochschule zu ermöglichen. Ich werde bald einen Ingenieursabschluss besitzen und hoffe, eine gut bezahlte Stelle in einem Betrieb zu bekommen. Ich habe für 600 Euro eine kleine Wohnung im Marais gemietet, das ist ein mittelalterliches Stadtviertel, das Stück für Stück saniert wurde und heute für besser verdienende, meist jüngere Leute sehr attraktiv ist. Dort finden sich auch viele Studentenkneipen und schicke Cafés. In einem davon kellnere ich ab und zu um mir etwas dazuzuverdienen und zugleich um meine Freunde zu treffen, darunter viele Studenten aus Deutschland. Einmal meinte sogar ein Gast zu mir, ich sähe doch gut genug aus um mich als Model in einem der vielen Pariser Modehäuser oder in einer Fotoagentur zu bewerben. Aber ich möchte doch lieber einen sicheren Beruf ergreifen.

Internettipp
www.paris.org

1 *Stelle Vorteile und Nachteile des Lebens in einer Metropole wie Paris zusammen.*

2 *Vergleiche die beschriebenen Stadtgebiete von Paris mit Vierteln in anderen Großstädten, die dir bekannt sind.*

1

2 ***Geländehöhe: 4 m unter dem Meeresspiegel!***

Kaum zu glauben

Die Niederländer mögen es nicht, wenn man ihr Land einfach „Holland" nennt, denn dies ist nur der Name von zwei der insgesamt zwölf Provinzen.

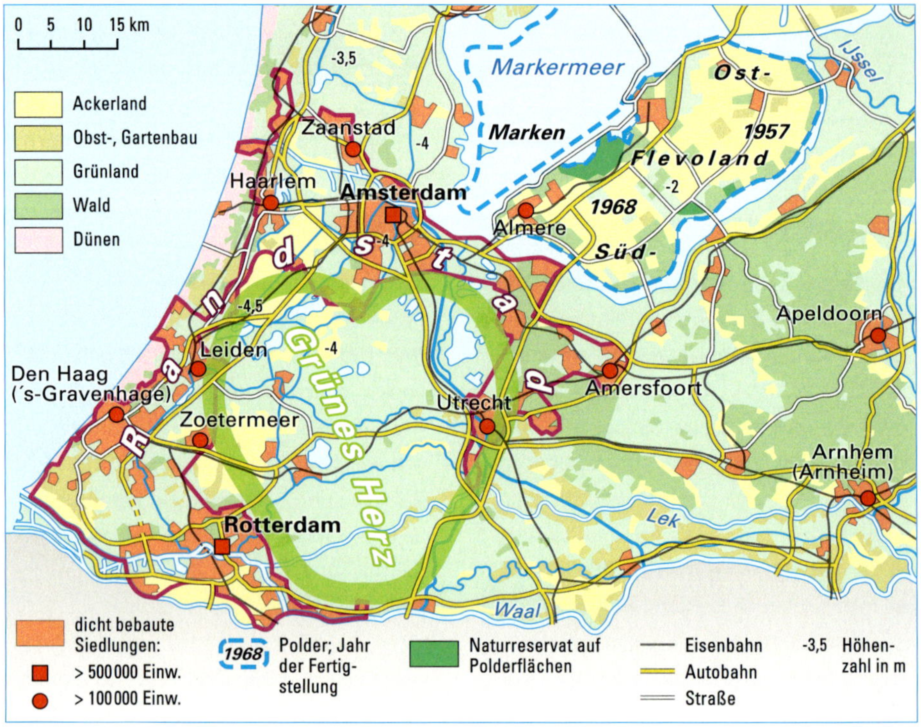

3 ***Randstad Holland***

Randstad Holland

Zu den besonders dicht besiedelten Räumen in Westeuropa zählen auch einige Gebiete in den Niederlanden. Und dies, obwohl die industrielle Entwicklung nie so ausgeprägt war wie in den übrigen westeuropäischen Staaten. Die Niederlande gehören zudem zu den wenigen Staaten in Europa mit einer beständigen Bevölkerungszunahme. Diese wird vor allem aufgrund der anhaltenden Einwanderung von Menschen aus vielen Teilen der Welt erreicht. Als alte Handelsnation verdienen die Niederländer seit jeher ihr Geld im Dienstleistungssektor. Aber auch die intensive Landwirtschaft erweist sich als besonders leistungsstark – man denke an den Anbau von Blumen und Gemüse oft unter Folie oder in Gewächshäusern, an große Schweinemastanlagen und Milchbetriebe. Doch schon immer stellte sich das Problem, in dem flächenmäßig kleinen Land Platz für Häuser, Wirtschaft und Verkehr zu finden. Seit dem Mittelalter haben sich die Niederländer deswegen eine Meisterschaft darin erworben, größere Landflächen, die zuvor von Meerwasser überflutet waren, trockenzulegen. Diese neu entstandenen **Polder** werden mit Deichen vor dem erneuten Eindringen der See geschützt. So dienten die typisch niederländischen Windmühlen nie in erster Linie dazu, Mehl zu mahlen, sondern um die Wassermassen aus den Poldern abzuschöpfen. Noch heute würden große Teile der Niederlande schnell volllaufen, würde man nicht ständig mit modernen Anlagen das überall nachdringende Wasser abpumpen.

Allerdings ist die Bevölkerung auf dem Staatsgebiet recht ungleich verteilt. Sie konzentriert sich vor allem in den beiden Provinzen Nord- und Südholland sowie in der Provinz Utrecht. Dort ist seit Jahrzehnten die **Bevölkerungsdichte** so groß, dass die Politiker ein großes Projekt der Raumordnung in die Wege leiten mussten: Damit wenigstens ein innerer Teil von Holland nicht vollständig verbaut wird, sondern als „Grüne Mitte" erhalten bleibt, fördert man die Ansiedlung der Menschen an den Rändern dieses Gebietes. Mittlerweile sind die Städte Amsterdam, Rotterdam, Den Haag (der Regierungssitz) und Utrecht fast zu einem einzigen Siedlungsband zusammengewachsen, der so genannten Randstad (= Randstadt) Holland.

Niederlande als Vorbild

So manche Politiker aus anderen Staaten Europas schauen heute neidisch auf die Niederlande: Der Lebensstandard ist hoch – denn die Wirtschaft bietet hochwertige Güter und Dienstleistungen an; die Arbeitslosenquote ist niedrig – auch weil viele Menschen in Teilzeit beschäftigt sind und deswegen vorhandene Arbeitsplätze besser verteilt werden; die Gesellschaft ist gegenüber Minderheiten und Einwanderern tolerant – denn als alte Seefahrernation ist man Fremden gegenüber aufgeschlossen; soziale Konflikte werden eher durch Verhandlung und nicht im Streit gelöst; die gut ausgebildete Jugend schaut optimistisch in die Zukunft. Die selbstbewussten Niederländer sind auf dieses „Poldermodell" sehr stolz, gerade auch gegenüber ihrem viel größeren Nachbarn Deutschland, wo man sich bisweilen mit den veränderten Anforderungen des 21. Jahrhunderts schwer tut.

④ ***Im Westland***

⑤ ***Moderne Architektur in Rotterdam***

1 *Zähle die besonderen Bedingungen und Merkmale des Raumordnungsprojektes „Randstad Holland" auf.*

2 *Stelle Stichworte zusammen, die das „Poldermodell" als Vorbild für Europa kennzeichnen. Erläutere sie.*

Ein Diagramm auswerten

Vieles auf der Welt wird gezählt, abgemessen und verglichen. So sammeln sich viele Zahlen an. In einer Tabelle kann man diese Zahlen übersichtlich zusammenstellen. Noch anschaulicher werden Zahlen allerdings, wenn sie in Diagrammen dargestellt werden. Wie man ein Diagramm auswertet, lernst du hier.

Die Bevölkerung von Paris hat, wie du bereits weißt, in den vergangenen hundert Jahren enorm zugenommen. Allerdings sind die unterschiedlichen Bereiche der Stadt – die Kernstadt (Cité oder Ville de Paris), der innere Ring (Petite Couronne, d.h. „kleine Krone“) und der äußere Ring (Grande Couronne, d.h. „große Krone“) um die Kernstadt herum – unterschiedlich stark gewachsen. Darüber gibt die Tabelle Auskunft.

Genau die in der Tabelle wiedergegebenen Zahlen sind in das Diagramm eingeflossen, das eine Kombination aus einem Säulen- und Balkendiagramm (auch Streifendiagramm genannt) ist. Säulendiagramme eignen sich besonders gut zur Veranschaulichung von Rangfolgen: Was ist der größte, was ist der kleinste Wert? Balkendiagramme hingegen eignen sich vor allem zur Darstellung von Anteilen an einem Gesamtwert (meistens zu einem bestimmten Zeitpunkt). Auf dem Balken, der die Gesamtzahl darstellt, sind die Teilwerte im richtigen Verhältnis zueinander eingetragen; meist sind die Abschnitte durch unterschiedliche Farben voneinander abgesetzt.

Für alle Diagramme gilt natürlich, dass sie erst durch eine Überschrift, die Aufschlüsselung der verwendeten Zeichen und die Benennung der abgebildeten Größen oder Zeiträume in der Legende „lesbar“ werden. Um die enthaltene Information angemessen zu deuten, braucht man allerdings wie bei jeder bildlichen Darstellung in der Regel noch Informationen aus anderen Quellen (z.B. Sachbücher, Nachschlagewerke, Internet). Die Hauptaufgabe eines Diagramms ist daher eher, dem Betrachter überhaupt erst aufzuzeigen, welche Zustände oder Veränderungen so interessant sind, dass man nach ihren Gründen fragen sollte um sie zu verstehen.

❶ Bevölkerungsentwicklung Paris und Umland

Jahr	Ville de Paris	Petite Couronne	Grande Couronne
1881	2240000	640000	840000
1921	2870000	1700000	1040000
1962	2770000	3390000	2250000
2000	2175000	3940000	4880000
2030*	1900000	4050000	6080000

** bedeutet Schätzung*

Diagramme auswerten

1. Schritt: Sich orientieren

Nenne das Thema und benenne den Ort und den Zeitraum, für den das Diagramm Angaben macht.

2. Schritt: Beschreiben

Nenne die wichtigsten Aussagen der Darstellung, vor allem höchste und niedrigste Werte, eine bestimmte Entwicklung, die abzulesen ist.

3. Schritt: Erklärung

Versuche nun typische Zusammenhänge, die aus dem Diagramm ersichtlich werden, zu beschreiben und diese, auch mithilfe anderer Informationsquellen, zu erläutern. Was kann am Ende trotz aller Bemühungen nur vermutet werden?

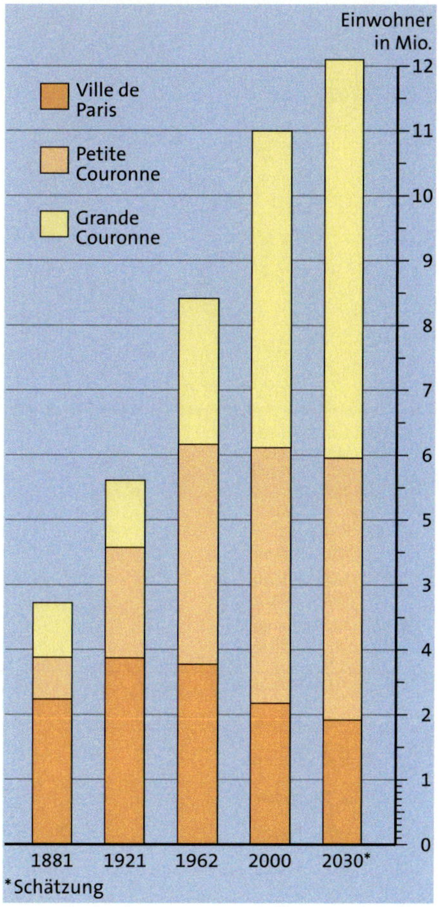

❷ *Bevölkerungsentwicklung Paris und Umland*

1 *Bearbeite das Diagramm 2 gemäß der vorangegangenen Anleitung. Wie entwickelte sich die Kernstadt im Verhältnis zu ihrem Umland?*

2 *Es gibt noch andere Arten von Diagrammen, z. B. solche, die mit Kurven arbeiten. Du kennst außerdem bereits Klimadiagramme. Wiederhole ihren Aufbau und ihre Funktion.*

TERRATraining

Westeuropa – dicht besiedelte Räume

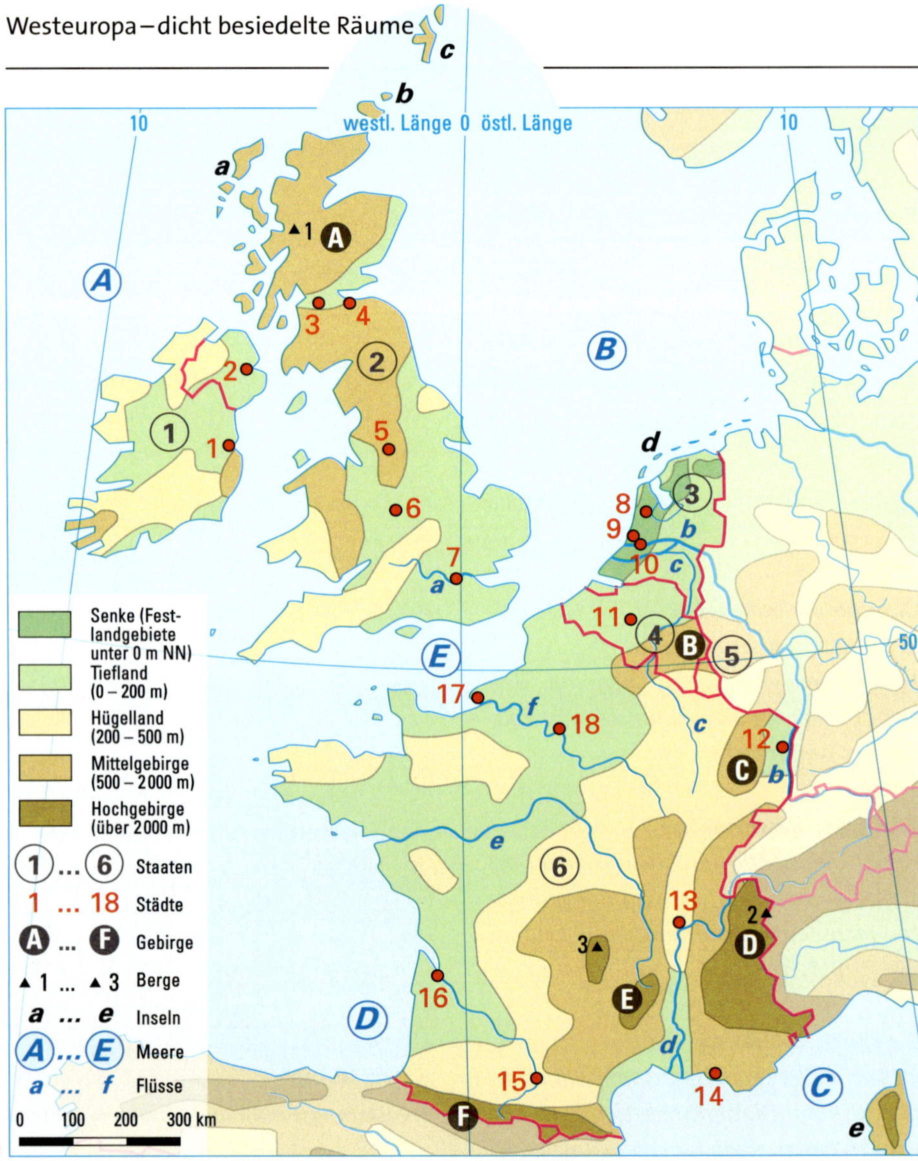

1

Wichtige Begriffe:
Bevölkerungsdichte
Metropole

1 Wer kennt sich in Westeuropa aus?
Arbeite mit Karte 1 und benenne:
a) die Staaten 1 bis 6,
b) die Städte 1 bis 18,
c) die Inselgruppen/Inseln a bis e,
d) die Gebirge und Landschaften A bis F,
e) die Berge 1 bis 3,
f) die Meere/Meeresteile A bis E,
g) die Flüsse a bis f.

2 Topografie für Experten
Arbeite mit Karte 1 und benenne:
a) die Flüsse, die durch Hauptstädte fließen,
b) die Anrainerstaaten der Nordsee,
c) den Staat, der keine Küste hat,
d) den Staat, der vier Nachbarn hat.

2

3

Teste dich selbst
mit den Aufgaben 3, 4a und 6a

3 Landschaften gesucht

Die Fotos 2 und 3 zeigen Landschaften aus Westeuropa. Überlege, in welchen Ländern die Fotos wohl aufgenommen wurden. Begründe deine Entscheidung.

4 Richtig oder falsch?

Begründe, welche Aussagen zutreffen, und korrigiere die Aussagen, die falsch sind:

a) Paris ist die größte sowie wirtschaftlich und kulturell bedeutendste Stadt Frankreichs.

b) Die fünf Villes Nouvelles sind eigenständige Städte und bieten alles, was man zum Leben braucht.

c) Paris ist für Zuzügler aus Frankreich oder dem Ausland nicht sehr attraktiv.

d) Große Städte entstehen nur da, wo es viele Industriebetriebe gibt.

e) In den europäischen Metropolen arbeiten die Menschen meist in sehr unterschiedlichen Dienstleistungsberufen.

f) Die Randstad Holland heißt so, weil sie am Rande der Niederlande bzw. der Provinzen Nordholland und Südholland liegt.

g) Die Windmühlen waren einmal die Voraussetzung dafür, dass sich in den Niederlanden immer mehr Menschen auf einer immer größeren Landfläche ansiedeln konnten.

5 *Ordne die folgenden für eine Großstadt typischen Einrichtungen der Innenstadt (Zentrum, Kernstadt) und den Außenbezirken (Umland, Vorstädte) zu:*
Rathaus – Bahnhof für Fernzüge – große Naherholungsgebiete – Wohnhochhäuser – Bahnhof für Regionalzüge – Theater – Einkaufsstraßen mit Kaufhäusern und teuren Boutiquen – Einfamilienhäuser – Bürohochhäuser – Erlebnisparks

6 Bilderrätsel

a) Löse die Bilderrätsel
b) Erkläre Begriff b.

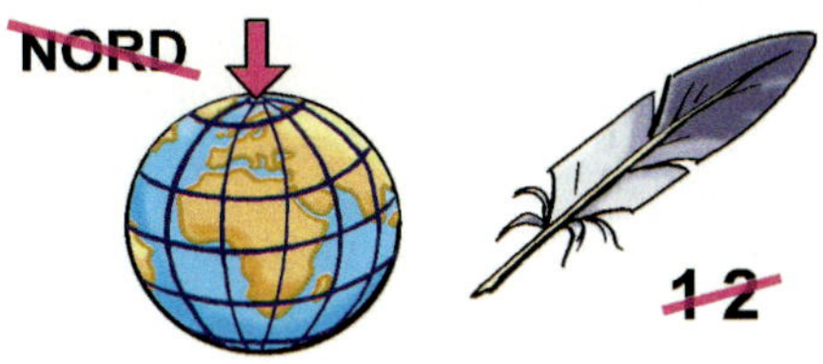

a

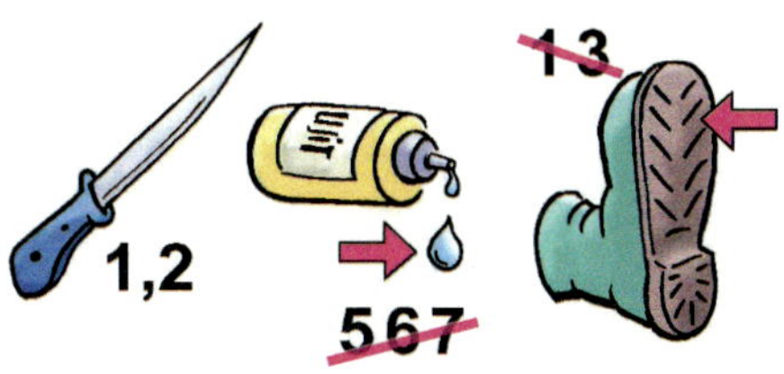

b

c

Verkehr in Mitteleu

Der Verkehr in Mitteleuropa nimmt stetig zu. Menschen reisen immer häufiger und Waren werden kreuz und quer durch Europa gefahren. Doch was sind die Folgen?

ropa

Älteste römische Straße *zwischen Rom und Capua, um 312 v. Chr. fertig gestellt*

Familie Schrumm

Familie Rattert

Alle Wege führen nach Rom

Kaum zu glauben
Schon die alten Römer wussten vor 2000 Jahren, wie wichtig ein gutes Straßennetz ist. Im gesamten Römischen Reich bauten sie 250 000 km Straßen.

Drei Familien aus Berlin fahren in den Urlaub, alle mit dem gleichen Ziel, aber auf unterschiedliche Art und Weise.

Familie Schrumm fährt mit dem Pkw. Direkt vor der Tür wird der Wagen vollgepackt. Drei Stunden nach der Abfahrt landet sie im ersten Stau. Der Tochter Lisa wird es hinten langweilig: „Ich kann mich gar nicht bewegen. Wann sind wir denn da?" Am Abend sind alle müde und froh, ein Hotel für eine Zwischenübernachtung gefunden zu haben. Am nächsten Tag müssen sie öfter anhalten: nicht nur zum Tanken, sondern auch zum Bezahlen der Autobahngebühr, der Maut. Nachmittags fahren sie endlich vor dem Hotel in Rom vor. „Wie praktisch, dass wir für Ausflüge unser Auto dabei haben. So sind wir flexibel." findet Frau Schrumm. Auf dem Rückweg wollen sie vielleicht einen kleinen Umweg machen und Freunde in Bayern besuchen. „Aber wenn wir wieder zu Hause sind, muss ich den Motor durchchecken lassen. Der hört sich so komisch an. Bald müssen wir wohl ein neues Auto kaufen." meint Herr Schrumm.

Familie Rattert nimmt den Zug. Mit dem Bus kommen sie zum Bahnhof und finden im Zug gleich ihre reservierten Plätze. Sie starten abends, denn sie werden in Karlsruhe in den Nachtreisezug umsteigen. „Schlafen und in Italien aufwachen, das ist ein entspannter Urlaubsbeginn!" freut sich Frau Rattert. Die vielen Waggons werden von nur einer Lokomotive gezogen.
Die Zeit vergeht schnell. Die Kinder malen, spielen und alle gehen später ins Bordrestaurant. Gegen Mitternacht steigen sie in den Schlafwagen um. „Ganz normale Betten," stellt Herr Rattert fest. „Auch die Rollgeräusche sind nicht so laut wie ich dachte." Am nächsten Morgen wechselt die Familie am **Verkehrsknoten** Mailand in den Zug nach Rom. Hier war es schwierig, einen Wagen für die Koffer zu bekommen und das richtige Gleis zu finden. Nach insgesamt 18 Stunden Fahrzeit kommen sie wie geplant in Rom an. Am Bahnhof entscheiden sie sich für ein Taxi, das sie zum Hotel bringt. „Ein Glück, dass wir in diesem **Verkehr** nicht selbst Auto fahren müssen. Wir nehmen ab morgen die öffentlichen Verkehrsmittel."

④ ***Familie Düsensen***

Familie Düsensen hat sich für eine Pauschalreise mit dem Flugzeug entschieden. Mindestens zwei Stunden vor dem Start sollen alle zum Einchecken am Flughafen sein. Fast hätten sie Übergepäck bezahlen müssen, da ihre Koffer etwas mehr als die erlaubten 20 kg pro Person wiegen. Die Gepäckkontrolle wird sehr genau genommen, damit nichts Gefährliches an Bord kommt. Im Flugzeug ist es so eng, dass die Passagiere nur in einer bestimmten Reihenfolge an Bord gehen dürfen. Die Sitzplätze bieten auch nicht viel Raum. „Es ist nur für drei Stunden," tröstet Frau Düsensen.

Beim Abheben sehen sie die Häuser von oben. „Was die Menschen, die hier wohnen, von dem Fluglärm halten?" fragt sich Tino. Auf dem Flug stört es ihn, so lange still sitzen zu müssen, aber ein Malbuch und das servierte Essen lenken ihn ab. Pünktlich landet Familie Düsensen in Rom auf dem Flughafen. Er liegt außerhalb der Stadt. In ihrer Pauschalreise ist der Transfer zum Hotel inbegriffen. Nach dem Verlassen des Sicherheitsbereichs werden sie vom Reiseleiter erwartet. Ein Reisebus bringt die Passagiere zum gebuchten Hotel. Es vergeht noch einmal eine Stunde, bis Familie Düsensen in ihrem Hotel ankommt.

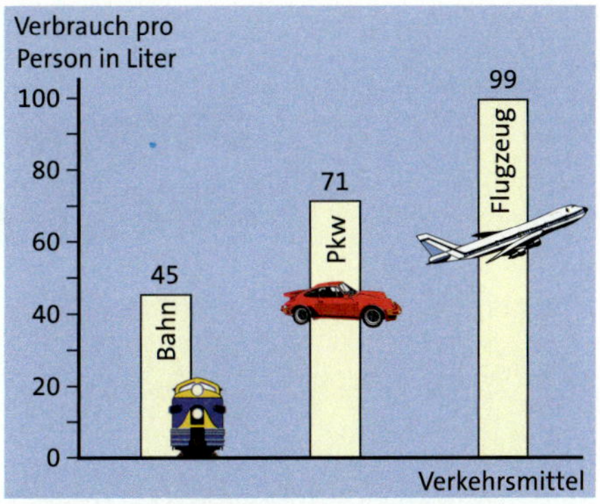

⑤ ***Durchschnittlicher Benzinverbrauch*** *für die Strecke Berlin – Bonn und zurück*

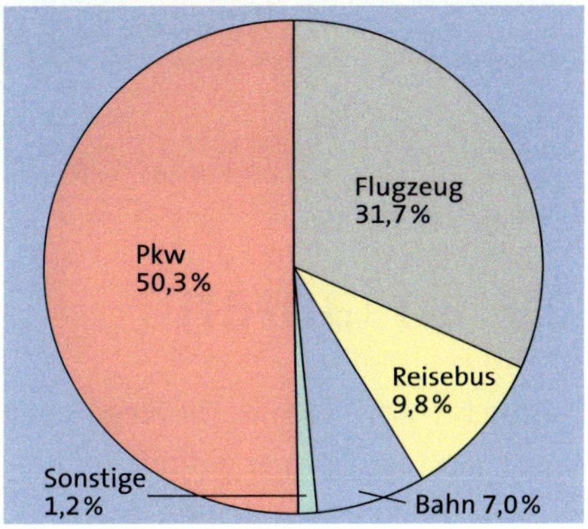

⑥ ***Urlaubsreisen nach gewählten Verkehrsmitteln im Jahr 2000***

1 Erarbeite die Vorteile und Nachteile der einzelnen Verkehrsmittel.
2 Werte die Diagramme 5 und 6 aus.
3 Für welches Verkehrsmittel würdest du dich entscheiden? Begründe deine Wahl.

Leicht zu merken

Mache dir am Ende einer Seite klar, was du dir merken willst. Notiere dir hierzu wenige Stichwörter.

❷ **Westhafen von Berlin**

Waren fahren

→ *Vergleich Schiene – Straße: siehe Seite 188*

❶ **Beförderte Güter in Deutschland in Mio. t** *(2002)*

Verkehrsmittel	**Mio. t**
Flugzeug	*2*
Binnenschiffe	*231*
Seeschiffe	*242*
Eisenbahn	*285*
Lkw	*2 720*

Das ist für uns normal: Die Regale im Supermarkt sind immer gut mit Produkten aus ganz Europa gefüllt. Auf Mallorca gibt es den Lieblingsjoghurt aus Deutschland und hier kann man Orangen aus Spanien oder Lachs aus Norwegen kaufen. Ein wichtiges Medikament kann in wenigen Stunden von jeder Apotheke besorgt werden. Ein im Internet bestelltes Buch wird schon am folgenden Tag nach Hause geliefert.
Von tonnenschweren Maschinen bis zu dem Schulbuch in deinen Händen: Alles muss transportiert werden, zunächst die Rohstoffe, dann die fertigen Waren.

Der Verkehr nimmt zu
Die meisten Waren werden über die **Verkehrsträger** Straßenverkehr oder Schifffahrt transportiert. Man schätzt, dass der Güterverkehr auch in Zukunft stark steigen wird. Nachdem die EU neue Mitgliedsstaaten im Osten aufgenommen hat, wird der Verkehr besonders in West-Ost-Richtung zunehmen. Geplant wird daher der Ausbau von Straßen und Eisenbahnstrecken.

Den Verkehr vermindern?
Der Straßenverkehr belastet mehr als die anderen Verkehrsträger durch Abgase und Lärm die Umwelt. In Güterverkehrszentren (GVZ) können Waren zügig z. B. von der Eisenbahn auf kleinere Lkw umgeladen werden, die dann in der Stadt besser durchkommen. Die Speditionen müssen den Transport gut organisieren, damit Leerfahrten möglichst vermieden werden. Um die Bahn konkurrenzfähiger zu machen, sollen Steuern und Maut den Transport per Lkw verteuern.

④ **Für 1 000 t Ladung braucht man:**

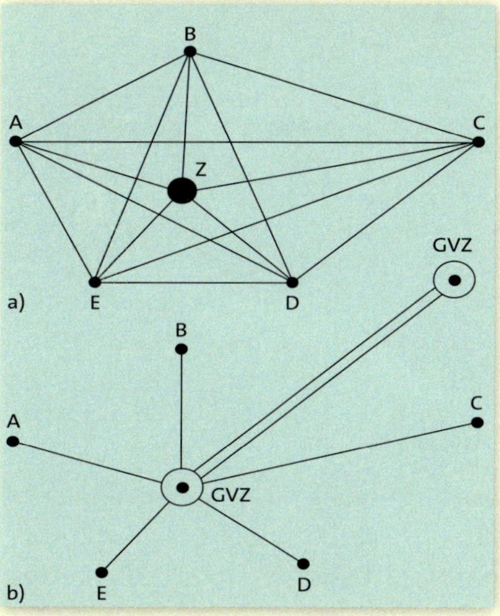

③ *Verkehrswege ohne und mit GVZ*

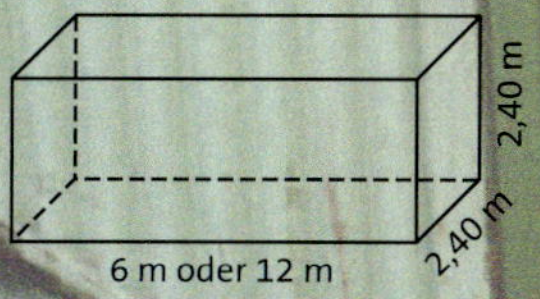

⑤ *Maße eines Containers*

Eine „Kiste" erobert die Welt

Immer mehr Güter werden in Containern befördert. Das sind „Kisten" aus Metall von der Größe einer Autogarage. Darin sind die Waren gut geschützt. Die Container haben auf der ganzen Welt die gleichen Maße. Dadurch kann man sie gut stapeln und sicher zwischen Schiff, Bahn und Lkw umladen.

Beruf: Fernfahrer

In dem Cockpit mit knapp 4 m² verbringen Fernfahrer einen Großteil ihrer Zeit. Bis zu 54 Stunden pro Woche sind sie „auf Achse". Die erlaubte Lenkzeit pro Tag beträgt maximal zehn Stunden, alle vier Stunden müssen sie eine Stunde Pause machen. Das ist wichtig, damit sie ihre Touren nicht buchstäblich im Schlaf fahren. Doch oft sind sie unter Zeitdruck, denn ihre Ladung muss pünktlich beim Kunden sein. Für den richtigen Schlaf haben sie in der Kabine ein Bett. Büroarbeit erledigen sie mit Telefon und Fax. Ihre Speditionen würden sie gern auch an Sonntagen fahren lassen.

1 *Formuliere die Hauptaussage der Grafik 4.*
2 *Werte die Tabelle 1 aus.*
3 *Warum werden die meisten Güter mit dem Lkw transportiert?*
4 *a) Gehe in einen Supermarkt und notiere, woher die verschiedenen Mineralwassersorten stammen.*
b) Markiere die Orte auf einer Karte.
5 *Überlege, wie du selbst Einfluss auf den Verkehr hast.*

1 ***Reusstal nahe Amsteg***

Verkehr durch die Alpen

Gotthard-Tunnel

- *längster Straßentunnel der Alpen (16,9 km)*
- *Eröffnung 1980*
- *eine Fahrspur für jede Richtung*
- *Autobahn von Nord und Süd bis zum Nadelöhr Gotthard-Tunnel*

Wo früher Maultiere trampelten, ...

Die Überquerung der Alpen war in früheren Jahrhunderten sehr gefährlich und anstrengend. Sie dauerte mehrere Tage, wenn nicht Wochen. Die Alpenbewohner hatten als Träger oder als Führer von Maultieren einen Nebenerwerb zur kargen Landwirtschaft. Denn nur sie kannten die sichersten Pässe und wussten um die besonderen Gefahren des Hochgebirges. Deshalb nahmen Kaufleute die Dienste der einheimischen Bevölkerung gern in Anspruch, um mit ihren Waren auf den so genannten Saumpfaden sicher die andere Seite der Alpen zu erreichen.

... donnern heute Kraftfahrzeuge, ...

Zu Beginn des 19. Jahrhunderts wurden zahlreiche Passwege zu fahrbaren Straßen für Pferdekutschen ausgebaut. Die Eisenbahn brachte diesen Verkehr vorübergehend zum Erliegen, bis im 20. Jahrhundert der Siegeszug des Autos begann. Die Passstraßen wurden im Laufe der Jahre durch Tunnel ergänzt.

An den Alpenbewohnern rasen viele Waren und Touristen nur vorbei. Täglich fahren 25 000 Lastwagen über die Alpenstraßen! Etwa die Hälfte gehört zum **Transitverkehr**. So nennt man Verkehr, der von einem Land in ein anderes durch ein Drittland (Transitland) führt. Auf der Fahrt von Deutschland nach Italien kann zum Beispiel Österreich Drittland sein. Die Alpen insgesamt gelten als **Transitraum**.

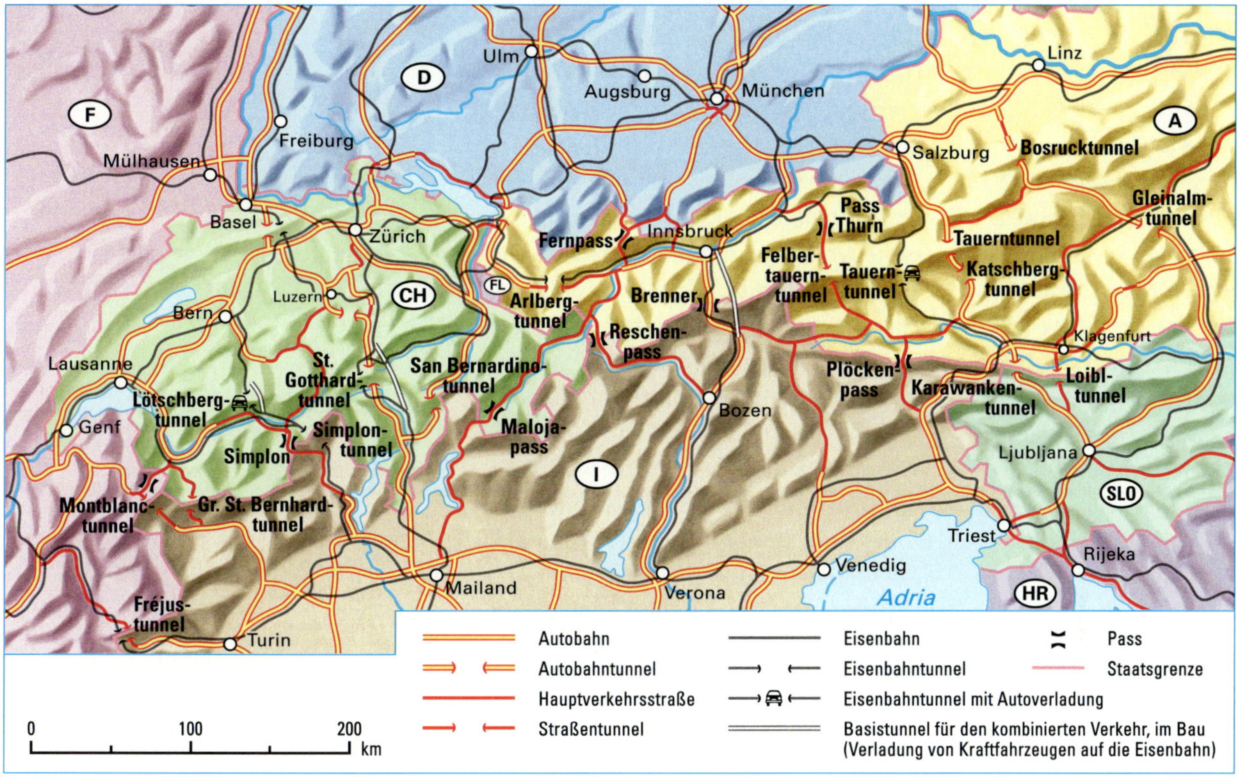

2 Hauptverkehrswege durch die Alpen

Da sich der Transitverkehr nur auf wenige Routen konzentriert, fühlen sich die Bewohner der betroffenen Täler belastet. Die engen Hochgebirgstäler verstärken den Lärm, die Abgase können kaum entweichen. Auch Touristen finden diese Verkehrsschneisen mit ihren riesigen Tunneln und Brücken nicht attraktiv.

Trotz aller Streckenbauten sind die Alpen das größte Verkehrshindernis in Europa: Bergstraßen und Pässe bleiben wegen der Schneemassen oder der Lawinengefahr oft viele Monate im Jahr gesperrt.

Aber auch in tief gelegenen Alpentälern sind zahlreiche Verkehrswege durch Überschwemmungen, Erdrutsche, Steinschlag und Lawinen gefährdet.

3 Lkw-Anzahl auf den Transitrouten 2001

	im Jahr	pro Tag
Auf der Brenner-Autobahn (Österreich)	1 550 000	4 246
Am Gotthard-Straßentunnel (Schweiz)	966 000	2 646
Am Fréjus-Straßentunnel (Frankreich)	1 549 000	4 243
Zum Vergleich: A10 bei Michendorf	6 147 000	16 842

1 *Welche Bedeutung hatte der Transitverkehr für die Alpenbewohner früher, welche hat er heute?*

2 *Ein Lkw-Fahrer muss Stationen in folgender Reihenfolge anfahren: München, Triest, Innsbruck, Mailand, Bern, Genf, Bozen, Wien. Welche Tunnel und Pässe wird er befahren?*

Brennerpass

- *niedrigster Übergang über die Zentralalpen (1379m)*
- *erste Eisenbahnlinie über die Alpen 1867*
- *1972 Eröffnung der ersten alpenquerenden, durchgehenden Autobahn*

Kaum zu glauben
Die größte Menge Transitgüter durchquert die Alpen fast lautlos, ohne Abgase, Tag und Nacht: Das Öl, das durch die transalpinen Pipelines Österreichs fließt, wiegt etwa so viel wie die Transitgüter auf Straße und Schiene zusammen.

... rasen morgen Züge mit 250 km/h!

Die Regionen Europas wachsen zusammen, immer mehr Zollschranken fallen weg. Der Handel wird erleichtert, Firmen verlegen Teile der Produktion dorthin, wo es gerade günstig ist und beste Voraussetzungen bestehen. Urlaubsfahrten gibt es mehr denn je. In Zukunft werden immer mehr Lkw auf Eisenbahnwaggons die Alpen durchqueren. Aber viele Eisenbahntunnel sind zu niedrig für den kombinierten Verkehr. Da die alten Strecken oft steil und kurvenreich verlaufen, können sie zudem nur in geringem Tempo befahren werden. Deshalb sind neue Eisenbahn-**Alpentransversalen** geplant. In steigungsarmen **Basistunneln** können Hochgeschwindigkeitszüge verkehren. Mit enormem Aufwand wird derzeit unter schwierigsten Bedingungen der Gotthard-Basistunnel gebaut. Er wird mit 57 km der längste Tunnel der Welt sein. Personenzüge durchqueren dann die Alpen mit 250 km/h und Güterzüge mit 160 km/h. Für das Befahren der Straße muss je nach Gewicht, gefahrenen Kilometern und Schadstoffausstoß eine Abgabe gezahlt werden.

Alpentransversale
schnelle, leistungsfähige Verkehrslinie durch die Alpen

Basistunnel
Tunnel in Höhe der Grundfläche eines Gebirges

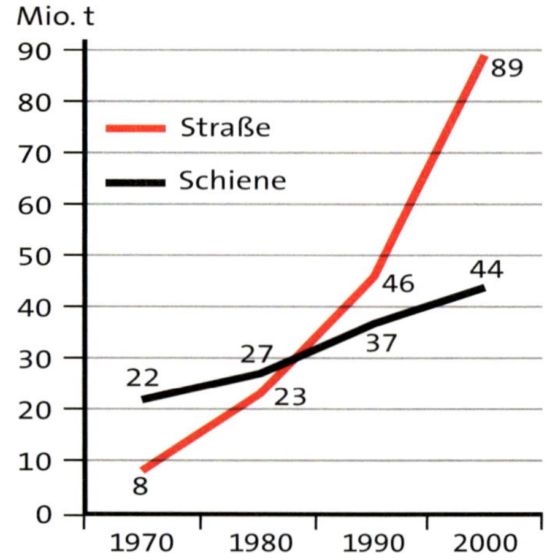

4 ***Transitgüterverkehr in den Alpen***

5 **Transportleistung von Schiene und Straße auf wichtigen Transitrouten 2002 in Mio t**

	Straße	Schiene
Brenner (Österreich)	25,8	10,1
Gotthard (Schweiz)	7,5	14,2
Fréjus (Frankreich)	21,4	8,6
Gesamter Alpenraum	113,5	61,7

Warum überwiegt derzeit die Straße?

Da es teuer ist Zwischenlager einzurichten, werden Produkte am Zielort zu einer bestimmten Zeit geliefert und kommen direkt in die Fertigung. Just-in-time heißt dieses Verfahren. Mit der Bahn kann eine derart genaue zeitliche Planung schwerer eingehalten werden. Häufigeres Umladen und die längere Transportdauer erhöhen die Kosten.

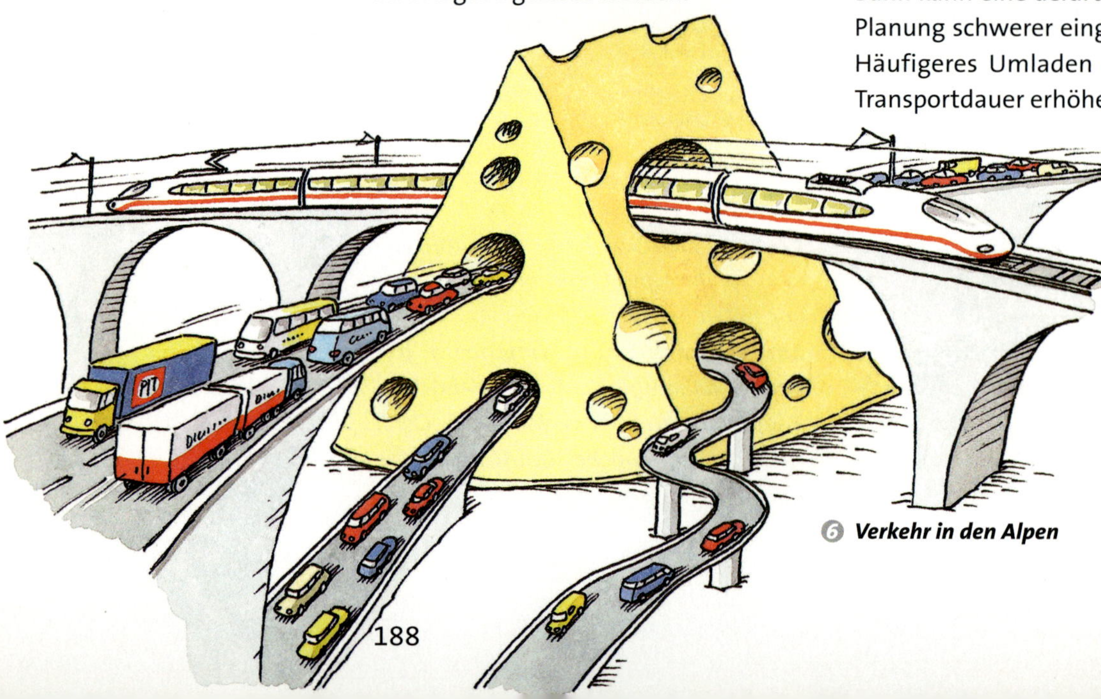

6 ***Verkehr in den Alpen***

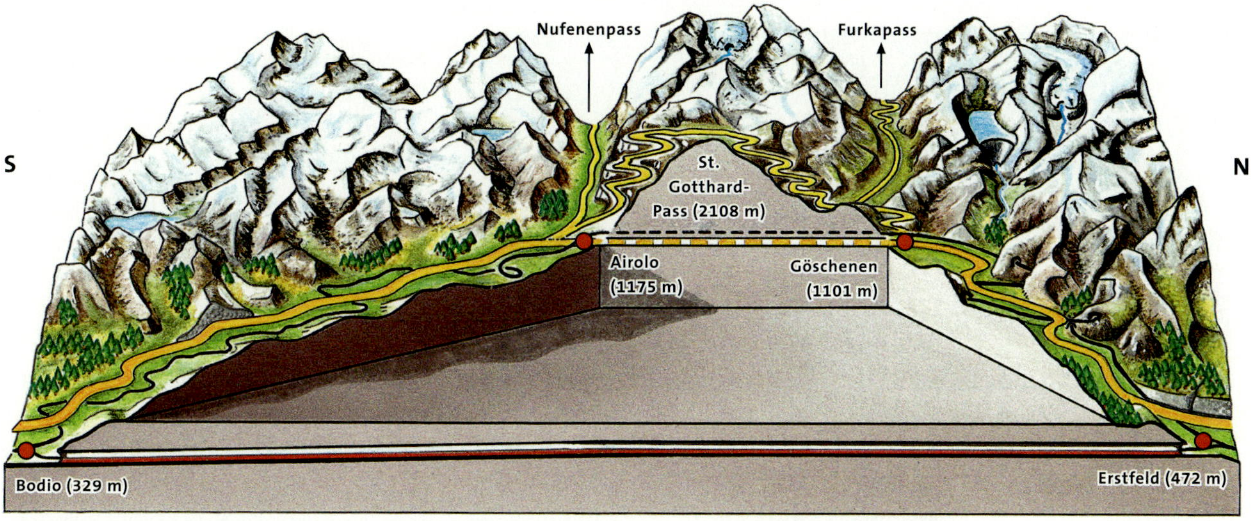

- - - - - -	Eisenbahntunnel .... 15 km	——	Eisenbahn
(gelb-weiß)	Autobahntunnel .... 16,8 km	(gelb)	Autobahn
(rot-weiß)	Gotthard Basistunnel *(Eisenbahn)* – in Bau .... 57 km	(gelb, geschlängelt)	Passstraße

❼ ***Verkehrswege am St. Gotthard***

Verkehr auf die Schiene verlagern?

Eine Lokomotive kann über 60 Wagen ziehen. Ein Zug hat wegen seiner Form einen sehr geringen Luftwiderstand. Auf Schienen ist der Widerstand der Räder besonders gering. So leistet die Bahn mit einer bestimmten Energie mehr als alle anderen Verkehrsmittel. Außerdem benötigt kein anderes Verkehrsmittel im Verhältnis zur Beförderungsleistung so wenig Fläche wie die Bahn.

Der Basistunnel – ein Meisterwerk

Die Tunnelbauer haben nicht nur mit hartem Gneis und Granit, sondern auch mit dem lockeren, zuckerkörnigen Dolomit zu kämpfen. Die Tunnelröhre muss dabei einem gewaltigen Druck standhalten, da bis zu 2500 Meter Gestein über ihr lagern. Um die Bauzeit zu verkürzen, wurde bei Sedrun ein Schacht 800 Meter in die Tiefe gebaut, um von dort den Tunnel nach Norden und Süden voranzutreiben.

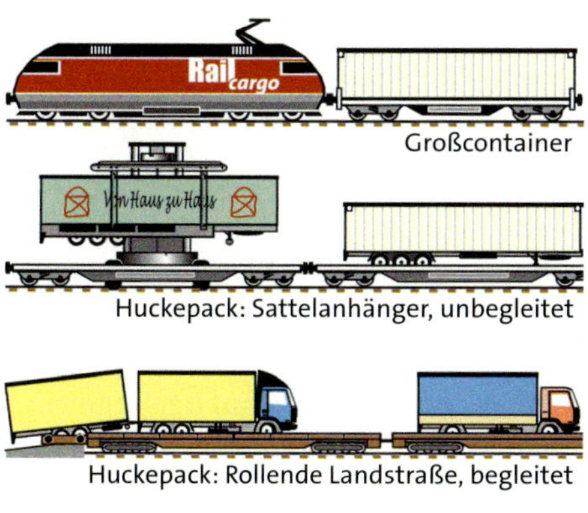

❽ ***Kombinierter Verkehr***

3 Vergleiche die Bedeutung der Transitstrecken Brenner, Gotthard und Fréjus für den alpenquerenden Güterverkehr.
4 Diagramm 4: Beschreibe die Entwicklung des Transitgüterverkehrs .
5 Stelle Vor- und Nachteile verschiedener Arten des kombinierten Verkehrs dar.
6 Vergleiche die jetzigen Verkehrswege mit den geplanten am Gotthard.
7 Erstelle eine Gedankenkarte zum Thema Verkehr in den Alpen.

❶ ***Schubverband auf der Donau in Budapest***

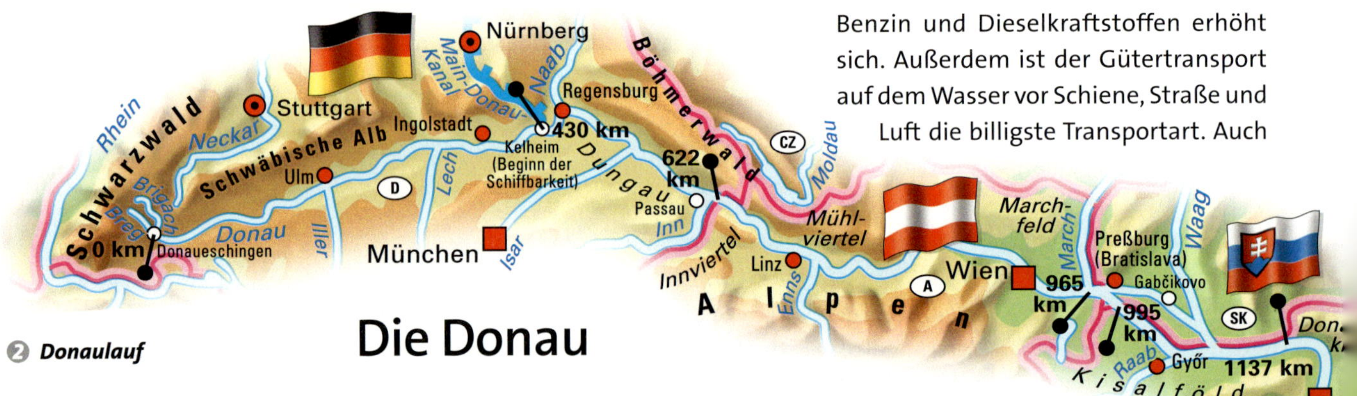

❷ ***Donaulauf***

Die Donau

Die Faszination eines Flusses liegt in den Landschaften sowie den Städten und Kulturen der Länder, die er durchfließt. Kaum ein Strom hat davon mehr zu bieten als die Donau.

Schifffahrtsweg

Mit 2850 km ist die Donau nach der Wolga der zweitlängste Fluss Europas. Seit der Eröffnung des Main-Donau-Kanals am 25. September 1992 ist eine durchgängige Schifffahrt von Rotterdam bis zum Schwarzen Meer möglich. Die Bedeutung dieser europäischen Binnenwasserstraße liegt dabei nicht in der Verbindung der Nordsee mit dem Schwarzen Meer. Solch eine Fahrt würde wegen der vielen Schleusen und des Nachtfahrverbots zwischen 23 und 30 Tagen dauern, viermal so lange als über das Mittelmeer. Viel wichtiger ist die Tatsache, dass jetzt vier europäische Binnenstaaten Zugang zu zwei Meeren haben. Dadurch können diese Länder viele Transportprobleme lösen. Vor allem für große, sperrige und nicht verderbliche Güter eignen sich Transporte auf dem Wasserweg. Die beförderte Menge an Rohstoffen und in letzter Zeit auch an Benzin und Dieselkraftstoffen erhöht sich. Außerdem ist der Gütertransport auf dem Wasser vor Schiene, Straße und Luft die billigste Transportart. Auch der Tourismus gewinnt an Bedeutung. Angebote für Kreuzfahrten findet man in vielen Reiseprospekten.

Renaturierung des Donau-Deltas

Durch den vom Fluss mitgebrachten Schlamm bildete sich die zweitgrößte **Deltamündung** Europas mit drei mächtigen Flussarmen, Altarmen, Seen, Inseln und Dünen. Das Delta bietet etwa 325 Vogelarten Brut- und Rastplatz und ist eine wichtige Station auf der Vogelzugstraße. Doch in Rumänien wurden seit 1960 große Flächen eingedeicht, um sie als Äcker und Weiden zu nutzen. Aber

③ ***Fischer im Donaudelta***

man stellte eine dramatische Abnahme der Artenvielfalt fest. Mit Unterstützung des WWF wurden Schutzgebiete eingerichtet und wieder überflutet. Als „Grüner Korridor“ wird die beschlossene Erweiterung der Schutzzone entlang der 1000 km langen unteren Donau bezeichnet. Die Umsetzung wäre ein großer Erfolg für ein europäisches Projekt, denn es sind bereits 80% der natürlichen Flussauen zerstört. Lösungen müssen aber auch für die Bauern und Fischer gefunden werden, die noch dort arbeiten.

1 Nenne die Staaten, durch welche die Donau fließt.

2 Finde die Hauptstädte heraus, die an der Donau liegen.

3 Denke dir einen Merksatz für die Staaten und Hauptstädte aus.

4 Erkläre die Bedeutung der Donau für den Verkehr.

5 Überlege, auf welche Hindernisse das Projekt „Grüner Korridor“ stoßen wird.

WWF
World Wide Fund For Nature

Verkehr in unserem Ort

Ob als Fußgänger, Radfahrer oder als Mitfahrer im Auto, Bus, Taxi, in der Straßenbahn oder U-Bahn – wir alle nehmen am Verkehr teil. Verkehrsmittel bringen uns schnell und jederzeit von einem Ort der Stadt zu einem anderen – wir sind mobil.

Der ständig wachsende Verkehr belastet uns aber auch – Staus, Lärm, Luftverschmutzung, parkende Autos auf Gehwegen und Fahrradwegen. Verkehr in unserer Stadt hat viele Gesichter. Diese lernt ihr am besten in einem Projekt kennen. Vielleicht entwickelt ihr sogar Lösungsvorschläge für ein aktuelles Verkehrsproblem.

Deine Aktivität außerhalb der Schule ist gefragt: Um den Verkehr in deiner Umgebung zu erfassen, müssen zunächst Daten erhoben werden. Daher lernst du hier, wie man Daten sammeln, auswerten und die Ergebnisse anschaulich auf einer Karte darstellen kann.

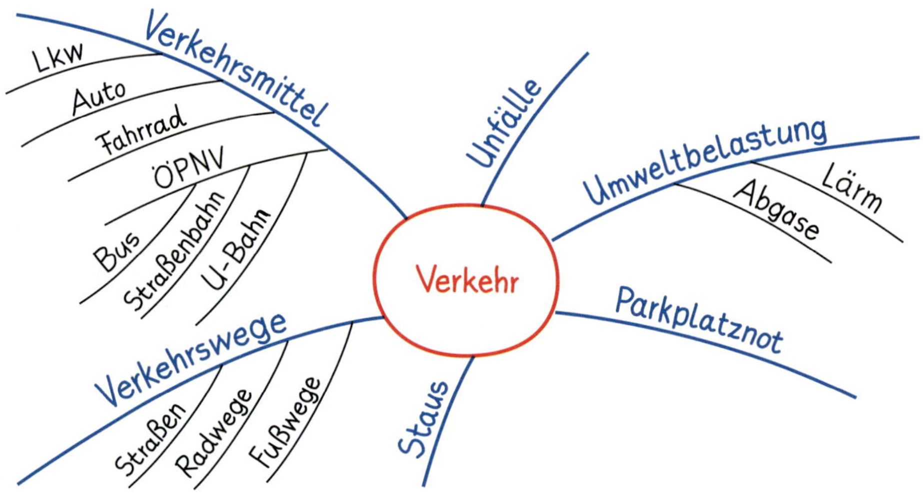

1

❷

❸

❹

❺

❻

1. Schritt: Vorbereitung
Überlegungen der Projektgruppe:
Was wollen wir untersuchen?
Welche Unterthemen wählen wir aus?
Wie, wo und wann präsentieren wir die Ergebnisse?

2. Schritt: Planung
Bildung von Arbeitsgruppen und Verteilung der Arbeiten:
Welche Informationen benötigen wir?
Mit welchen Arbeitsweisen (Textauswertung, Interview usw.) können wir die gesuchten Informationen erhalten?
Wer übernimmt welche Aufgabe?
Bis wann müssen die ersten Ergebnisse vorliegen und wann bereiten wir unsere Präsentation vor?

3. Schritt: Durchführung
Projektarbeit in den Arbeitsgruppen:
Erledigen wir unsere Arbeiten innerhalb des Zeitplans?
Wie stellen wir die Einzelergebnisse zusammen und wie gestalten wir unsere Präsentation: eine Wandzeitung, eine Ausstellung, ein Spiel, oder organisieren wir eine Aktion?

4. Schritt: Präsentation
Vorstellung der Ergebnisse aller Arbeitsgruppen:
Werden die Ergebnisse gut erklärt und dargestellt?

5. Schritt: Beurteilung
Austausch der Erfahrungen und Besprechung der gesamten Projektarbeit:
Was ist gut gelungen, was wollen wir das nächste Mal anders machen?

Verkehrszählung in Treuenbrietzen

Lage der Zählstelle (Straße, Nr.): Parkstraße, Spielplatz

Fahrtrichtung von: Freibad nach: Innenstadt

Datum: 28.05.04 Wochentag: Freitag

Uhrzeit	Rad	Moped/Krad	PKW	Fussgänger	LKW
10.30–10.35	𝍸		𝍸 III	𝍸	I

Name des Zählers: Eva Repple Unterschrift Eva Repple

❶ ***Zählformular***

Straßenverkehr zählen

Immer mehr Menschen stören der zunehmende Verkehr und Lärm auf ihrer Straße. Wie kann in solchen Fällen geholfen werden? Soll die Grün-Phase an den Ampelanlagen verlängert werden, damit nicht unnötige Staus entstehen? Schafft eine Geschwindigkeitsbegrenzung auf 30 km/h Abhilfe? Ist eine Spielstraße sinnvoll?

Um solche Fragen zu beantworten, müssen Verkehrszählungen durchgeführt werden. Damit erhält man Informationen über die Höhe und Zusammensetzung des Verkehrsaufkommens. Sogar die Belastung der Luft mit Schadstoffen lässt sich daraus ermitteln.

Eine Verkehrszählung durchführen:

- *Verwendet eine Zählliste wie oben.*
- *Zählt den Verkehr an verschiedenen Wochentagen und zu unterschiedlichen Tageszeiten an mehreren Straßen eurer Schulumgebung.*
- *Zählt dabei immer in Abständen von fünf Minuten und wechselt euch danach ab. Es ist von Vorteil, wenn jeweils einer alle Pkw, Lkw und sonstigen Verkehrmittel zählt.*
- *Verwendet für die Zählung an einer Kreuzung am besten je eine Liste für alle Geradeaus-Fahrer, Linksabbieger und Rechtsabbieger.*

Eine Verkehrszählung auswerten:

- *Fertigt mithilfe des Stadtplanes eine Skizze mit den Straßen an und tragt die Lage der Zählstellen mit Nummern ein.*
- *Stellt die Ergebnisse für jede Zählstelle in einem Diagramm dar.*
- *Vergleicht die Ergebnisse der einzelnen Zählstellen und Zählzeiten und findet Ursachen für das unterschiedliche Verkehrsaufkommen.*

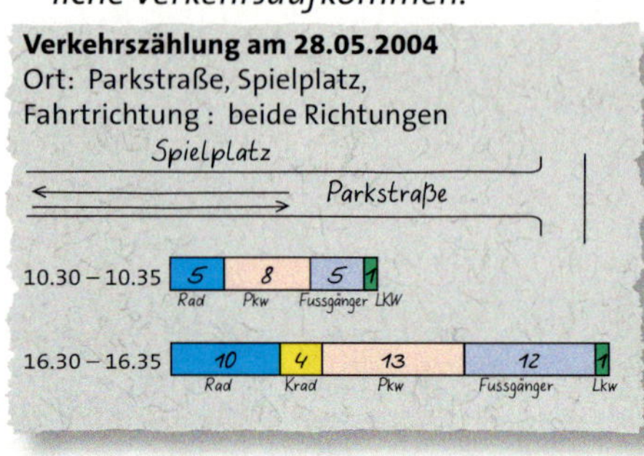

❷

3 ***Schüler erkunden Radwege in der Stadt***

Kaum zu glauben

... dass es in Deutschland etwa 60 Millionen Fahrräder gibt.

... dass das Fahrrad in der Stadt bei Entfernungen bis zu 5 Kilometern das schnellste Verkehrsmittel ist.

Radfahrwege erkunden

In vielen Städten und Gemeinden wird bereits in vorbildlicher Weise an die Radfahrer gedacht: durch gesondert ausgewiesene Radfahrwege, besonders auffällige Radwegmarkierungen, gute Beschilderung der Wege, Fahrradabstellplätze, zum Teil mit Überdachungen, Beseitigung von Hindernissen und Barrieren beim Überqueren von Straßen, Vermeidung von möglichen Verkehrsgefahren und Planung eines geschlossenen Radfahrnetzes.

4

Radwege erkunden

- *Untersucht für eure weitere Schulumgebung, wo es Radwege und Radabstellplätze gibt. Zeichnet in eine Kopie des Stadtplans den Verlauf der Radfahrwege sowie die Abstellplätze ein.*
- *Markiert im Plan Hindernisse für die Radfahrer: z. B. hohe Bordsteinkanten bei Straßenüberquerungen.*
- *Zeichnet auch Gefahrenpunkte für die Radfahrer ein, z. B. abbiegender Autoverkehr, fehlende Ampel oder Markierung, große Unebenheiten der Fahrbahn.*
- *Wo fehlen Radwege? Macht Vorschläge und zeichnet diese in den Plan ein.*
- *Setzt euch auch mit dem Planungs- oder dem Verkehrsamt in Verbindung und informiert euch über Planungen vonseiten der Stadt. Stellt den Planern eure Überlegungen vor.*

Eine kartographische Skizze anfertigen

Wenn du bei einer Befragung die Fragen Wo?, Woher? oder Wohin? stellst, kannst du die Daten anschaulich in einer Karte darstellen. Dabei kommt es nicht so sehr auf die genaue Übertragung der Kartenvorlage an, sondern darauf, dass man dein Ergebnis gut ablesen kann. Wähle daher nur die wichtigsten Elemente aus, die auf deiner Karte erscheinen sollen.

In diesem Beispiel haben Schüler in Treuenbrietzen ihre Mitschüler befragt: „Wo wohnt ihr?“ und „Wie kommt ihr zur Schule?“ Auf der Karte kann man auf den ersten Blick erkennen, wo die meisten Schüler wohnen und wie der am weitesten entfernt wohnende Schüler zur Schule kommt.

1. Schritt: *Material besorgen*

Du benötigst eine Karte von dem Gebiet, das deine Befragung betrifft. Außerdem brauchst du Transparentpapier, Millimeterpapier, einen Bleistift, Buntstifte und ein Lineal.

1

Ort	zu Fuß	Rad	Auto	Bus	Gesamt
Treuenbrietzen	50	33	13	2	98
Bardenitz			1	7	8
Schlalach			1	12	13
Brachwitz			1	9	10
Pechüle				9	9
Klausdorf				5	5
Tiefenbrunnen				1	1
Lüdendorf				1	1
Frohnsdorf				2	2
Dietersdorf			1		1
Rietz				1	1
Deutsch-Bork				2	2
Lühsdorf				3	3
Niebel				1	1
Niebelhorst				1	1

2. Schritt: *Daten erheben*

Um die Antworten geordnet aufschreiben zu können, legst du ein Arbeitsblatt an. Beispiel: In einer Tabelle stehen in den Spalten die Verkehrsmittel und in den Zeilen die Orte. Mit Zählstrichen trägst du die Antworten ein (wie bei der Verkehrszählung). Übertrage die Ergebnisse sauber in eine neue Tabelle.

3. Schritt: *Kartenskizze vorbereiten*

Lege das Transparentpapier auf die Karte und übertrage die benötigten Orte. Tipp: Schreibe die Ortsnamen erst nach dem 4. Schritt neben die Punkte, sonst stören sie vielleicht beim Eintragen der Daten. Wenn nötig, übernimm dann auch andere Informationen in die Karte. z. B. die wichtigsten Straßen.

4. Schritt: *Kartenskizze gestalten*

Überlege, wie du die Daten darstellen kannst. Beispiel: In dem Beispiel stehen 4 mm² (4 Kästchen auf Millimeterpapier) für einen Schüler. Berechne, wie viele Millimeterkästchen pro Ort markiert werden müssen (hier: Anzahl der Schüler x 4). Lege das Transparentpapier auf Millimeterpapier und zeichne neben den Orten Kästen in der Größe der Schüleranzahl. Ordne den Verkehrsmitteln Farben zu und markiere farbig, wie viele Schüler mit welchem Verkehrsmittel zur Schule kommen.

5. Schritt: *Legende anlegen*

Damit ein Fremder deine Karte „lesen“ kann, zeichne an der Seite eine Legende mit den verwendeten Symbolen und beschrifte sie mit ihrer Bedeutung.

❷ ***Schritt 3***

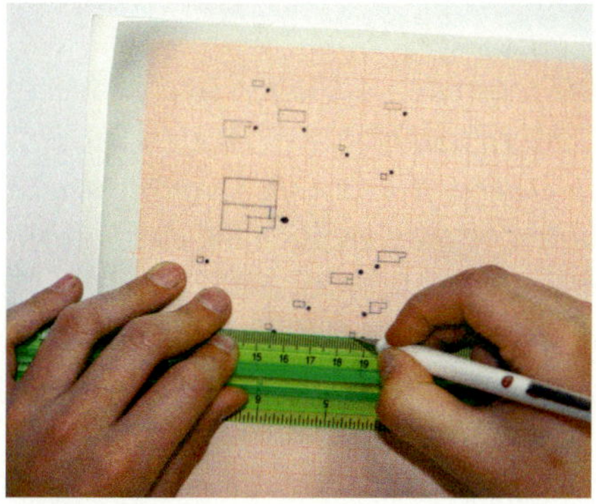

❹ ***Schritt 4***

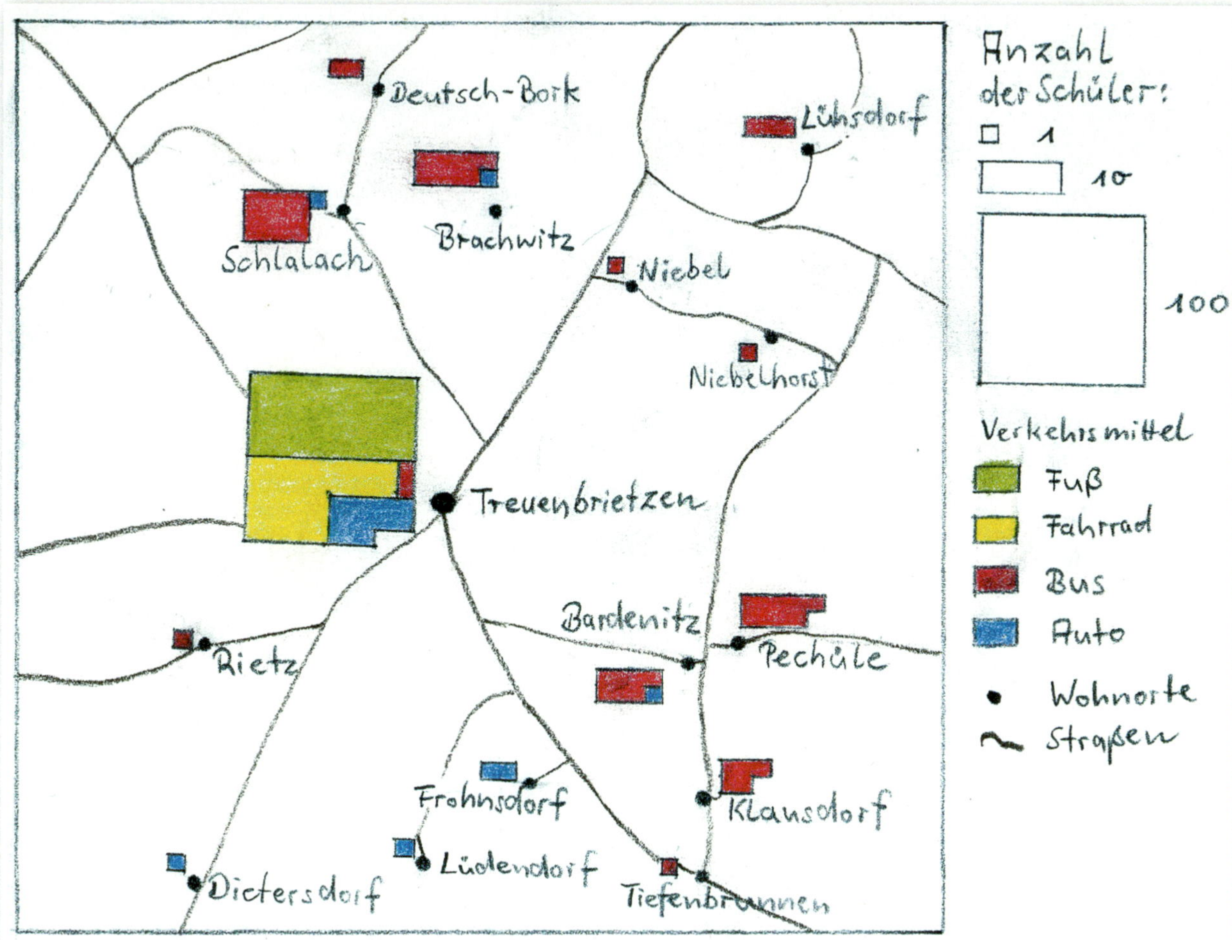

❸ ***Kartenskizze: Wohnorte und Verkehrsmittel zur Schule im Maßstab von ca. 1:150 000***

Wichtige Begriffe:
Transitverkehr
Verkehrsknoten
Verkehrsträger

1 Richtig oder falsch?

Die folgenden Aussagen sind entweder richtig (r) oder falsch (f). Notiere den entsprechenden Buchstaben. Von oben nach unten gelesen ergeben die dazugehörigen Buchstaben den gesuchten Begriff.

a) Der Transitverkehr durch die Alpen wird in den kommenden Jahren deutlich abnehmen. (r: P/f: V)

b) Auf Binnenschiffen können vor allem Massengüter und besonders sperrige Güter kostengünstig transportiert werden. (r: E/f: A)

c) Die Bahn besitzt den Vorteil, dass man mit ihr Güter zeitlich sehr genau liefern kann. (r: N/f: R)

d) In Güterverkehrszentren kann der Transport von Gütern koordiniert werden. (r: K/f: I)

e) Ein Fernfahrer darf sieben Stunden ohne Pause fahren. (r: K/f: E)

f) Die meisten Urlauber verreisen mit dem Flugzeug. (r: RT/f: HR)

2 Findest du die Begriffe?

a) Dazu gehören Güter, die von einem Land in ein anderes transportiert werden und dabei ein drittes durchqueren.

b) Diese Straße führt über ein Gebirge.

c) Genormter Behälter zum Transport von Gütern mittels Eisenbahn, Lkw oder Schiff.

d) Hier treffen sich wichtige Verkehrswege.

e) Schiffe transportieren darüber ihre Ladung in das Landesinnere.

f) So wird der Transportweg für Güter und Personen bezeichnet.

g) Ein Land, welches auf dem Weg vom Ausgangsland zum Zielland durchfahren werden muss.

3 Verkehrsprobleme lösen

Was würdest du dem Autofahrer in der Karikatur 1 antworten?

1 Die Lösung des Verkehrsproblems

❷

Teste dich selbst
mit den Aufgaben 1, 2a, e und 8a, c

4 *Verkehrsträger gesucht*

a) *Welcher Verkehrsträger wird in Foto 2 dargestellt?*

b) *Um welche Form des kombinierten Verkehrs handelt es sich?*

5 *Güter befördern, aber wie?*

Firma „Schnell Import-Export" hat den Auftrag, billig, schnell und umweltschonend folgende Transporte auszuführen. Welche Verkehrsmittel und -wege empfiehlst du? Begründe jeweils.

a) *eine Ladung Kohle von Hamburg nach Heilbronn*

b) *50 Pkw von München nach Rom*

c) *1 000 Kisten Erdbeeren von Athen nach Stockholm*

d) *200 Kisten Austern von Le Havre nach Stuttgart*

6 *Routen planen ...*

a) *Plane Zug- und Auto-Reisen von deinem Heimatort zu verschiedenen Großstädten in West-, Nord- und Ostdeutschland. Suche dazu über das Internet Verbindungen der Bahn und vergleiche die Strecken mit den Angaben eines Autoroutenplaners.*

b) *Verfahre ebenso mit den europäischen Hauptstädten.*

c) *Findest du auf diese Art die großen Verkehrsknoten in Deutschland und Europa? Begründe deine Antwort.*

7 *Bilderrätsel*

a) *Löse die Bilderrätsel.*

b) *Erkläre Begriff b.*

a
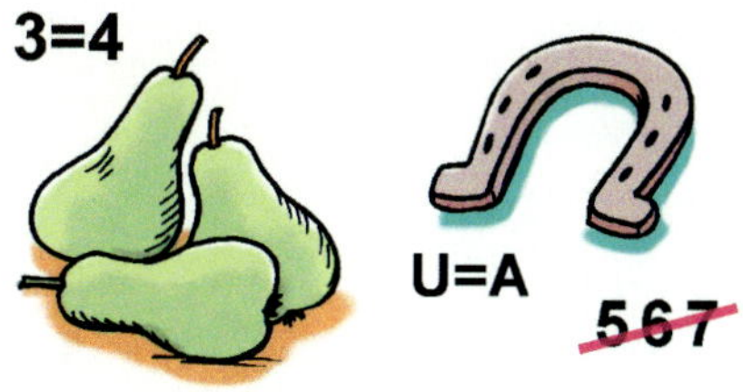

b

8 *Außenseiter gesucht*

a) *Brenner – Maloja – Plöcken – Montblanc*

b) *Wolga – Mosel – Donau – Rhône*

c) *Container – Schiff – Lkw – Eisenbahn*

d) *Passstraße – Alpenstraße – Binnenwasserstraße – Bergstraße*

Training

Osteuropa – Nachh
Nutzung der Resso

Osteuropa nimmt mehr als die Hälfte der Fläche des Gesamtkontinents ein. Im letzten Jahrzehnt hat sich dieser Teil Europas in rasendem Tempo verändert. Trotzdem ist er vielen von uns unbekannt geblieben. Am Beispiel von Ukraine und Russland wird gezeigt, vor welchen Problemen die Menschen bei der Nutzung ihrer natürlichen Reichtümer (Ressourcen) heute stehen.

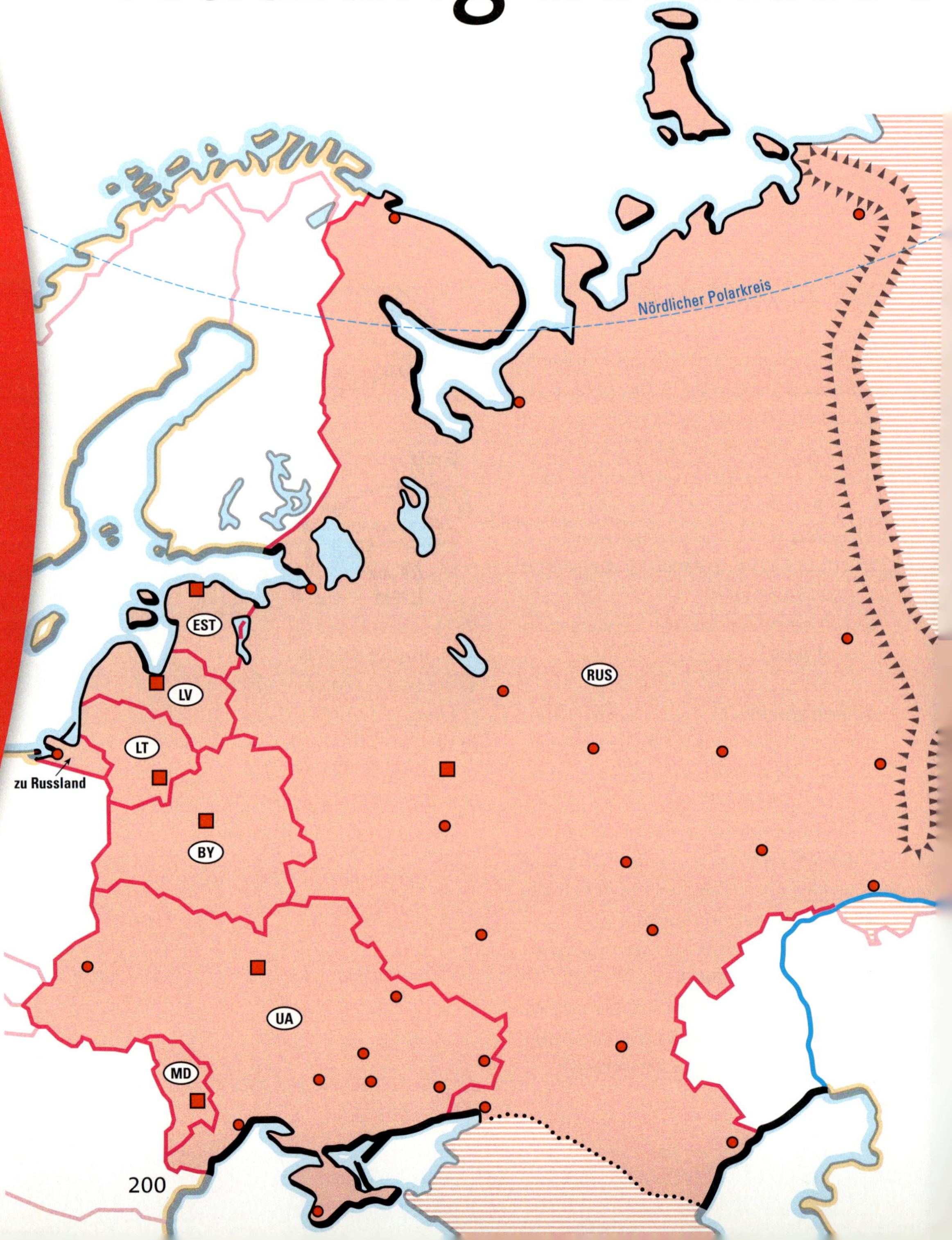

altige
urcen ?

❷ ***Südlicher Hüttenbezirk***

Wirtschaftsräume zwischen Dnipro und Ural

Die ehemalige Sowjetunion war an Bodenschätzen besonders reich, auf deren Grundlage sich vielerorts riesige Industrieregionen entwickelten. Seit dem Zerfall der Sowjetunion nutzen nun die Nachfolgestaaten die enormen Vorkommen z. B. an Erdöl, Erdgas und Kohle.

Das bedeutende Industriezentrum „Südlicher Hüttenbezirk“ – auch „Donbass“ genannt - gehört heute zur Ukraine und zu einem kleineren Teil zu Russland (um die Stadt Rostow am Don). Dafür, dass hier ab den 1870er-Jahren eine riesige Stahlschmiede entstehen konnte, sorgten sowohl die reichen und hochwertigen Eisenerzvorkommen um Kriwi Rih am Fluss Dnipro als auch die mächtigen Steinkohlelagerstätten im 300 km entfernten Donezbecken. An beiden Standorten errichteten die Menschen Eisenhütten, und der jeweils fehlende Rohstoff wurde auf einer eigens errichteten Eisenbahnlinie herbeigeschafft. Zwischen den beiden Abbaugebieten der Rohstoffe entstanden industrielle Zentren wie Dnipropetrowsk und Saporischja, wo ein Teil des Eisens und Stahls an Ort und Stelle verarbeitet wird. So hat sich im Südlichen Hüttenbezirk ein gigantischer Kreislauf von Kohle, Eisenerz und Industrieprodukten herausgebildet. Allerdings gehen die Rohstoffförderung, Stahlproduktion und Industrietätigkeit heute überall zurück – das ganze Gebiet steckt in einer tiefen wirtschaftlichen Krise. Häufige Grubenunglücke und schwere Unfälle in den Fabriken („Havarien“) verstärken dieses düstere Bild.

③ ***Industrieanlagen in Dnijprodserschinsk***

④ **Anatoli Krylenko, ein 45jähriger Stahlarbeiter:**
„Seit der Unabhängigkeit unseres Landes geht es uns wirtschaftlich schlechter als vorher. Obwohl sich mein Lohn verzehnfacht hat, kann er mit den Preissteigerungen nicht mithalten. Außerdem gibt es in den Geschäften immer weniger zu kaufen. Mit dem Abbruch der Beziehungen zu Russland verloren wir den wichtigsten Handelspartner. Unsere Produkte können wir nicht mehr verkaufen. Somit fehlt das Geld, um unseren veralteten Betrieb zu erneuern. Viele meiner Kollegen befürchten deshalb die Schließung unseres Betriebes. Wie soll es dann für mich und meine Familie weitergehen?“

⑤ ***Erdölfeld mit Umweltschäden***

Erdöl und Erdgas aus Russland
Zwischen der mittleren Wolga und dem Ural, also in Russland, findet sich ein bedeutendes Gebiet, in dem Erdöl und Erdgas gefördert werden. Ein großer Teil der Fördermenge wird von der benachbarten chemischen Industrie sowie bei der Eisen- und Metallverarbeitung verbraucht. Die Rohstoffe werden über ein dichtes Rohrleitungsnetz befördert, zum Teil kommen sie zusätzlich aus östlich des Ural gelegenen Fördergebieten. Auch Deutschland bezieht seit Jahren Erdöl und Erdgas aus dem Wolga-Ural-Gebiet wie auch aus Sibirien. Um die begehrten Rohstoffe über größere Entfernungen transportieren zu können, sind viele Zwischenstationen nötig, die für einen gleich bleibenden Druck und eine gleich bleibende Temperatur des Erdöls sorgen. Die Pipelines sind über 1000 km lang. Sie stellen auch eine große Gefahr für die Umwelt dar: Minderwertiges Material, fehlerhafte Verarbeitung der Schweißnähte und eine schlechte Wartung der Anlagen führen oftmals zu Rissen, aus denen dann Tausende Liter Öl ins Erdreich eindringen und die Lebensgrundlage für Pflanzen, Tiere und Menschen in weiten Landschaften zerstören. Dieses Umweltproblem wird leider seit Jahren immer größer.

1 *Erkläre den Zusammenhang von Rohstoffvorkommen und Industrieentwicklung an verschiedenen Beispielen.*
2 *Berichte mithilfe des Textes über die aktuelle Lage der Industriearbeiter in der Ukraine.*
3 *Ermittle im Atlas, welche Industriestandorte in Deutschland mit russischem Erdöl oder Erdgas versorgt werden.*

Mütterchen Wolga

1

Ressource
(franz., eigentlich Hilfs-, Einnahmequelle): wirtschaftlich nutzbare Rohstoffquellen, im weiteren Sinn auch Geld und Arbeitskraft.

Die Wolga ist mit 3530 km der längste Strom Europas; auf Kreuzfahrten kann man beeindruckende Landschaften bestaunen, die sie durchfließt: tiefgrüne Wälder, zerklüftete Berghänge, weite Wiesen und Steppen. Doch für die Russen ist die Wolga mehr als nur ein Fluss: An den Ufern des Stromes entstand ihre Nation, ihre Kultur, sie ist ihnen der Inbegriff von Heimat. So sprechen die Russen mit zärtlicher Liebe vom „Mütterchen Wolga".
Viele interessante altrussische Städte liegen am Ober- und Mittellauf der Wolga, z. B. Jaroslawl mit seinen Klöstern und Kirchen und Nishnij Nowgorod (früher Gorki), die nach Moskau und St. Petersburg drittgrößte Stadt Russlands. Wichtige Industriestädte sind außerdem Saratow und Wolgograd (heute auch wieder Zarizyn genannt).
Im Wolga-Gebiet leben viele Völker, die ursprünglich nicht zu Russland gehörten. Sie bilden heute oft nahezu selbstständige Republiken innerhalb der Russischen Föderation, wie z.B. die Tatarische Republik mit ihrer Hauptstadt Kasan, deren orientalisch anmutende Bauten sich in den Fluten der Wolga spiegeln. Im Unterlauf fließt die Wolga durch eine Steppe; hier ist das Siedlungsgebiet des einzigen buddhistischen Volkes in Europa, der Kalmücken. Die Mündungsarme der Wolga gabeln sich zu einem großen **Delta**, das durch die mitgeführten Schwemmstoffe immer weiter ins Kaspische Meer hinauswächst: Die letzte Stadt am Strom, Astrachan, lag im 18. Jahrhundert noch direkt am Meer – heute 200 km von der Küste entfernt!

Konflikt zwischen Wirtschaft und Natur
Ein „Strom" im eigentlichen Wortsinn ist die Wolga heute nicht mehr – ihre Wassermassen sind zu einer wirtschaftlich genutzten **Ressource** geworden: Nach dem Zweiten Weltkrieg wurden acht riesige Staustufen angelegt - die so genannte Wolgakaskade -, die die Strömung des Flusses nahezu zum Stillstand gebracht haben. Die in den gleichzeitig errichteten Wasserkraftwerken gewonnene Energie half dabei, große Industriezentren aufzubauen und die moderne Zeit auch nach Russland zu bringen. Dafür opferte man Millionen Hektar fruchtbares Ackerland und unzählige uralte Dörfer.
Heute nehmen die ökologischen Probleme an der Wolga bedenkliche, fast katastrophale Ausmaße an: Insbesondere die Verschmutzung durch die giftigen Einleitungen der chemischen und Metall verarbeitenden Industrie gefährdet das Leben von Mensch und Tier ernsthaft. Besonders deutlich zeigt sich dies im Falle des Störfischfangs im Wolga-Delta: Drei Viertel der Laichplätze die-

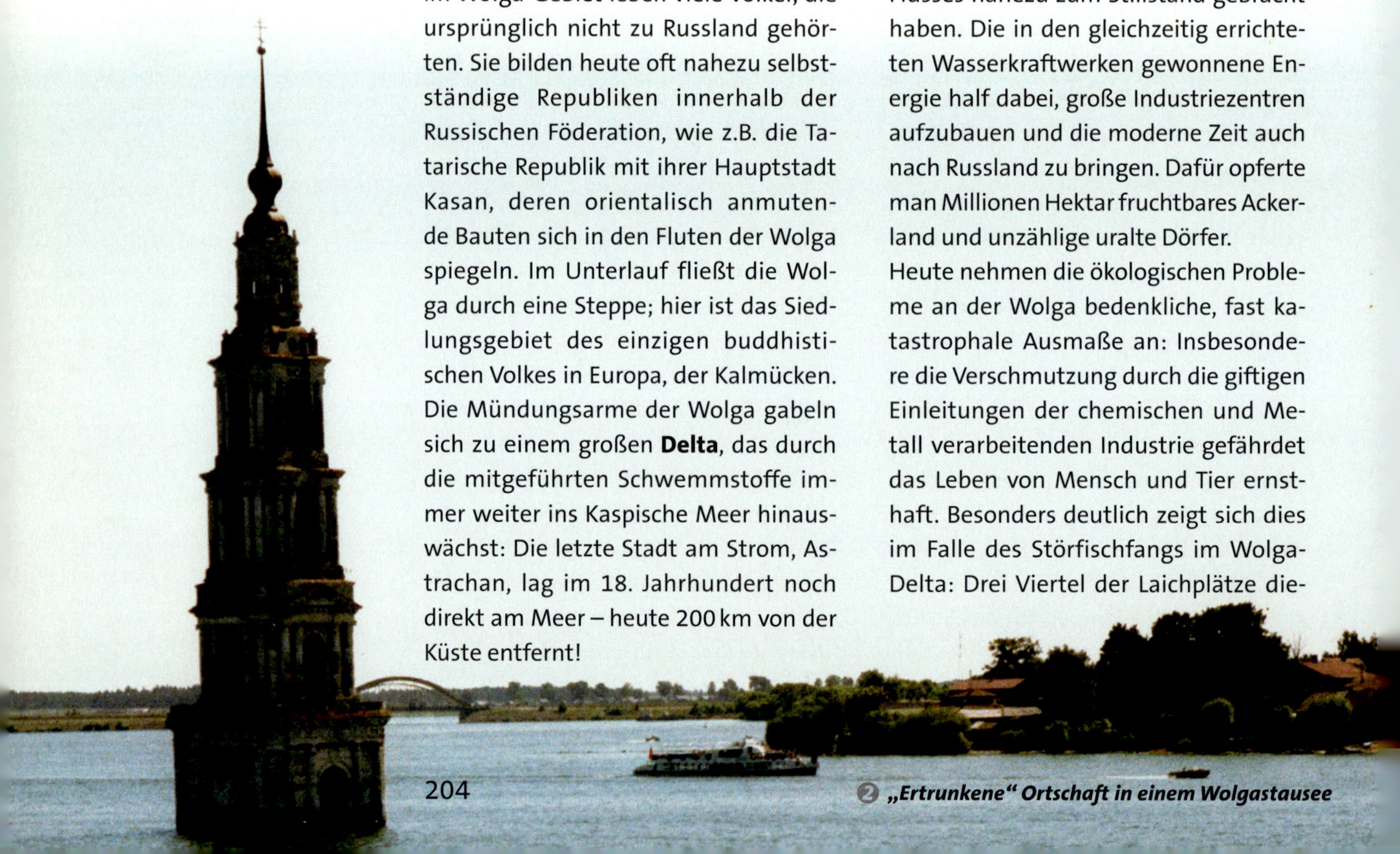

2 *„Ertrunkene" Ortschaft in einem Wolgastausee*

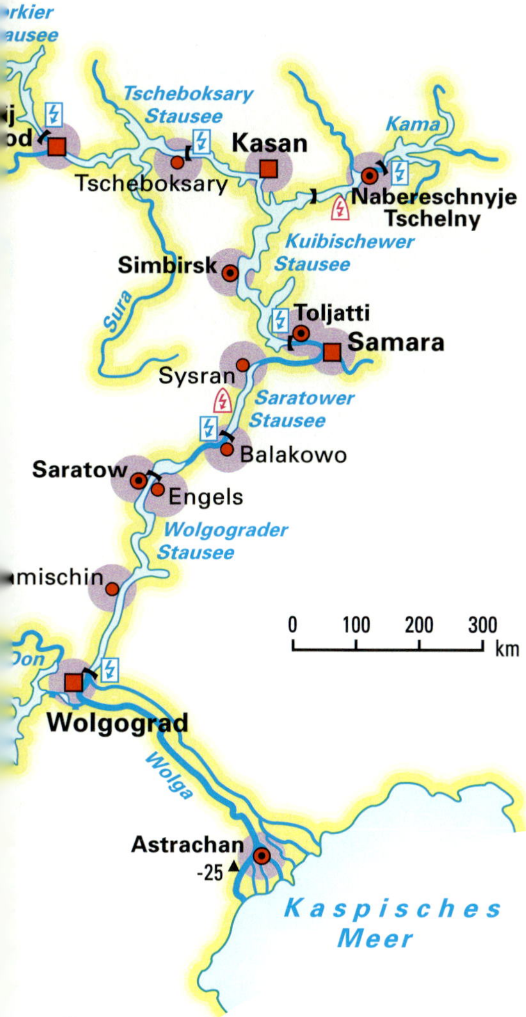

③

④ ***Wasserkraftwerk an der Wolga***

⑤ ***Störfischer im Wolgadelta***

ses Edelfisches, der den in aller Welt berühmten russischen Kaviar liefert, sind heute zerstört. Seit den 1990er-Jahren formiert sich immerhin eine zaghafte Ökologiebewegung: Sie will Skandale aufdecken, Umwelt und Natur in Einklang bringen und auch einen Weg zur schonenden, „nachhaltigen" Nutzung der wirtschaftlichen Ressourcen aufweisen. Darunter versteht man einen schonenden Umgang mit der Natur oder mit Bodenschätzen, um den nächsten Generationen eine lebenswerte Umwelt zu übergeben.

1 *Beschreibe, was ein Russe meint, wenn er sagt, die Wolga bedeute für ihn „Heimat".*

2 *Stelle mögliche Ziele eines nachhaltigen Umgangs mit der Ressource Wasser zusammen.*

1

2 *Großflächiger Getreideanbau in der Ukraine*

Felder so weit das Auge reicht

Die Ukraine
seit 1991 das zweitgrößte Land Europas. Die Farben Blau und Gelb in der Flagge versinnbildlichen den blauen Himmel über goldenen Weizenfeldern.

Nirgendwo in Europa gibt es so große Ackerflächen wie in der Ukraine. Ursprünglich dehnten sich dort endlose Steppen aus. Das russische Wort „stepj" bedeutet ebenes Grasland. Fast überall auf der Erde wurden Steppen zu Ackerland umgestaltet. Die Grundlage der Landwirtschaft ist hier die wertvolle **Schwarzerde**.

Schwarzerde – ein Geschenk der Natur
Schwarzerde ist ein lockerer, humusreicher Boden. Er kann gut Wasser speichern und Luft aufnehmen. Der Name geht auf die obere, bis zu 150 cm tiefe, schwarze Bodenschicht zurück. Die Schwarzerde entwickelte sich auf mächtigen Lössablagerungen. Durch die Trockenheit im Sommer verwelken Gräser und Kräuter. Das schnelle Absinken der Temperaturen im Herbst verzögert aber die weitere Zersetzung. So entsteht ein nährstoffreicher Humus, der sich im Verlaufe mehrerer Jahrtausende immer stärker anreichert. Günstig wirkt sich das intensive Bodenleben aus: Würmer und Käfer sorgen für die Durchmischung des Materials und tragen Pflanzenreste in Tiefen von über einem Meter.

→ *Löss, siehe Seite 58*

Die Erträge sinken
Jahrhundertelang galten die Steppen der Ukraine als Kornkammer Europas. Doch die Erträge sind in den letzten Jahren immer weiter zurückgegangen. Wie konnte das geschehen?

- Viele Ackerflächen sind nach jahrzehntelanger intensiver Nutzung unbrauchbar. Gewitterregen und Frühjahrsschmelzwasser spülen fruchtbaren Boden weg (Bodenerosion).
- Dort, wo sich das abfließende Wasser in Rinnen sammelt, entstehen bald Gräben und Schluchten. Keine Erntemaschine kann diese so genannten Owragi überqueren.
- An heißen, trockenen Sommertagen wirbeln heftige Stürme (Suchowej) die Ackerkrume auf und tragen diese fort. Über 10 % der landwirtschaftlichen Nutzfläche in der Ukraine ging so bereits verloren.
- Mit der Einführung der Marktwirtschaft nach 1992 stiegen die Preise für Maschinen, sodass sich viele Landwirtschaftsbetriebe verschuldeten und aufgeben mussten.

❸ **Produktion von Zuckerrüben und Weizen**
in Millionen Tonnen (1992 und 2000)

Zuckerrüben	Ukraine	Frankreich	Deutschland
1992	28,78	31,68	27,15
2000	13,18	31,45	25,22
Weizen			
1992	19,57	32,54	15,54
2000	10,16	37,55	21,63

❹ ***Bodenerosion***

Wege aus der Krise
Heute versuchen die ukrainischen Bauern die verheerenden Schäden an der Schwarzerde, ihrem wichtigsten „Bodenschatz“, durch besondere Maßnahmen wieder auszugleichen. Zu nennen ist hier insbesondere die Anlage so genannter Windschutzstreifen, das sind linienhaft angepflanzte Busch- und Strauchhecken, die die Windgeschwindigkeit am Boden abbremsen und so die fruchtbare Erde schützen sollen.
Doch ohnehin wird der europäische Markt wohl nie wieder auf so große Getreidemengen aus der Ukraine angewiesen sein wie einst die Sowjetunion. Der ukrainische Staat versucht ganz neue Wege zu beschreiten um das wirtschaftliche Überleben zu sichern.
Der Tourismus könnte in Zukunft eine wichtige Rolle spielen, denn die Ukraine besitzt besuchenswerte Orte (wie die uralte Hauptstadt Kiew, die Hafenstadt Odessa oder das ehemals österreichische Lwiw bzw. Lemberg) und wunderschöne Küsten am sonnigen Schwarzen Meer.

❺ ***Windschutzstreifen***

1 Nenne Gründe für die besondere Fruchtbarkeit der Schwarzerde.
2 Erläutere, welche Folgeschäden die intensive landwirtschaftliche Nutzung der Schwarzerdeböden verursacht und wie man diese vermeiden kann.
3 Suche die ukrainischen Städte Odessa, Jalta (auf der Krim-Halbinsel) und Lwiw (Lemberg) auf einer Atlaskarte und in einem Lexikon und begründe, warum sie für Touristen interessant sein könnten.

❻ ***Schwarzerde***

Ein Bodenprofil anlegen und auswerten

Ohne Boden gäbe es kaum Leben auf der Erde. In ihm wurzeln die Pflanzen, die Grundlage allen Lebens. Diese oberste, lockere Schicht der Erdoberfläche steckt voller Geheimnisse, die du selbst entdecken kannst.

Ein Baum soll gepflanzt werden, immer tiefer gräbt sich der Spaten in die Erde. Wie mit einem scharfen Messer geschnitten liegt der **Boden** frei. Auf den ersten Blick fallen verschiedene Bodenschichten auf – die Bodenhorizonte. Die Aufeinanderfolge dieser Schichten bezeichnet man als **Bodenprofil**. An dem uns nun offenliegenden Bodenprofil einer Braunerde können wir einiges beobachten.

Oben liegen Blätter, dann folgt eine dunkle feine Auflageschicht, der Humus: Unzählige Bakterien, Pilze, Würmer und Insekten zersetzen hier die Reste von Pflanzen und Tieren zu fruchtbarem organischen Material. Daher riecht diese Schicht sehr intensiv. Es folgt ein dunkelbrauner Horizont – der Oberboden mit kleinen Gesteinsteilchen, den Mineralen. Er heißt A-Horizont. Ganz unten befindet sich das Ausgangsgestein, der C-Horizont. Die Steine verwittern langsam, z. B. durch eindringendes Wasser, das im Winter gefriert, sich ausdehnt und so das Gestein zerkleinert. Dazwischen hat sich der B-Horizont gebildet: Dieser Unterboden enthält Gesteinsmineralreste aus dem C-Horizont sowie Humusteilchen und Nährstoffe, die von oben ausgewaschen werden und sich hier ablagern. Deshalb reichen bis hierhin auch die Pflanzenwurzeln herab.

An der Bodenbildung sind viele Faktoren beteiligt: Ausgangsgestein, Klima, Pflanzen und Tiere. Weicher Schiefer oder Tonstein verwittern z. B. schneller als harter Granit, Wärme beschleunigt Zersetzung. Auch die Lebewesen haben einen wichtigen Anteil. Zuerst siedeln Algen und Moose auf einem Stein, dann kommen Pflanzen mit immer tiefer reichenden Wurzeln hinzu, nachdem die Verwitterung Spalten im Gestein geschaffen hat, in die sie eindringen können. Wenn alle Faktoren ähnlich sind, bilden sich vergleichbare **Bodentypen** mit charakteristischen Bodenprofilen aus.

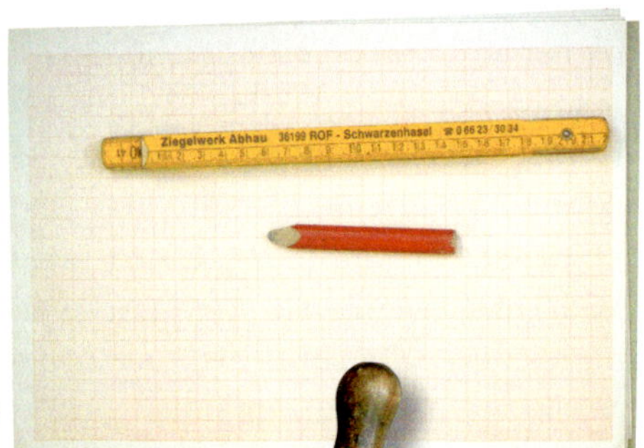

1

Bodenprofil anlegen und auswerten:

1. Schritt: Vorbereitung

Findet euch in Kleingruppen zusammen. Legt Zeitpunkt und Ort der Untersuchung fest und holt die Genehmigung des Grundstückseigentümers ein. Außerdem benötigt jede Gruppe einen Spaten, einen Zollstock, Lineal, Papier und Stifte.

2. Schritt: Profil anlegen

Grabt mit dem Spaten ein ca. 40 cm tiefes Loch in die Erde. Begradigt eine Seite der Grube mit dem Spaten und legt den Zollstock an das Profil.

3. Schritt: Profil auswerten

Achtet im Bodenprofil auf Änderungen der Bodenfarbe und Bodeneigenschaften. Diese Änderungen zeigen die Grenzen der einzelnen Bodenhorizonte an. Messt die Mächtigkeit der einzelnen Bodenhorizonte (in cm), bestimmt jeweils Bodenfarbe, Bodenzusammensetzung, das Vorkommen von Pflanzenwurzeln und Bodentieren. Notiert anschließend eure Ergebnisse.

4. Schritt: Profil zeichnen

Übertragt die Grenzen der Bodenhorizonte maßstabsgerecht (z. B. im Maßstab 1:2 oder 1:4) auf Papier. Beschriftet die Horizonte und legt zu jedem Bodenhorizont eine Legende mit den jeweiligen Bodeneigenschaften an.

1 Beschreibe das Bodenprofil der Schwarzerde (siehe Seite 207) und vergleiche es mit der hier vorgestellten Braunerde.

2 Legt ein Bodenprofil in eurem Heimatraum an und wertet es aus.

2

3

in cm	Bodenhorizont	Bodeneigenschaften: Farbe	Zusammensetzung	Pflanzenwurzeln	Bodentiere
31 – 30 – 27,5	Auflage-schicht	schwarzbraun	Humus	sehr viele	Regenwürmer, Käfer
27,5 – 24,5	A	dunkelbraun	feinkörnig	sehr viele	vereinzelt Regenwürmer
24,5 – 20 – 12,5	B	rotbraun	feinkörnig, einzelne kleine Steine	vereinzelt	vereinzelt Regenwürmer
12,5 – 10 – 0	C	gelbbraun	steinig	keine	keine

4

1

2

Wichtige Begriffe:
Delta
Ressource
Schwarzerde

1 Landschaften gesucht

Die Fotos 1 und 2 zeigen Landschaften aus Osteuropa. Bestimme mithilfe des Atlas, wo die Fotos aufgenommen wurden.

2 Flusskreuzfahrt

Mache mithilfe des Atlas eine Flusskreuzfahrt auf der Wolga und benenne flussabwärts:

a) jeweils eine Stadt, die mit J, N, K, S, W, A beginnt

b) jeweils einen Nebenfluss, der mit O und K beginnt

3 Silbenrätsel

mü – kal – sen – ta – rus – ta – cken – ren

Welche drei Völker, die an der Wolga leben, verstecken sich in den Silben?

4 Findest du die Begriffe?

a) Ein dunkler und sehr fruchtbarer Boden, der sich auf Lössablagerungen entwickelt hat.

b) Ein Fluss lagert im Mündungsbereich sein mitgeführtes Material ab, sodass hier immer neues Land entsteht.

c) So bezeichnet man die nutzbaren Rohstoff- und Einnahmequellen eines Landes.

d) Die oberste, lockere Schicht der Erdoberfläche, in der sich die Pflanzen mit ihren Wurzeln verankern und daraus Nährstoffe beziehen.

e) Eine Bezeichnung für Böden mit ähnlichen Merkmalen.

f) Die Abfolge verschiedener Bodenschichten.

5 Richtig oder falsch?

Welche Aussagen sind richtig (r), welche falsch (f)? Die zu den korrekten Lösungen gehörenden Buchstaben ergeben hintereinander gelesen eine für den längsten Strom Europas, die Wolga, typische Erscheinung.

a) In der Ukraine gibt es die größten zusammenhängenden Ackerbaugebiete ganz Europas. (r: S/ f: T)

b) Die Entstehung der außerordentlich fruchtbaren Schwarzerde hängt mit den Besonderheiten des Steppenklimas zusammen. (r: T/f: A)

c) Der intensive Ackerbau in der Ukraine hat bereits zu großen Umweltschäden geführt. (r: A/f: N)

d) Wer in der Ukraine nicht in der Landwirtschaft arbeiten möchte, findet schnell einen Arbeitsplatz im Bergbau oder in der Industrie. (r: K/f: U)

e) Die Wolga ist heute noch ein weitgehend naturbelassener Fluss. (r: E/f: S)

f) Für eine nachhaltige Nutzung der Wolga als natürlicher Ressource müssten die Konflikte zwischen Wirtschaft und Umweltschutz ausgeglichen werden. (r: E/f: R)

g) Deutschland als Einkäufer von russischem Erdöl braucht sich um den Zustand der dortigen Förder- und Transportanlagen (z.B. Pipelines) keine Sorgen zu machen. (r: M/f: E)

6 Außenseiter gesucht

Einer der vier Begriffe gehört nicht zu den anderen drei. Welcher? Begründe!

a) Ukraine – Russland – Spanien – Weißrussland

b) Dnipro – Donbass – Wolga – Don

c) Eisenerz – Kohle – Erdöl – Getreide

7 Bilderrätsel

Welcher Begriff ist dargestellt? Erkläre den Begriff.

8 Füge die Wortteile zusammen:

SCHWARZ – WIRTSCHAFTS – ERD – ERD – WASSER – STOFF – KRAFTWERK – GAS – RAUM – ÖL – STOFFE – ROH – STUFEN – STAU – ERDE – PROFIL – NÄHR – BODEN

Teste dich selbst

mit den Aufgaben 2a, 4b und 5

Europa – Wirtschaft

„Nichts ist so beständig wie die Veränderung“: Dieses Sprichwort gilt für Wirtschaftsräume in besonderem Maße. Um im internationalen Wettbewerb bestehen zu können, müssen die europäischen Regionen auf die sich wandelnden Anforderungen des Marktes reagieren.

im Wandel

12

1 

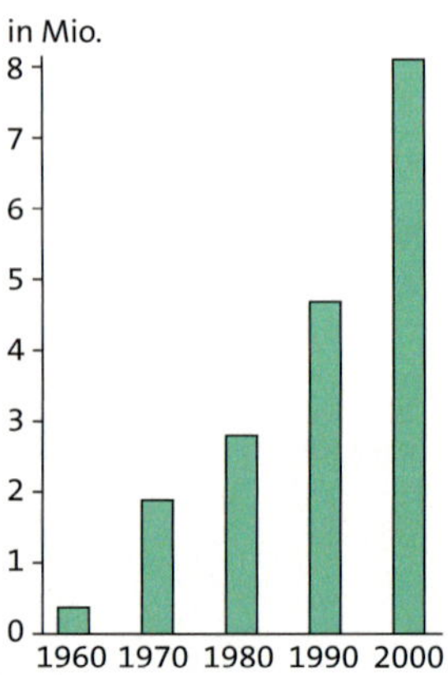

2 ***Einreisen von ausländischenTouristen 1960–2000***
(2003: 8,1 Mio.)

3 ***Touristen im Jahresverlauf 2003 (in Tausend)***

Januar	*151*
Februar	*199*
März	*320*
April	*579*
Mai	*828*
Juni	*863*
Juli	*1142*
August	*1201*
September	*909*
Oktober	*632*
November	*156*
Dezember	*179*
Gesamt	***7159***

4 ***Touristeninsel Mallorca***

Tourismus auf Mallorca

Seit den 1960er Jahren locken günstige Pauschalangebote immer mehr Touristen auf die spanische Insel Mallorca. Doch der **Massentourismus** hat auch seine Schattenseiten. Daher wird versucht, bessere Angebote für den **Individualtourismus** zu machen.

5 **Vertreter der Inselregierung**: Unsere Landschaft hat sich durch jahrzehntelange Bebauung verändert. Manche Küstenabschnitte sind völlig zugebaut. Die Touristen bringen Arbeitsplätze und sind unsere wichtigste Einnahmequelle. Sie verursachen aber auch Kosten für den Bau neuer Straßen, den Ausbau des Flughafens, der Kläranlagen und der Müllentsorgung. Eigentlich müssten wir nur unsere 630.000 Einwohner versorgen. Wir möchten lieber weniger, dafür aber qualitätsbewusstere Touristen.

6 **Umweltexperte:** Die Grenzen der Belastbarkeit sind erreicht. Es gibt zu viele Autos und immer wieder Stau. Es wird sogar über eine Autobahn diskutiert. Die Müllmenge pro Kopf ist doppelt so hoch wie auf dem Festland. Trotzdem werden noch neue Feriensiedlungen geplant.

7 **Reisebüroinhaber**: Wir erwarten deutliche Veränderungen im Tourismus. Natürlich wird der Urlaub am Mittelmeer vor allem Badeurlaub sein. Aber es gibt viele andere Möglichkeiten: Wandern, Golf, Reiten, Segeln und Kurse z. B. für Malen und Töpfern. Gefragt ist auch der Wellnessurlaub. So wollen wir nicht nur zur Hauptsaison im Sommer, sondern auch in der Nebensaison im Winter attraktiven Urlaub anbieten.

8 **Landwirt**: Unser größtes Problem ist das Wasser. Ohne Bewässerung können wir z. B. kein Gemüse anbauen. Doch die Swimmingpools und Hotels verbrauchen so viel, dass das in Stauseen gesammelte Wasser und das Grundwasser nicht ausreichen.

9 ***Uferabschnitt am Hotel Atlantic 1980***

11 ***Der gleiche Uferabschnitt 2004***

10 **Calviá geht neue Wege**

„Wir gehen andere, neue Wege! Unser ehrgeiziges Ziel ist unser Stadtbild zu sanieren und die Bausünden und Fehler aus dem Boom des Massentourismus in den 1980er Jahren zu beseitigen“, sagt der Bürgermeister der Gemeinde.

„Hier in Calviá setzen wir auf eine nachhaltige Entwicklung im Rahmen der lokalen Agenda 21. Die Gemeinde hat seit 1993 mehr als 30 Projekte in Angriff genommen, wie z. B. den Kauf und Abriss von Hotels an der vordersten Küstenlinie. Ein Beispiel ist das Hotel Atlantic, das direkt am Sandstrand stand und 1996 gesprengt wurde. Die freie Fläche gehört heute zur Grünzone. Wir kaufen auch Grundstücke an, um eine Bebauung zu verhindern. Die Ziele, die wir als Gemeinde verfolgen, sind vor allem Maßnahmen zur Erholung und Bewahrung der Natur zu Land und im Meer sowie die Verbesserung der Lebensqualität für die Bewohner, z.B. durch das Anlegen von Fuß- und Radwegen und den Ausbau des öffentlichen Nahverkehrs. Unser neues Projekt ist der Schutz der Seegraswiesen vor der Küste, die durch das häufige Ankern der Privatboote aber auch durch Wasserverschmutzung zerstört werden. Die Qualität der Strände und des Wassers konnten wir bereits verbessern unter anderem durch den Bau der neuen Kläranlage. So erhielt Calviá im Jahr 2003 acht blaue Fähnchen für die gute Qualität des Wassers und der Strände. Die Auszeichnung erhielten wir durch die FEE (Foundation of Environmental Education), die Europäische Stiftung für Umwelterziehung. Darauf sind wir stolz.“

12 ***Blaue Flagge der FEE***

Surftipp

www.calvia.com

1 *a) Erstelle eine Liste über die Schattenseiten des Tourismus auf Mallorca.*

b) Stelle dieser Liste in einer zweiten Spalte gegenüber, was die Gemeinde Calviá geändert hat.

2 *Werte die Tabelle 3 aus. Begründe den Unterschied zwischen Hauptsaison und Nebensaison.*

3 *Überlege, wie die Inselregierung die Anzahl der Touristen beeinflussen könnte.*

① *Furchenbewässerung*

② *Sprinklerberegnung*

③ *Tropfbewässerung*

Wasserverlust bei verschiedenen Bewässerungsarten
Furchenbewässerung:
50–80 % Verlust
Sprinkler-Beregnung:
20–40 % Verlust
Tropfbewässerung:
10–20 % Verlust

④ *Der Tajo-Segura-Bewässerungskanal*

Bewässerung in Spanien

An den Ostküsten und Südküsten Spaniens liegen fruchtbare Ebenen, in denen seit alters her eine große Vielzahl an Nutzpflanzen angebaut wird. Die ersten, die hier bereits im Mittelalter Fruchtgärten anlegten und kultivierten, waren die Araber (Mauren), die zu jener Zeit große Teile der Iberischen Halbinsel beherrschten. Die Spanier nennen solch ein Gebiet Huerta, das heißt einfach Garten.

Ohne Wasser geht es nicht!

In den Huertas werden vor allem Zitrusfrüchte wie Orangen oder Zitronen kultiviert. Die Heimat dieser Zitruspflanzen ist Ostasien, wo zwar ähnliche Temperaturen wie im Mittelmeerraum herrschen, die Niederschläge jedoch vor allem im Sommer fallen. Damit die Zitrusfrüchte reifen, benötigen sie also sommerliche Wärme und gleichzeitig ausreichend Wasser – ein großes Problem im sommertrockenen Südspanien!

Das Wasserproblem stellt sich auch beim Gemüseanbau: Zwar sind die Temperaturen über das Jahr so günstig, dass die Bauern mehrere Gemüseernten einbringen können, doch reicht der natürliche Niederschlag für das Pflanzenwachstum nicht aus. Deswegen müssen sie die Pflanzen zur trockenen Jahreszeit bewässern (**Bewässerungsfeldbau**). Die Huertanos (Bauern) leiten dazu Wasser über ein weit verzweigtes Kanalnetz auf die Felder. Sie entnehmen es aus Brunnen oder Flüssen. Da diese in den Trockenmonaten selbst kaum Wasser führen, legte man riesige Stauseen am Oberlauf der Flüsse an. In ihnen werden die Niederschläge des Winterhalbjahres gespeichert.

Bewässerungstechniken

Insbesondere zwei Schwierigkeiten müssen die Huertanos bei der Bewässerung meistern: die Verluste des wertvollen Wassers und die Bodenversalzung.

Da bei der traditionellen **Furchenbewässerung** viel Wasser durch Versickern und Verdunsten verloren geht, werden die Felder heutzutage meist mit Sprinklern beregnet. Wenn es sich die Bauern leisten können, wird die technisch aufwän-

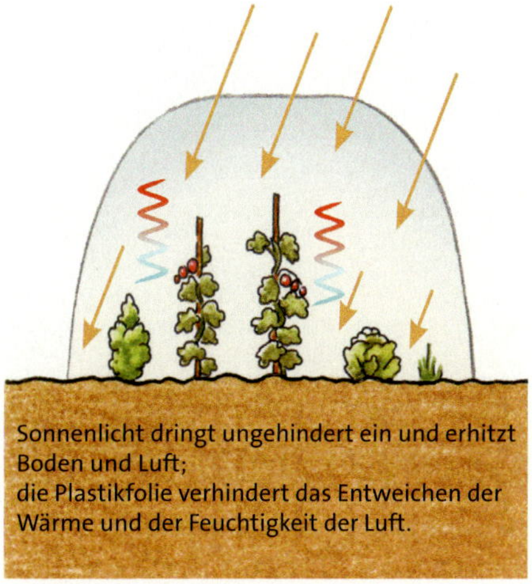

5 ***Unbeheiztes Plastikhaus***

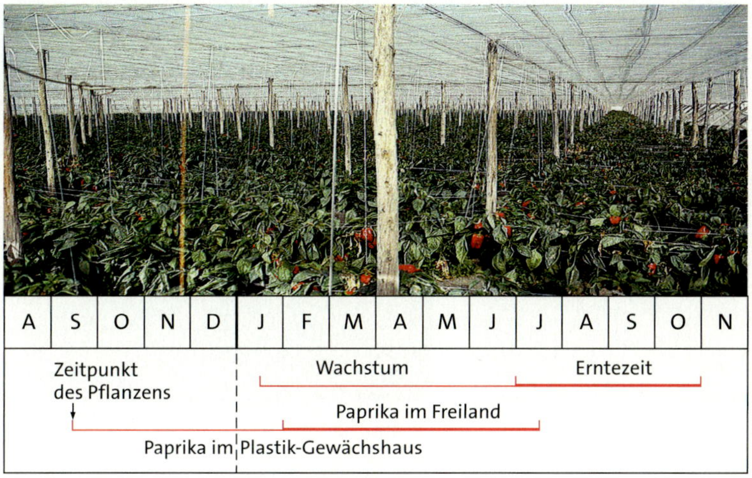

6 ***Anbau von Paprika im Plastikgewächshaus***

dige, aber sparsame **Tropfbewässerung** eingesetzt. Das Wasser tritt in dosierter Menge aus kleinen Öffnungen an Plastikschläuchen aus, die an den Pflanzen vorbei verlegt werden. Dünger und Pflanzenschutzmittel kann man dem Wasser gezielt beimischen. Gibt man den Pflanzen genau die benötigte Wassermenge, sinkt die Gefahr der Versalzung.

Wärme halten und Wasser sparen

Weite Teile des Anbaulandes der Huertas sind im Herbst und Winter mit Plastikgewächshäusern bedeckt. Die Bauern können dadurch den milden Winter an der spanischen Mittelmeerküste besser nutzen. Die Sonne liefert ihnen in Verbindung mit den Plastikfolien eine „Heizung zum Nulltarif". Die Gefahr eines Schädlingsbefalls wird durch hohe Gaben von Pflanzenschutzmitteln (Pestiziden) verringert. So produzieren die Bauern preisgünstiger als ihre Konkurrenten in anderen Teilen Europas. Sie können aber auch ihre Produkte früher auf den Markt bringen und erzielen dadurch vor allem in Mittel- und Nordeuropa bessere Preise.

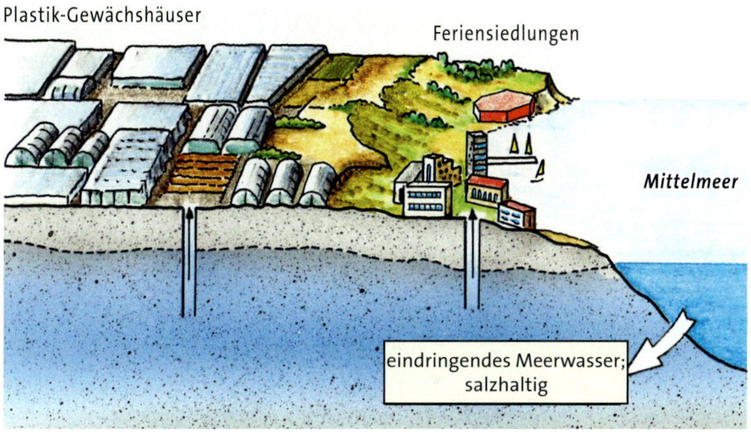

7 ***„Plastikküste"***

1 *Erkläre, warum Sonne und Wärme für die südspanische Landwirtschaft sowohl Segen als auch Gefahr darstellen.*

2 *Stelle in einer Tabelle die unterschiedlichen Bewässerungstechniken mit ihren Merkmalen zusammen und notiere mögliche Auswirkungen auf die Umwelt.*

3 *Diskutiert, warum die spanischen Bauern mit großem Aufwand (Bewässerung, Folien, Einsatz von Pflanzenschutzmitteln) für ihre Gemüse- und Obsternten sorgen und dabei sogar Umweltschäden und Pestizid-Rückstände in Kauf nehmen.*

1 *Getreidefelder in der Picardie*

2 *Weinanbau im Elsaß*

4 *Viehwirtschaft in der Normandie*

Frankreich – Landwirtschaft und Spitzentechnik

Käse aus der Normandie, Mineralwasser aus den Vogesen, Schafskäse aus der Auvergne, Feingebäck aus der Ile de France, Lavendel aus der Provence, unzählige Weinsorten aus vielen Teilen des Landes bis hin zum Champagner und zahllose andere Produkte stehen für die außerordentliche Leistungsfähigkeit der französischen Landwirtschaft. Der Grund dafür: Es gibt kaum ein zweites Land in Europa mit einer solchen Vielfalt des Klimas und der Böden. Meist sind die Betriebe groß und ermöglichen ein hohes Betriebseinkommen.

Dazu kommt die lange kulturelle Tradition der Landwirtschaft – die Franzosen schauen nicht verächtlich auf die „campagne“, das platte Land, herab, sondern sind stolz darauf, dass ihre Bauern Jahr für Jahr enorme Überschüsse produzieren und dass die Erzeugnisse mit dem Gütesiegel „Fabriqué en France“ überall auf der Welt beliebt und begehrt sind. Auch in der EU üben die französischen Politiker deshalb einen besonders großen Einfluss aus – fast nichts kann geschehen, was gegen die Interessen der französischen Bauern verstößt.

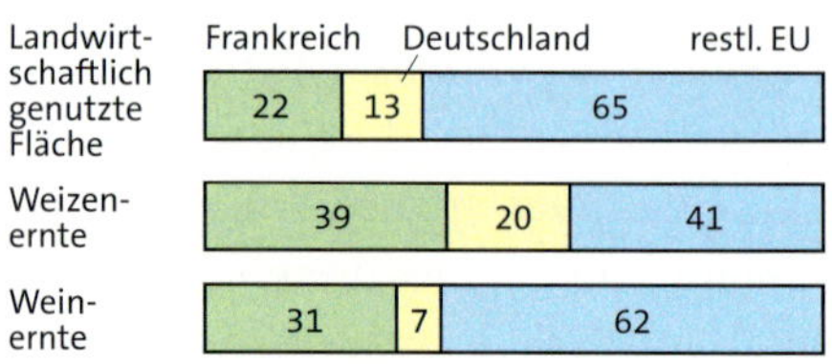

3 *Stellung Frankreichs in der EU-Landwirtschaft*

Technologischer Vorreiter

Im selben Maße wie für ihre schönen Landschaften begeistern sich die Franzosen jedoch auch für den technischen Fortschritt, neue Architektur und einen modernen Lebensstil. Deswegen besitzt Frankreich heute in Europa zugleich eine Vorreiterrolle in der Erprobung und Einführung neuer Technologien.

Seit den 1960er-Jahren hat die Politik die Modernisierung der Industrie mit großen Entwicklungsprogrammen konsequent vorangetrieben, z.B. durch die Förderung von zahlreichen Forschungs- und Produktionszentren, den „Technopoles“. Heute nehmen französische

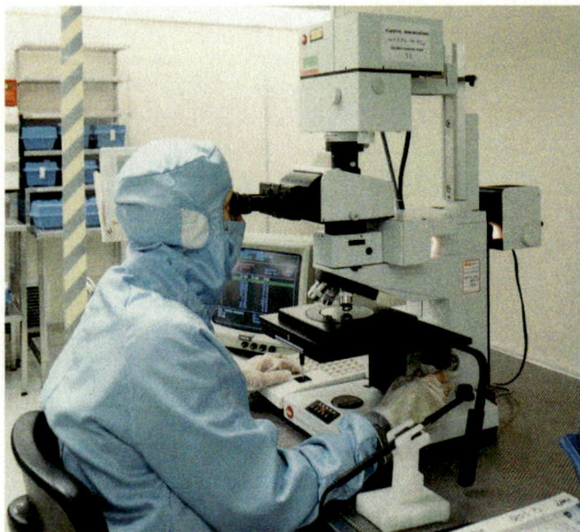

⑤ ***Spitzenforschung – in einem Labor***

⑥ ***Spitzentechnik – Hochgeschwindigkeitszug TGV***

Konzerne etwa im Bereich der Elektronik, Telekommunikation, Kernenergie, Luft- und Raumfahrt oder Pharmazie Spitzenstellungen in der Weltwirtschaft ein.

Ein besonderes Vorzeigeprojekt ist die Entwicklung des Eisenbahn-Hochgeschwindigkeitsnetzes: Mit dem TGV (Train à grande vitesse) erreicht man von Paris aus fast alle großen Zentren des Landes in weniger als drei Stunden – und die Strecken werden noch weiter und für immer schnellere Züge ausgebaut (mit solch überzeugenden Leistungen kann der deutsche ICE nicht mithalten).

Besonders spektakulär war 1994 die Einweihung des Eurotunnels zwischen Frankreich und Großbritannien. Und so ist es kein Wunder, dass auch Produkte der französischen Hochtechnologie ein Exportschlager in aller Welt sind, ganz genau so wie Käse und Wein.

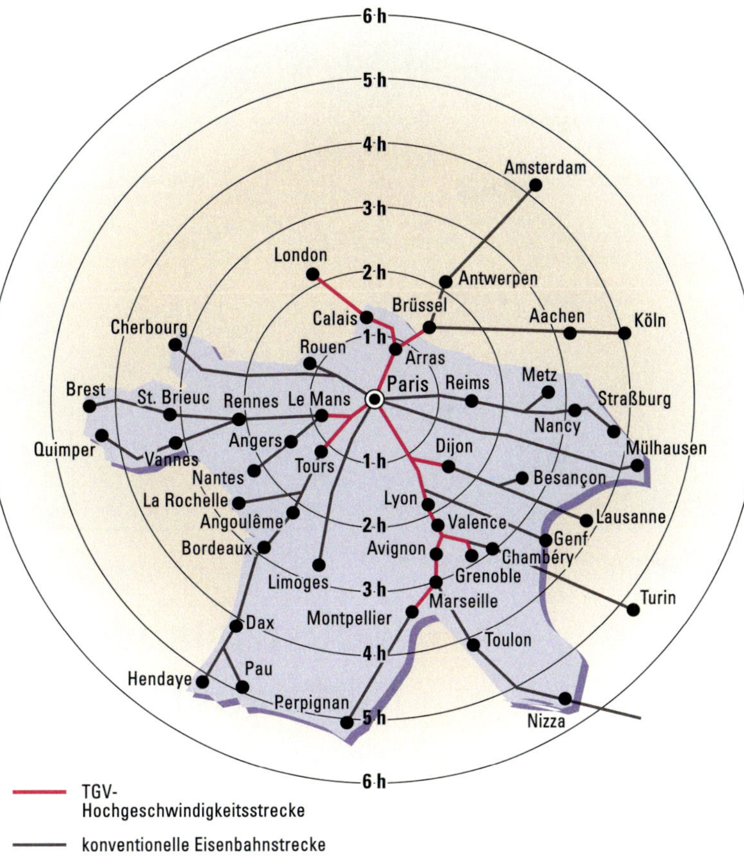

⑦ ***Reisezeiten im französichen Eisenbahnnetz***

1 Nenne die besonderen Merkmale der französischen Landwirtschaft.

2 Erläutere, warum in Frankreich „Tradition“ und „Fortschritt“ kein Widerspruch sind.

3 Schaue dich in einem Supermarkt nach Produkten aus Frankreich um. Notiere dir die Herkunftsregion, suche sie im Atlas und trage sie in einer Kartenskizze ein.

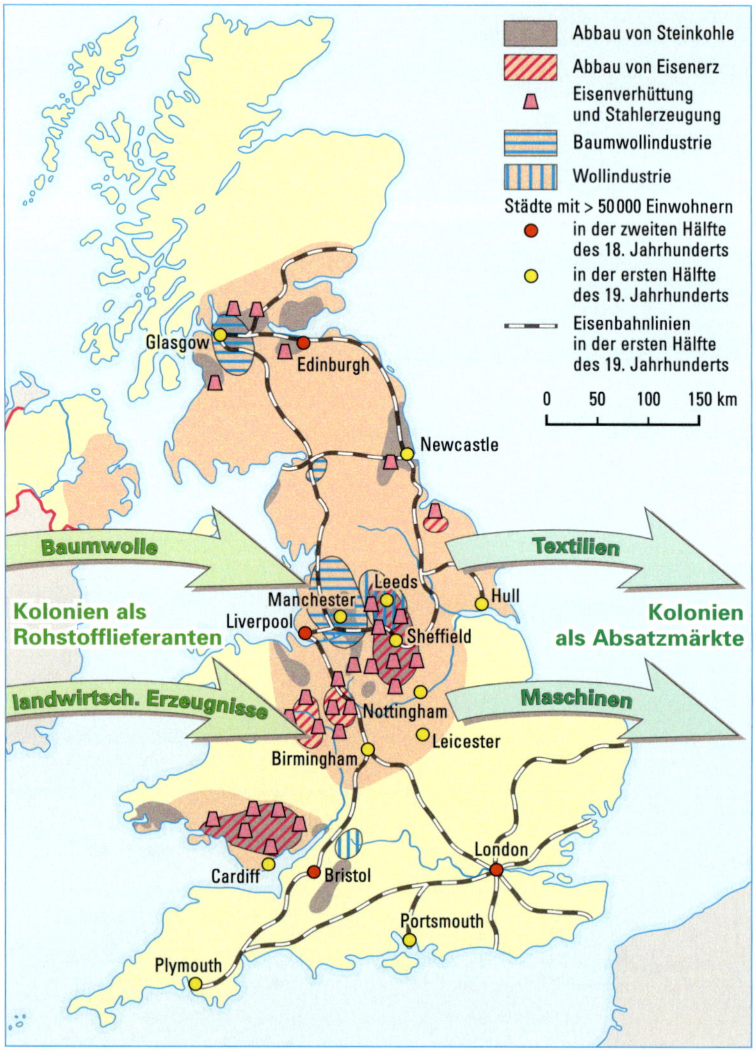

❶ *Frühe Industrie in Großbritannien*

❷ *Industriearbeitersiedlungen*

Industrielandschaft Mittelengland

Mutterland der Industrie

Großbritannien ist das älteste Industrieland der Erde. Nach 1750 entstanden die ersten Fabriken mit ihren großen Maschinenhallen. Eine der wichtigsten Erfindungen war die Dampfmaschine. Mit ihrer Hilfe konnte man die anderen Maschinen antreiben und die ersten Lokomotiven bauen.

Weil man für die Dampfmaschine Kohle benötigte, errichtete man die ersten Fabriken dort, wo Kohle abgebaut oder gut hintransportiert werden konnte. Dies war vor allem in Mittelengland („Midlands") um die Städte Birmingham, Sheffield sowie Leeds der Fall. Hier entwickelte sich eine große Textilindustrie. Sie verarbeitete einheimische Schafwolle oder Baumwolle aus den englischen Kolonien, die über den Hafen von Liverpool eingeführt wurde.
Schnell produzierte man mehr, als man selbst verbrauchen konnte; um 1800 gingen daher bereits zwei Drittel der Garne und Tuche in den Export. Noch bis ins 20. Jahrhundert hinein beherrschte Großbritannien mit seinen industriell gefertigten Waren und Schiffen den Welthandel. Die Midlands bildeten das Herz der britischen Industrienation.

❸ ***Liverpooler Docks nach der Sanierung***

Dienstleistung und Forschung statt Industrie

Etwa seit den 1970er-Jahren hat sich dieses Bild der britischen Industrie vollständig gewandelt: Die Zahl der Arbeitsplätze im verarbeitenden Gewerbe ging rapide zurück. Der größte Teil der Zechen, Stahlwerke, Werften und Fabriken wurde geschlossen. Diese Entwicklung konnten auch erbitterte Streiks der Betroffenen nicht aufhalten. Gleichzeitig entstanden neue Arbeitsplätze in einigen modernen Industrien (z. B. Computer, Pharmazie, Biotechnologie) und vor allem im Dienstleistungssektor. Dieser Strukturwandel setzt sich bis heute fort: Nur noch 13 % der britischen Beschäftigten stammen aus dem verarbeitenden Gewerbe.

Insgesamt steht die britische Wirtschaft heute jedoch besser da als zuvor. Allerdings sind Wachstum und Wohlstand regional unterschiedlich verteilt: Während im Süden der Insel – natürlich in und um die Hauptstadt London – der Motor der Wirtschaft brummt und dort Manager, Banker, Anwälte einige der höchsten Gehälter weltweit verdienen, haben die Midlands durch den Niedergang von Stahl-, Schiffbau- und Textilindustrie ihre Bedeutung als industrielles Herz eingebüßt.

Erst in jüngster Zeit gibt es einige, auch staatlich geförderte Projekte um das Überleben dieser Region zu sichern, z. B. die Umwandlung der Docklands in Liverpool zu Kulturzentren, den modernen Städtebau in Birmingham oder die Ansiedlung von High-Tech-Industrien in Manchester.

Wie auch in anderen Staaten Westeuropas ist es heute die Regel, dass nur Forschung und Entwicklung sowie die Fertigung hochwertiger Einzelteile im Lande verbleiben. Der größere Teil des Fertigungsprozesses, für den viele niedrig bezahle Arbeitskräfte benötigt werden, wird ins Ausland verlagert (z. B. nach Ostasien). Und so wird Mittelengland nie wieder eine echte „Industrielandschaft" werden.

1 *Fasse den Weg der britischen Industrie zur Dienstleistungswirtschaft zusammen; erwähne dabei wichtige Jahreszahlen.*

2 *Nenne Gründe, warum auch der Trend zur Dienstleistungswirtschaft nicht verhindern kann, dass einzelne Regionen eines Industriestaates in der Entwicklung zurückbleiben.*

3 *Wie ist die Verlagerung von Arbeitsplätzen ins Ausland zu bewerten? Diskutiert darüber.*

News from Great Britain

Jedes Jahr wächst die Leistung der britischen Wirtschaft im Schnitt um 2,3 %.

Die Arbeitslosenquote liegt seit Jahren um niedrige 5,0 %.

In den letzten Jahren sind 500 000 Arbeitsplätze im verarbeitenden Gewerbe weggefallen, aber die allgemeine Beschäftigtenzahl ist um 1,8 Millionen gestiegen.

Großbritannien zählt rd. 60 Millionen Einwohner, die 63,9 Millionen Kreditkarten besitzen (Deutschland 2,3 Millionen). Die Briten sind dafür bekannt, kaum zu sparen; verdientes Geld wird schnell und mit Lust wieder ausgegeben.

❹

1

2 *Schwerindustrie in Nowa Huta*

Polens industrielles Zentrum

Zeitleiste

- *seit dem 12. Jahrhundert Abbau von Silber und Blei*
- *1788 erste Dampfmaschine auf dem Kontinent in Tarnowiec (Tarnowitz) im Einsatz*
- *1796/1802 die ersten Steinkohlehochöfen auf dem Kontinent in Gliwice (Gleiwitz)*
- *1921/22 Teilung Oberschlesiens in deutschen und polnischen Teil*
- *1945 ganz Oberschlesien gehört zu Polen*
- *ab 1948 Ausbau der Schwerindustrie*
- *ab 1989 Krise und Strukturwandel des GOP*

3 **Miroslav Kowalski berichtet:**
„Ein Jahr hab' ich noch zu schuften und hab' nun 31 Jahre harte Knochenarbeit unter Tage hinter mir.
1949 verließ ich mein Dorf in der Nähe von Tarnobrzeg im Südosten Polens. Wir waren fünf Kinder und der kleine Bauernhof meiner Eltern reichte nicht für uns alle als Lebensgrundlage. Mit meiner Frau bin ich dann hierher nach Katowice (Kattowitz) gekommen. Die Arbeit als Bergmann war in Polen sehr gefragt. Es wurden hohe Löhne bezahlt, aber es ist eine elende Schinderei, bei der heißen Grubenluft Kohle zu fördern."

Der Beruf des Bergmanns hat bei den Kowalskis Tradition. Beide Söhne arbeiten heute in den Zechen des Rybniker Steinkohlereviers. Hier wird hochwertige Steinkohle für die Eisenverhüttung und den Export gefördert.
Das Oberschlesische Industriegebiet, die polnische Bezeichnung hierfür ist gornolaski okreg przernyslowy (GOP), ist die bedeutendste Industrieregion Polens. Es ist ein Zentrum der Schwerindustrie und des Steinkohlebergbaus.

Große Staatsbetriebe entstehen
Nach 1950 baute die kommunistische Regierung die Schwerindustrie aus. In großen Staatsbetrieben sollten wichtige Grundstoffe wie Stahl, Kupfer und Blei hergestellt werden. Starre Vorgaben der Regierung legten Preis und Menge der produzierten Güter fest (**Planwirtschaft**). Die Betriebe hatten somit keine Konkurrenz auf dem Weltmarkt zu fürchten. Daher fehlte ein wichtiger Anreiz in die Entwicklung neuer Technolo-

Revolutionäre Kohle im GOP

Im GOP wurde ein neues Kohleprodukt entwickelt. Die Ecocoal, es handelt sich dabei um chemisch veränderte Steinkohle, hat einen höheren Brennwert als die herkömmliche Steinkohle und schont dabei auch noch die Umwelt. Beispielsweise konnte die Schadstoffbelastung durch Schwefelgase wesentlich verringert werden. Ökologen setzen große Hoffnungen in diesen neuen Energielieferanten.

4

Opel baut neues Werk in Gliwice

Der Automobilhersteller Opel wird in Gliwice ein neues Werk in Betrieb nehmen. Die niedrigen Lohnkosten und die Nähe zu den Absatzmärkten Mitteleuropas waren für die Entscheidung des Konzerns ausschlaggebend. Durch diese Investition werden bis zum Jahr 1998 2000 neue Arbeitsplätze entstehen. Damit trägt die Standortentscheidung von Opel wesentlich zur wirtschaftlichen Belebung der Region bei. Auch Polens Weg zur EU-Mitgliedschaft wird dadurch geebnet.

5

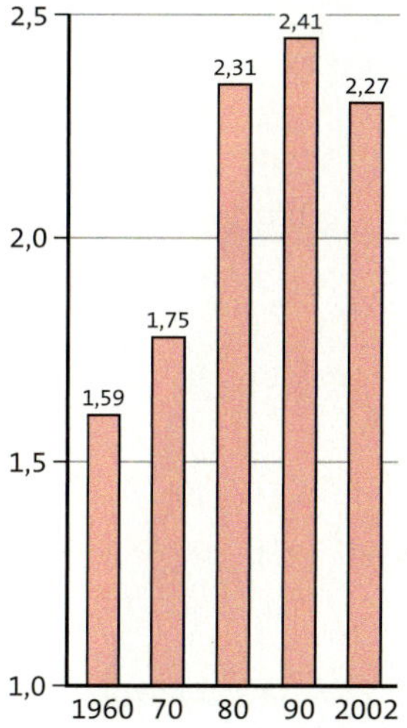

6 ***Bevölkerung im GOP in Mio.***

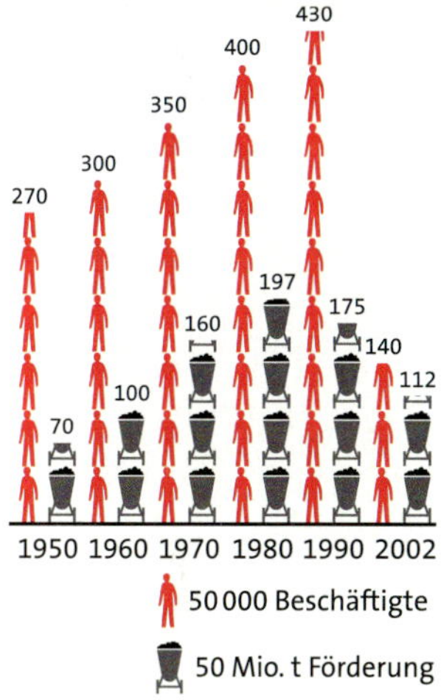

7 ***Entwicklung der Beschäftigten*** *im Steinkohlebergbau (in 1 000) und der Steinkohleförderung (in Mio. Tonnen)*

gien zu investieren und die Produktionsanlagen zu modernisieren.

Lange Zeit wurde kaum Rücksicht auf die Umwelt genommen. Die großen Kohlekraftwerke und die Betriebe der Metallverhüttung arbeiteten meist ohne Filteranlagen. So bezeichnet die polnische Regierung das GOP noch immer als „ökologisches Katastrophengebiet".

Die Öffnung Polens zum Weltmarkt

Nach 1989, der Öffnung Polens zum Westen, zeigte sich, dass Kohle und Stahlprodukte auf dem Weltmarkt nicht konkurrenzfähig waren. Die Betriebe arbeiteten mit veralteten Maschinen und produzierten zu hohen Preisen. Die Folge dieser Krise war die Schließung vieler Betriebe und die Entlassung der Mitarbeiter.

Wege aus der Krise

In den 90er Jahren erarbeitete die polnische Regierung ein Programm zur Überwindung der Krise. Das Land Nordrhein-Westfalen bot dabei Hilfe aufgrund seiner Erfahrungen mit dem Strukturwandel im Ruhrgebiet an. So fördert die Regierung mit Hilfe der EU den Ausbau der Verkehrswege, die Privatisierung und Modernisierung der Betriebe und die Zusammenarbeit mit der Wissenschaft. Des weiteren bemüht sie sich um die Beseitigung von Umweltschäden und die Ansiedlung ausländischer Unternehmen. Das Ziel ist der Aufbau einer vielseitigen Wirtschaftsstruktur.

1 *Begründe die rasante Entwicklung des GOP ab 1948. Benutze dazu auch die Diagramme 6 und 7.*

2 *Erläutere die Auswirkungen des 1989 begonnenen Strukturwandels im GOP.*

3 *Vergleiche Entwicklung und Strukturwandel im GOP mit dem Ruhrgebiet. Stelle Unterschiede und Gemeinsamkeiten tabellarisch dar.*

4 *Verfasse einen Brief, in dem du als Kind des Bergmanns Kowalski deine Situation nach dem Jahre 1989 darstellst.*

→ *Ruhrgebiet, siehe Seite 72 ff.*

1

Wichtige Begriffe:
Bewässerungsfeldbau
Individualtourismus
Massentourismus

1 Begriffe gesucht

Übertrage das Rätsel in dein Heft und trage die gesuchten Begriffe ein. Die Buchstaben a–q ergeben das Lösungswort.

Waagerecht

1 *Das älteste Industrieland der Welt.*

2 *Moderne und sehr sparsame Form der Bewässerung in Südeuropa.*

3 *Verändert eine Region ihr wirtschaftliches Gesicht, so durchläuft sie einen ....*

4 *Wirtschaftsordnung, bei der die Regierung Preis und Menge der hergestellten Güter streng festlegt.*

5 *Traditionelle Form der Bewässerung in Südeuropa, bei der sehr viel Wasser benötigt wird.*

6 *Landwirtschaftsform, die an die Sommertrockenheit in Südeuropa angepasst ist.*

7 *Spanische Bezeichnung für die Fruchtgärten in den Küstenebenen der iberischen Halbinsel.*

Senkrecht

1 *Kurzbezeichnung für eine wichtige Industrieregion in Polen.*

2 *Kurzbezeichnung für einen französischen Schnellzug.*

3 *Sektor in der Wirtschaft neben Land- und Fortstwirtschaft, Bergbau und Industrie.*

❷

❸

Teste dich selbst
mit den Aufgaben 1, 4a und 5b

2 Bilder zuordnen
Welches Foto zeigt Individualtourismus? Begründe.

3 Richtig oder falsch?
a) Weite Teile der landwirtschaftlichen Nutzflächen in Südspanien werden im Herbst und Winter mit Plastikgewächshäusern überdeckt.
b) Mittelengland war um das Jahr 1850 ein Zentrum der Textilindustrie.
c) Aufgrund der feuchten Sommer im Mittelmeerraum ist eine Bewässerung der Anbauflächen nicht nötig.
d) Die großen Staatsberiebe des GOP in Polen hatten bis zum Jahr 1989 keine Konkurrenz auf dem Weltmarkt zu befürchten.
e) Frankreich ist im EU-Vergleich das Land mit der niedrigsten landwirtschaftlichen Produktion.
f) Tropfbewässerung ist eine sehr wasserverschwendende Bewässerungstechnik.
g) Der Strukturwandel in Mittelengland führt zu einer Zunahme des Dienstleistungssektors.
h) Das französiche Eisenbahnhochgeschwindigkeitsnetz ist nur in der Region um Paris gut ausgebaut.
i) Nach 1990 wurden viele Menschen im GOP arbeitslos.

4 Außenseiter gesucht
Ein Begriff passt nicht zu den anderen
a) Industrie – Bergbau – Fischerei – Landwirtschaft – TGV
b) Furchenbewässerung – Bewässerungskanal – Tropfbewässerung – Sprinklerbewässerung
c) Bergarbeiter – Manager – Softwareentwickler – Versicherungskaufmann

5 Bilderrätsel
a) Löse die Bilderrätsel.
b) Erkläre Begriff a.

a

b

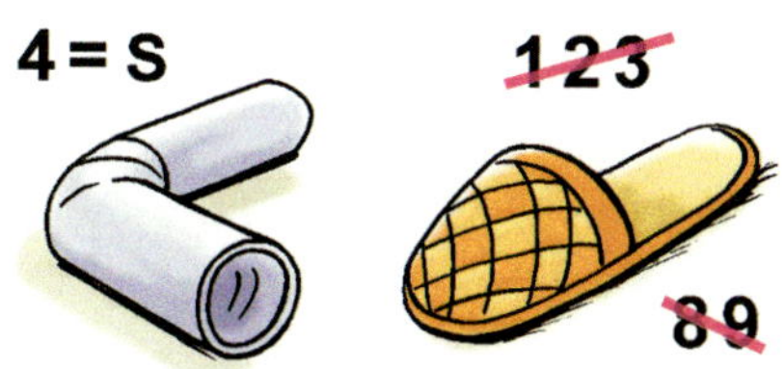

Die Meere – mehr als Wasser

Die Meere bedecken mehr als 70 % der Erdoberfläche. Sie sind ein eigener Lebensraum mit vielen Millionen verschiedener Pflanzenarten und Tierarten. Der Mensch hat die Meere erobert um ihren Reichtum zu nutzen. Langsam wird klar, dass sie äußerst empfindlich sind gegen menschliche Eingriffe.

13

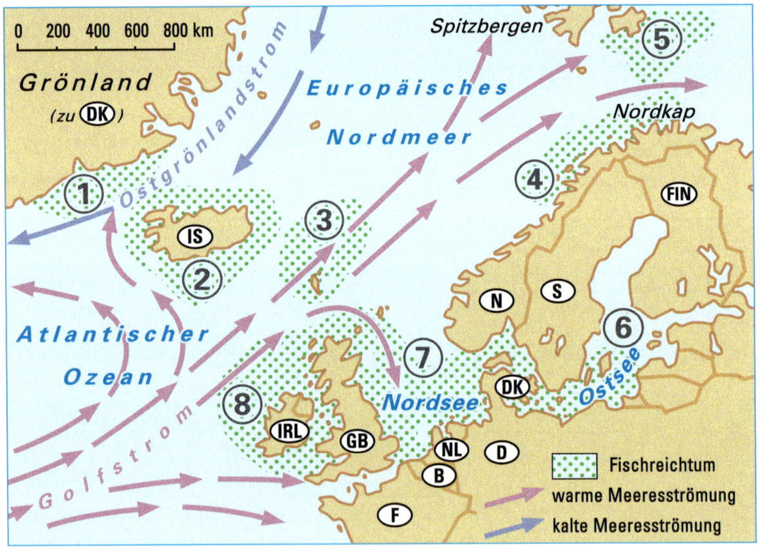

1 Fischgründe im Nordatlantik

Schon gewusst?
In Großbritannien sind Algen ein begehrter Rohstoff aus dem Meer. Rotalgen, Meersalat oder das Irische Moos werden dort verzehrt. Das Vieh weidet die Algen in der Gezeitenzone, wodurch sich die Milch- und Fleischqualität verbessern soll. Braunalgen sammelt man, um daraus wertvollen Kompost herzustellen.

Schelf
Bezeichnung für die vom Meer überfluteten, flachen, bis 200 m tiefen Randbereiche der Kontinente.

→ *Plankton, siehe Seite 235*

Nahrungsquelle Meer: Fischfang

Die Meere spielen für die Ernährung der Weltbevölkerung eine große Rolle, da sie etwa ein Viertel des weltweiten Eiweißbedarfs liefern. Jährlich werden etwa 100 Mio. t Fisch aus den Weltmeeren angelandet. Daneben fischt man auch Krustentiere, wie Garnelen und Krabben, Weichtiere, wie Muscheln oder Tintenfische, oder man erntet Meerespflanzen, wie Algen.
Aber nur gut die Hälfte des weltweiten Fischfangs dient direkt der menschlichen Ernährung. Ein großer Teil wird zu Fischmehl gemahlen und als Tierfutter oder Düngemittel verwendet.

Fanggründe
Die reichsten Fischgründe Europas liegen im kalten Nordatlantik. Dort sind die Lebensbedingungen für Fische sehr günstig. Der Nordatlantik ist besonders reich an Plankton. Diese winzigen pflanzlichen und tierischen Lebewesen schweben im Wasser. Sie leben in Tiefen bis zu 200 m. Ihre Nährstoffe erhalten sie vor allem durch die Flüsse, die in die flachen Schelfmeere münden, oder vom Meeresboden. Die kalten Meeresströmungen führen sauerstoffreiches Frischwasser heran, sodass Plankton in großen Mengen heranwächst. Es ist die Nahrungsgrundlage zahlreicher Meerestiere, etwa von Würmern oder Schnecken. Diese werden wiederum von Tieren höherer Ordnung, zum Beispiel den Fischen, gefressen. Am Ende dieser vielfach verschlungenen Nahrungskette steht der Mensch, der seine Nahrung aus dem Meer fischt.

Fangmethoden
Mit kleinen Schiffen, zumeist nicht länger als 30 m und mit ungefähr drei bis vier Mann Besatzung, wird in Küstennähe und in Mündungsgebieten von Flüssen gefischt. Die Fahrten dieser **Küstenfischerei** dauern meist weniger als einen Tag. Mit Netzen, Angelleinen oder Reusen werden Frischfische, vor allem Dorsche, Schollen und Seezungen, oder Krabben und Muscheln gefangen, angelandet und sofort verkauft.

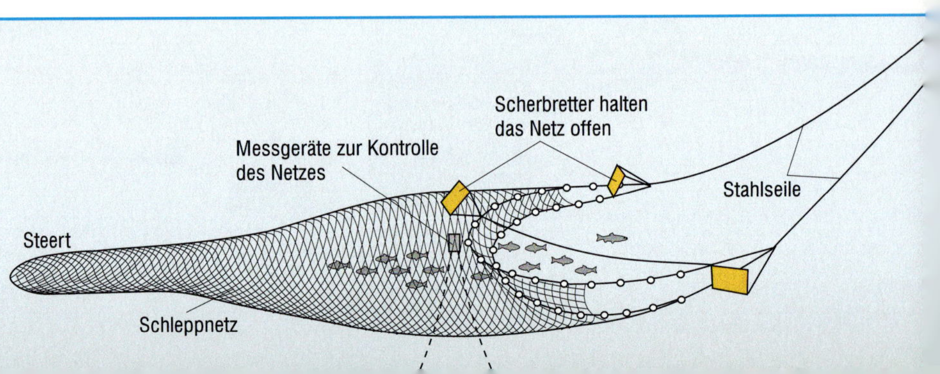

Die großen Schiffe der **Hochseefischerei** sind meist mehrere Monate unterwegs. Es sind Fabrikschiffe, die weit entfernte Fanggebiete etwa bei Island, Grönland oder Nordnorwegen anlaufen. Mit modernster Technik, z. B. Echolot oder GPS, werden das Plankton und damit die Fischschwärme geortet. Der in großen Mengen gefangene Fisch wird sofort an Bord verarbeitet und dann tiefgefroren. Erst wenn die Lagerräume gefüllt sind, kehren die Hochseefischer in den **Hafen** zurück.

Weil sich die Fischereiwirtschaft auf den Fang von besonders geschätzten Fischarten wie Hering, Kabeljau, Rotbarsch oder Alaska-Seelachs konzentriert, ist der Bestand dieser Fische bedroht. Grundschleppnetze, die über den Meeresboden gezogen werden, wühlen den Meeresboden auf und stören das Leben am Boden empfindlich. Durch Festlegung von Fangquoten, Einführung von Schonzeiten und Einschränkungen der Fangmethoden versucht man gegen diese Überfischung vorzugehen und eine regelmäßige Ernte aus dem Meer zu sichern.

1 Suche mithilfe der Karte 1 und des Atlas die Fischfanggründe Europas und erkläre deren Fischreichtum.

2 Beschreibe die wesentlichen Unterschiede zwischen der Küsten- und der Hochseefischerei.

3 Finde zwei Einschränkungen der Fangmethoden zum Schutz vor Überfischung.

3 Atlantiklachs

4 Rotbarsch

5 Kabeljau (Dorsch)

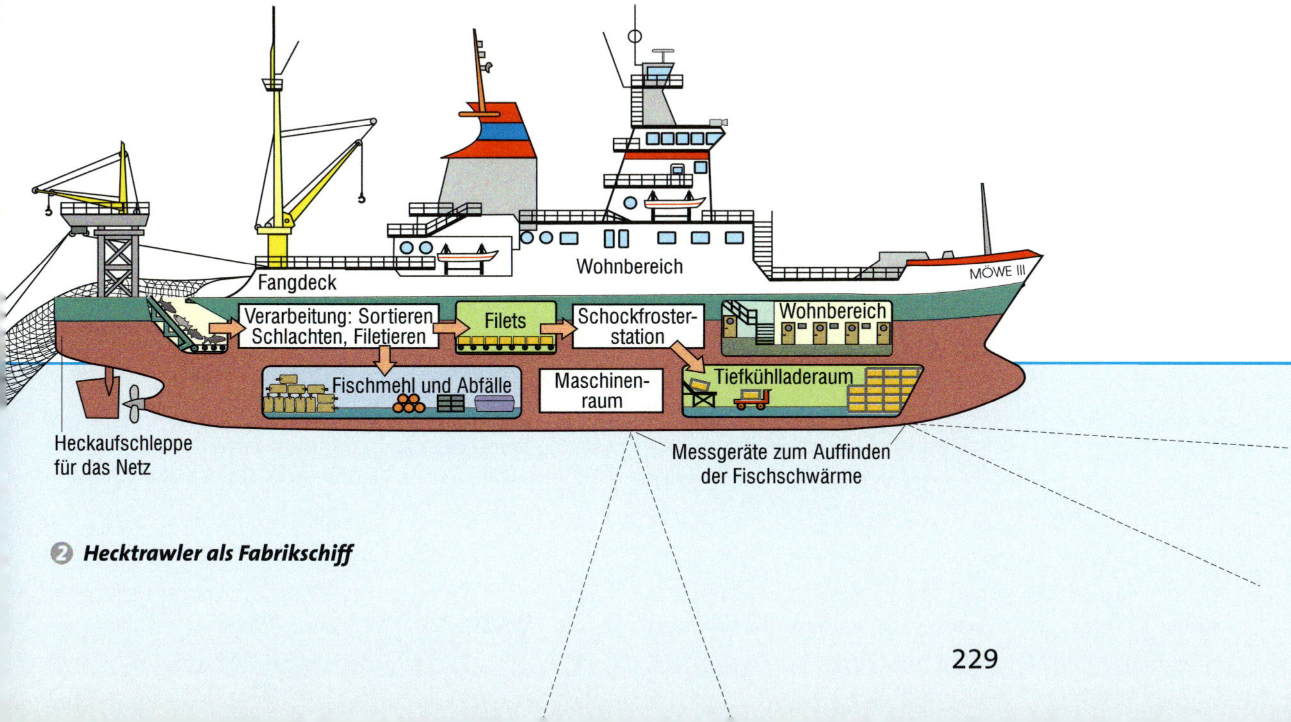

2 Hecktrawler als Fabrikschiff

Kaum zu glauben

Für den Bau der 472 m hohen Troll-Plattform wurden 100 000 t Stahl verbraucht. Mit dieser Stahlmenge hätte man 15 Eiffeltürme errichten können.

2 Bohrinsel Snorre

Erdöl und Erdgas aus der Nordsee

1 Bohrinsel „Oseberg“ im Größenvergleich

3 Ölbohrinseln in der Nordsee:

„... Nach 40 Minuten betäubendem Rotorengeknatter taucht mitten in der grauen Nordsee ein gigantischer Stahlkoloss auf – drei verbundene Plattformen. Zuerst war Oseberg-B da, wo seit 1988 nach Öl gebohrt wird. Dann entstand in direkter Nachbarschaft Oseberg-A als Haupt- und Wohnplattform, bis dann im Jahr 2001 Oseberg-D zur Erdgasförderung ins Meer gestellt wurde ...

60 m hoch stehen die Plattformen über der Nordsee, die hier draußen 110 m tief ist; jedes der Stahlbetonbeine ist 40 m tief in den Meeresboden versenkt. Und von der Plattform aus ragt der Bohrturm 60 m in den wolkenverhangenen Himmel ...

250 Menschen arbeiten hier. ... Neben Norwegern sind es auch Deutsche, Amerikaner und Engländer, die meisten von ihnen arbeiten in Zwölf-Stunden-Schichten – 14 Tage am Stück. Danach geht es für drei freie Wochen per Hubschrauber aufs Festland; dann folgt eine weitere Zwei-Wochen-Schicht, anschließend gibt es vier Wochen arbeitsfrei. „Wenn ich Nachtschicht habe, sehe ich zwölf Tage die Sonne überhaupt nicht“, beschreibt Per Robert Jönvedt den knochenharten Job – der Mechaniker wartet die unzähligen Gasturbinen und Pumpen ... Allerdings: Die harte und gefährliche Arbeit wird gut bezahlt ...

Insgesamt 37 Bohrungen gibt es unter den Oseberg-Plattformen: Aus 27 wird aktiv Öl gefördert; zum Ausgleich dafür muss in zehn Löcher Gas, in zwei Löcher Wasser zurückgepumpt werden ...“

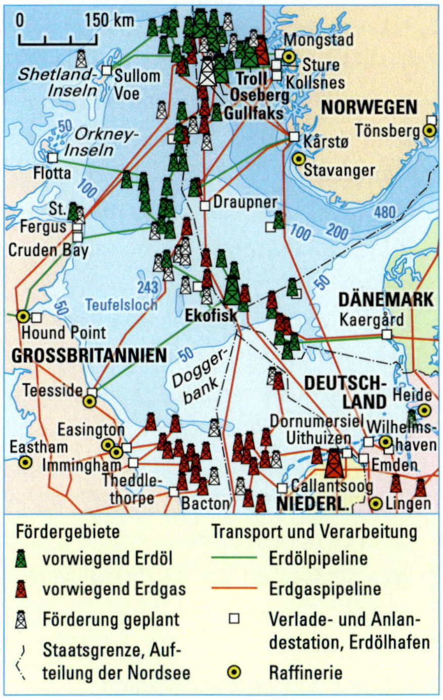

4 ***Erdöl- und Erdgasfördergebiete der Nordsee***

Förderung und Transport

Das **Randmeer** Nordsee ist das größte Fördergebiet für **Erdöl** und **Erdgas** auf dem Meeresgrund, der so genannten Offshore-Förderung.

Die Gewinnung von Erdöl und Erdgas tief aus dem Meeresboden ist ungemein schwierig und teuer. Um diese Rohstoffe fördern zu können, müssen riesige Plattformen an Land gebaut, auf das Meer geschleppt und dort verankert werden. Inzwischen gibt es über 500 solcher Öl- und Gasplattformen in der Nordsee. Von dort wird das geförderte Erdöl und Erdgas mit Tankschiffen oder über ein Rohrleitungsnetz **(Pipelines)** zum Festland gebracht.

Manchmal gelangt durch Unfälle auf Ölplattformen oder durch Tankerhavarien Öl in die Nordsee. Dann bedeckt ein schädlicher Ölteppich das Meer. Zwar verdunstet ein Teil des Öls oder es wird durch Bakterien und Algen abgebaut. Oft aber verschmutzt es die Küsten und stört die Nahrungskette der Meeresbewohner empfindlich.

Erdöl und Erdgas – wertvolle Rohstoffe

Der Verkauf von Erdöl und Erdgas brachte den Förderländern viel Geld. Norwegen etwa verbraucht wegen der geringen Einwohnerzahl und der Nutzung der Wasserkraft nur einen kleinen Teil des geförderten Erdöls und Erdgases selbst. Um die Einnahmen aus dem Verkauf dieser fossilen Rohstoffe – 2001 betrugen sie mehr als die Hälfte aller Exporterlöse – auch für die Zukunft zu sichern, wird ständig nach neuen Vorkommen gesucht.

Durch die Ausbeutung der Erdöl- und Erdgasfelder hat sich auch das Leben vieler Küstenbewohner verändert. Lebten sie früher vor allem vom Schiffbau und von der Fischerei, so bietet heute die Erdöl- und Erdgasindustrie hervorragende Verdienstmöglichkeiten. Der Bau von Plattformen, ihre Wartung und Versorgung sind hier ebenso bedeutsam wie ihre umweltgerechte Beseitigung. Auch in der Förderung und Verarbeitung der Rohstoffe entstanden viele neue Arbeitsplätze.

1 *Werte das Foto 2 und den Zeitungstext 3 aus:Beschreibe, was du auf den Förderplattformen erkennen kannst. Beschreibe die Arbeitsbedingungen und den Ablauf der Förderung von Erdöl und Erdgas.*

2 *Arbeite mit dem Atlas: Warum kann man weit draußen in der Nordsee noch Förderplattformen errichten?*

3 *Suche im Atlas weitere Offshorefördergebiete der Erde.*

4 *Norwegen versucht, sich immer mehr vom Erdölexport unabhängig zu machen. Erkläre dieses Vorhaben.*

Eine Präsentation durchführen

Bei einer Präsentation werden ausgewählte Inhalte zu einem Thema vorgestellt. Das kann man allein, zu zweit (Tandem) oder in der Gruppe machen. Damit die Zuhörer das Vorgestellte gut verstehen, werden meist zusätzliche technische Mittel (Medien) eingesetzt. Präsentationen sind aus vielen Berufen nicht mehr wegzudenken. Man muss sie früh üben.

1. Schritt: Präsentation planen

Ziel einer Präsentation ist es, ein bestimmtes Thema kurz, informativ und anschaulich darzustellen. Dazu musst du klären:

- *Wie heißt das Thema? Du musst dich in deiner Präsentation genau daran halten.*
- *Wann wirst du sie vorstellen? Du brauchst einen Zeitplan, wann du die verschiedenen Arbeiten erledigen willst.*
- *Wie viel Zeit hast du für die eigentliche Präsentation? Frage deine Lehrerin oder deinen Lehrer.*
- *Welche Medien stehen dir zur Verfügung?*

2. Schritt: Material auswählen

Jeder kennt langweilige Vorträge. Der Redner liest vom Blatt ab, zeigt keine Bilder, hat keine Materialien mitgebracht: Es ist zum Einschlafen ...

Eine gute Präsentation lebt von Anschaulichkeit und Abwechslung. Deshalb ist es ganz wichtig, dem Zuhörer interessante Materialien vorzustellen. Suche also Materialien aus, die genau diesen Zweck erfüllen: z. B. Bilder, eine Zeichnung, eine Grafik, ein paar Gegenstände, ein Plakat.

Weniger ist mehr. Nicht eine große Menge von vorgestellten Materialien ist entscheidend, wenige, aber eindrucksvolle sind besser.

3. Schritt: Material aufbereiten

Der Zuhörer will wissen, worum es geht. Das Thema deiner Präsentation soll also groß und deutlich zu lesen sein.

Gibt es zu deinem Thema verschiedene Unterpunkte? Schreibe sie dazu! Dann weiß der Zuhörer sofort, was auf ihn zukommt.

Die Schrift muss so groß sein, dass man sie auch von hinten erkennt. Verwende große, schmale Druckbuchstaben, keine Schreibschrift. Am besten ist es, wenn du diese Schrift ausprobierst und von den hinteren Plätzen liest.
Mit Farben kann man besondere Dinge gut hervorheben: Überschriften sollen immer die gleiche Farbe haben. Beschränke dich auf rot, blau, schwarz und grün, helle Farben sind schwer lesbar. Absätze machen einen Text übersichtlich. Vielleicht kannst du das Wichtigste auf einem Blatt für die Zuhörer zusammenfassen (Handout).

4. Schritt: Technik auswählen

Was kann deine Präsentation am besten unterstützen? Tafel, Overhead-Projektor, PC mit Beamer, Flipchart, Wandkarte oder Plakat sind mögliche Medien. Bedenke: In einem hellen Raum ohne Verdunkelungsmöglichkeit sind eine OH-Folie oder ein Beamer nicht sinnvoll.

5. Schritt: Freies Sprechen vorbereiten

Eine frei gesprochene Präsentation klingt viel interessanter als eine abgelesene. Schreibe dazu deinen Text in wenigen großen Stichworten auf Karteikarten. Die Karten bekommen alle nach ihrer Reihenfolge eine Nummer. Sie helfen dir in der Präsentation dabei, nicht die Übersicht zu verlieren.

6. Schritt: Generalprobe durchführen

Wenn du deine Präsentation gründlich übst, wirst du immer sicherer. Am besten geht dies mit Freunden oder Mitschülern. Bitte sie um Rückmeldung: Stimmt das Sprechtempo? Ist die Stimme laut genug? Machst du ausreichend Pausen beim Sprechen? Sind die Medien gut lesbar?

7. Schritt: Durchführung

Du hast deine Präsentation sorgfältig geplant und gut vorbereitet. Die Technik und die Medien stehen bereit und sind überprüft. Wenn nur dieses Kratzen im Hals nicht wäre und das Herzklopfen! Ein wenig Aufregung ist schon dabei. Gut gegen Lampenfieber ist tiefes, ruhiges Atmen. Die ersten Sätze solltest du auswendig gelernt haben. Schau die Zuhörer dabei an. Du wirst sehen: Wenn du dich ein wenig warm gesprochen hast, läuft es immer besser. Viel Glück!

8. Schritt: Auswertung

Wenn du alles geschafft hast, solltest du kurz nachdenken: Was ist mir gut gelungen? Was sollte ich das nächste Mal noch verbessern? Vielleicht bekommst du von deinen Zuhörern Rückmeldung? Schreibe alles auf, damit du das nächste Mal noch gezielter arbeiten kannst.

1 *Schadstoffquellen der Ostsee*

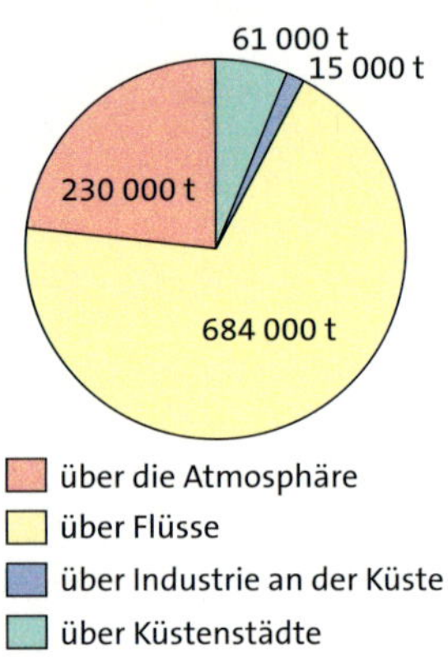

2 *Schadstoffeinträge in die Ostsee*

Belastung und Schutz der Ostsee

Viele Forscher halten das **Binnenmeer** Ostsee für eines der empfindlichsten Meere der Welt. Weil sich in diesem Meer das Wasser nur sehr langsam erneuert, wirken sich dort Verschmutzungen sehr schwerwiegend und langwierig aus.

Schadstoffeintrag

Schadstoffe können auf sehr verschiedene Weise ins Meer gelangen. Verheerend wirken sich Schiffsunfälle aus, bei denen Öl oder gefährliche Chemikalien das Wasser stark verschmutzen. Schiffsbesatzungen leiten oftmals auch bewusst Schadstoffe ins Meer, indem sie z. B. ihre Öltanks mit Meerwasser auswaschen. Jährlich fließen so etwa 60 000 t Öl in die Ostsee. Mit Schiffen verklappen manche Industriebetriebe auch Abfallstoffe, z. B. giftige Säuren und Lösungsmittel. An der Küste gelegene Industrieanlagen und Ortschaften leiten ihre Abwässer manchmal ungeklärt direkt ins Meer.

Viel großräumiger ist der Eintrag der Schadstoffe über die Flüsse, weil das Niederschlagsgebiet der Ostsee fünfmal so groß ist wie die eigentliche Wasserfläche. Regen wäscht z. B. Stickstoff, den die Landwirte als Dünger einsetzen, aus dem Boden und spült ihn ins Meer.

Noch weiträumiger ist der **Schadstoffeintrag** über die Luft. Aus den Schornsteinen von Industrie, Kraftwerken und Haushalten sowie aus dem Auspuff von Kraftfahrzeugen entweicht unter anderem auch Stickstoff. Diesen bläst der Wind auf das Meer, wo er sich mit dem Wasser vermischt.

Folgen des Schadstoffeintrags

Stickstoff wirkt im Meer genauso wie auf dem Land als guter Dünger. Das pflanzliche Plankton und viele Algen beginnen heftig zu wachsen. Dadurch vermindern sie den Lichteinfall im Wasser, verbrauchen dort den Sauerstoff und sterben deshalb ab. Wenn Bakterien diese toten Pflanzenmassen auf dem Meeresboden zersetzen, entstehen le-

bensfeindliche und biologisch tote Gebiete am Meeresboden der Ostsee.
Andere Schadstoffe, z. B. **Schwermetalle**, werden vom Plankton aufgenommen und in der Nahrungskette weitergegeben. Weil sie der Körper kaum abbaut, reichern sie sich immer mehr an – mit schlimmen Folgen: Die Anzahl bestimmter Robbenarten beispielsweise hat in der Ostsee stark abgenommen. In ihrem Fettgewebe fand man hoch angereicherte giftige Schadstoffe; die Robben wurden dadurch unfruchtbar. Selbst Fisch aus einigen Gebieten der Ostsee war jahrelang so belastet, dass er ungenießbar war. Erst länderübergreifende Schutzprogramme haben geholfen, die Verschmutzung zu vermindern.

Schutz des Meeres

Um die Belastung der Ostsee zu vermindern, sind – wie bei der Nordsee oder bei anderen Meeren auch – länderübergreifende **Schutzprogramme** notwendig. Deshalb setzten sich die Regierungschefs der an der Ostsee gelegenen Staaten 1974 in Helsinki zusammen, um gemeinsam gegen die vom Land, von Schiffen und über die Luft kommende Verschmutzung der Ostsee vorzugehen. Auch die wirtschaftliche Nutzung des Meeres, vor allem des Meeresbodens, galt es zu regeln. Die damals gegründete und seit 1980 wirkende Helcom (Helsinki Commission on Baltic Marine Protection) kann viele Erfolge aufweisen: Sie hat z. B. den Nährstoffeintrag ins Meer um mehr als die Hälfte senken können. Sie überwacht die Ostsee und hat auch viele Schutzgebiete an der Küste und im Meer ausgewiesen. An dem Schutzprogramm der Helcom wirken heute alle Ostsee-Anrainerstaaten mit.

3 ***Tankerhavarie in der Ostsee***

4 ***Rettung von Seevögeln nach einer Tankerhavarie***

1 Benenne mithilfe des Atlas die Staaten, die an die Ostsee grenzen.
2 Beschreibe mithilfe der Karte 1, wie die Ostsee-Anrainerstaaten das Meer unterschiedlich belasten.
3 Erkläre, wie Schadstoffanreicherungen das Ökosystem Meer beeinflussen.
4 Stelle einen Katalog von Schutzmaßnahmen zusammen, mit denen der Ostsee geholfen werden könnte.

Verklappen
meint die Einleitung fester oder flüssiger Abfälle von Entsorgungsschiffen aus ins Meer.

Schwermetalle
sind Metalle mit große Dichte, wie Quecksilber, Blei, Nickel oder Zink. Sie können die Umwelt schädigen.

Plankton
Mit dem Begriff werden im Wasser schwebende Kleinstlebewesen mit meist schwacher Eigenbeweglichkeit bezeichnet. Man unterscheidet pflanzliches (z. B. Kieselalgen) und tierisches Plankton (z. B. Wimperntierchen).

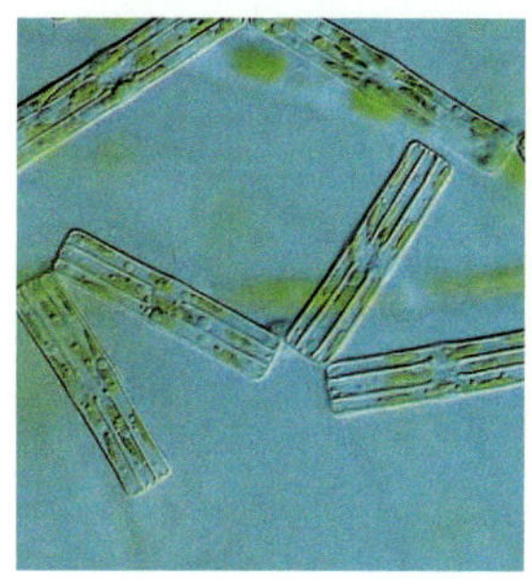

5 ***Kieselalge***

→ TERRATraining

Die Meere – mehr als Wasser

Wichtige Begriffe:
Erdgas
Erdöl
Hafen
Hochseefischerei
Küstenfischerei
Pipeline

1 *Wortsuchspiel*

Finde Begriffe, die mit diesem Kapitel in Verbindung stehen.

E	R	Z	N	I	M	F	A	N	G	Q	U	O	T	E
W	Q	O	P	B	E	I	F	A	N	G	M	V	R	F
Z	G	M	P	Ä	V	S	Y	A	R	E	M	V	B	L
Ü	L	T	K	Ö	T	C	W	C	X	B	I	A	P	M
U	A	C	L	A	X	H	W	S	O	H	J	Q	N	C
Z	P	L	A	T	T	F	O	R	M	Ü	N	U	R	E
M	G	O	P	M	S	A	L	Z	G	E	H	A	L	T
S	V	L	L	Ö	Ä	R	G	Z	I	U	O	F	L	J
C	O	R	A	N	D	M	E	E	R	R	R	A	K	H
P	G	M	N	R	T	B	V	R	T	O	K	R	L	L
E	T	R	K	U	K	M	Z	D	U	P	U	M	R	Z
W	L	O	T	S	E	V	M	G	E	O	N	I	J	K
D	Z	G	O	M	V	H	U	A	M	O	L	N	D	T
C	G	O	N	P	N	K	D	S	E	R	T	G	Z	Z
V	C	D	E	T	R	I	U	P	Z	T	L	L	T	R

2 *Arbeite mit dem Atlas*

Was gehört zusammen?

1) Mittelmeer	*a) Doggerbank*		
2) Atlantik	*b) Färöer*	*6) Dänemark*	*f) Frankreich*
3) Ostsee	*c) Spanien*	*7) Korsika*	*g) Gotland*
4) Nordsee	*d) Kreta*	*8) Balearen*	*h) Chios*
5) Ägäisches Meer	*e) Irland*	*9) Sardinien*	*i) Italien*

3 Richtig oder falsch?

a) Malta liegt östlich von Kreta.

b) Das Mittelmeer ist nicht tiefer als 5000 m.

c) Die Ostsee ist salzhaltiger als der Atlantik.

d) Die nördliche Ostsee muss im Winter mit Eisbrechern befahren werden.

e) Der größte Hafen Europas ist Hamburg.

f) Malta ist ein selbstständiger Staat.

4 Einer passt nicht

a) Erz – Kohle – Kraftfahrzeuge – Getreide

b) Säcke – Baumwollballen – Rohöl – Container

c) Ibiza – Kreta – Bornholm – Korsika

d) Ebro – Elbe – Rhône – Po

e) Skagerrak – Bosporus – Kattegat – Dänemark

f) Adria – Großer Belt – Ärmelkanal – Straße von Gibraltar

g) Limnos – Menorca – Sardinien – Malta

5 Findest du die Begriffe?

a) Diese mikroskopisch kleinen Meereslebewesen stehen an der ersten Stelle der Nahrungskette.

b) In diesen Gebieten weit draußen im offenen Meer betreibt man die Erdöl- und Erdgasförderung.

c) Die Fischerei fängt ihre Beute nicht in Küstennähe.

d) Diese Netze zieht man über den Meeresboden.

6 Bilderrätsel

a

b

c

d

e

Teste dich selbst

mit den Aufgaben 4 (a, b, c) und 5 (a,b)

Training

Bundesrepublik Deutschland in Zahlen[1]

Fläche: 357 021 km²
Bevölkerung: 82 200 000 Einwohner
Bevölkerungsdichte: 230 Einw. je km²
Gegründet: 1949

Zu den 82 200 000 Einwohnern gehören auch 7 300 000 Ausländer, davon:

1 948 000	Türken
628 000	Jugoslawen
616 000	Italiener
363 000	Griechen
310 000	Polen
224 000	Kroaten

Einwohnerzahlen der größten Städte

Berlin (Hauptstadt)	3 382 000 Einw.
Hamburg	1 715 000 Einw.
München	1 210 000 Einw.
Köln	993 000 Einw.
Frankfurt	647 000 Einw.
Essen	595 000 Einw.
Dortmund	589 000 Einw.
Stuttgart	584 000 Einw.
Düsseldorf	569 000 Einw.
Bremen	539 000 Einw.
Duisburg	515 000 Einw.
Hannover	515 000 Einw.
Leipzig	493 000 Einw.
Nürnberg	488 000 Einw.
Dresden	478 000 Einw.

Die größten Verdichtungsräume

Rhein-Ruhr	11,1 Mio. Einw.
Berlin	4,0 Mio. Einw.
Rhein-Main	2,8 Mio. Einw.
Stuttgart	2,8 Mio. Einw.
Hamburg	2,1 Mio. Einw.
München	1,9 Mio. Einw.
Rhein-Neckar	1,3 Mio. Einw.
Nürnberg/Fürth/Erl.	1,1 Mio. Einw.
Halle-Leipzig	1,0 Mio. Einw.

Die längsten Flüsse

Rhein	865 km	(insgesamt 1 320 km)
Elbe	700 km	(insgesamt 1 165 km)
Donau	647 km	(insgesamt 2 858 km)
Main	524 km	
Weser	440 km	
Ems	371 km	
Neckar	367 km	
Mosel	242 km	(insgesamt 545 km)
Oder	162 km	(insgesamt 866 km)
Inn	130 km	(insgesamt 515 km)

Die größten Seen

Bodensee	571 km²
Müritz	110 km²
Chiemsee	80 km²

Flächengröße der Bundesländer

Baden-Württemberg	35 751 km²
Bayern	70 548 km²
Berlin	890 km²
Brandenburg	29 477 km²
Bremen	404 km²
Hamburg	755 km²
Hessen	21 114 km²
Mecklenburg-Vorpommern	23 172 km²
Niedersachsen	47 614 km²
Nordrhein-Westfalen	34 080 km²
Rheinland-Pfalz	19 847 km²
Saarland	2 570 km²
Sachsen	18 413 km²
Sachsen-Anhalt	20 447 km²
Schleswig-Holstein	15 765 km²
Thüringen	16 172 km²

Die größten Inseln

Rügen	930 km²
Usedom	445 km²
Fehmarn	185 km²
Sylt	99 km²

1 Die Zahlenangaben beziehen sich auf das Jahr 2002

A … G Gebirge
A … B Meere
a … m Flüsse
1 … 15 Städte
1 … 16 Länder
DK
NL
B
L
CZ
PL
A
CH
D
Tiefland
Mittelgebirgsland
Alpenvorland
Alpen
Tiefland (0 – 200 m)
Hügelland (200 – 500 m)
Mittelgebirge (500 – 2000 m)
Hochgebirge (über 2000 m)
0 50 100 km

14

Europa in Zahlen

Sämtliche Angaben dieser Doppelseite beziehen sich, wenn nicht anders angegeben, auf das Jahr 2002

Fläche: 10 532 000 km²
Bevölkerung: 726 000 000 Einwohner (11,7 % der Erdbevölkerung)
Die Europäische Union zum Vergleich:
Fläche: 3 232 000 km²
Bevölkerung: 375 000 000 Einwohner

Die flächengrößten Staaten

Russland (einschließlich asiatischer Teil)	17 075 000 km²	145 500 000 Einw.
Ukraine	604 000 km²	48 700 000 Einw.
Frankreich	550 000 km²	60 200 000 Einw.
Spanien	505 000 km²	40 000 000 Einw.
Schweden	450 000 km²	8 800 000 Einw.
Deutschland	357 000 km²	82 200 000 Einw.

Die größten Verdichtungsräume und Städte (Einwohner in Mio.)

	Verdichtungsraum	Stadt
Moskau	13,2	8,4
London	11,8	6,6
Istanbul	10,7	8,3
Paris	9,7	2,1
St. Petersburg	5,5	4,2
Berlin	4,2	3,4
Mailand	3,8	1,3
Madrid	5,1	3,0
Athen	3,1	0,8
Rhein-Ruhr	11,1	-

Die häufigsten Sprachen in Europa

Russisch	160 Mio. Menschen
Deutsch	94 Mio. Menschen
Französisch	60 Mio. Menschen
Englisch	60 Mio. Menschen
Italienisch	60 Mio. Menschen
Spanisch	42 Mio. Menschen

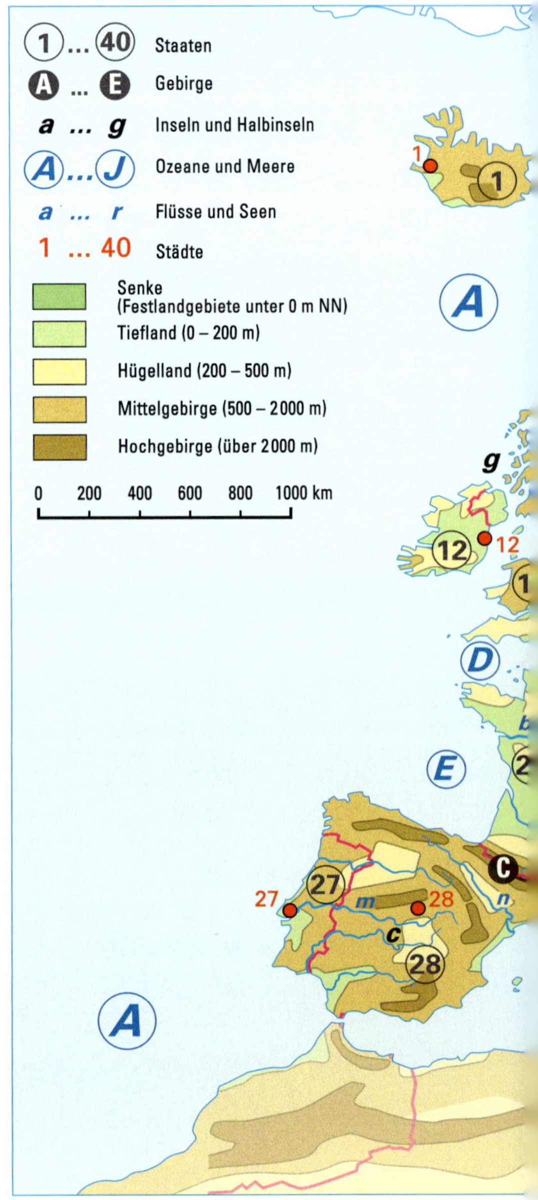

Die höchsten Berge

Alpen: Mont Blanc	4 807 m
Pyrenäen: Pico de Aneto	3 404 m
Ätna:	3 323 m
Apenninen: Gran Sasso	2 914 m
Karpaten: Gerlsdorfer Spitze	2 655 m
Dinarisches Gebirge: Durmitor	2 522 m
Skandinavisches Gebirge: Galdhøpiggen	2 489 m
Ural: Norodnaja	1 894 m

Die längsten Flüsse

Wolga	3 531 km
Donau	2 858 km
Ural	2 428 km
Dnipro	2 201 km

Die größten Seen

Ladogasee (Russland)	17 703 km²
Onegasee (Russland)	9 720 km²
Vänersee (Schweden)	5 585 km²

Die größten Inseln

Großbritannien	228 300 km²
Island	103 000 km²
Irland	84 500 km²
Spitzbergen (Norwegen)	39 000 km²
Sizilien (Italien)	25 400 km²
Sardinien (Italien)	23 300 km²
Zypern	9 300 km²
Korsika (Frankreich)	8 700 km²
Kreta (Griechenland)	8 300 km²

Klimastationen

		J	F	M	A	M	J	J	A	S	O	N	D	Jahr
Deutschland														
List/Sylt, 26 m	°C	2	1	3	7	11	14	16	17	14	10	6	3	9
	mm	59	38	50	40	37	54	55	71	85	88	90	72	739
Hamburg, 11 m	°C	1	2	4	8	13	15	17	17	13	9	5	3	9
	mm	65	42	63	46	54	77	75	73	68	64	69	78	774
Berlin, 51 m	°C	1	1	5	9	14	17	18	18	14	9	4	2	9
	mm	43	36	41	38	53	67	55	62	45	37	45	57	579
Frankfurt/Main, 112 m	°C	2	2	6	9	14	17	19	19	15	10	5	3	10
	mm	44	38	46	39	57	59	63	52	49	54	52	57	610
Stuttgart, 314 m	°C	1	2	5	9	13	16	18	18	15	10	5	2	10
	mm	38	35	39	54	84	93	63	76	53	41	48	41	665
Alpen														
Zugspitze, 2 960 m	°C	−10	−11	−10	−8	−3	0	3	3	0	−3	−7	−9	−5
(Deutschland)	mm	175	148	202	195	155	188	187	163	128	113	182	189	2025
Sonnblick, 3 109 m	°C	−13	−13	−11	−8	−4	−1	2	2	0	−3	−8	−11	−6
(Österreich)	mm	128	107	141	154	159	143	157	161	114	100	133	132	1 629
San Bernardino, 1 639 m	°C	−6	−5	−3	1	5	9	11	11	8	4	−1	−4	3
(Schweiz)	mm	66	79	106	131	173	178	192	210	176	186	132	95	1724
Lugano, 273 m	°C	3	4	7	11	15	18	21	20	17	12	7	4	12
(Schweiz)	mm	79	74	110	157	201	175	138	173	160	146	126	65	1604
Nordeuropa														
Reykjavik, 61 m	°C	−1	0	1	3	6	9	11	10	7	4	1	0	4
(Island)	mm	76	72	82	58	44	50	52	62	67	86	73	78	800
Bergen, 12 m	°C	2	2	3	6	11	14	15	14	12	9	5	3	8
(Norwegen)	mm	190	152	170	114	106	132	148	190	283	271	259	235	2660
Tromsø, 8 m	°C	−4	−4	−2	1	5	9	12	11	7	3	−1	−3	3
(Norwegen)	mm	92	86	69	61	46	55	73	79	100	129	105	105	1000
Murmansk, 46 m	°C	−11	−11	−7	−2	4	9	13	11	7	1	−5	−9	0
(Russland)	mm	31	22	19	20	31	54	61	79	54	43	41	37	492
Helsinki, 56 m	°C	−11	−11	−7	3	10	15	17	15	10	5	0	−4	5
(Finnland)	mm	41	31	34	37	35	44	73	80	73	73	72	58	651
Turku, 59 m	°C	−6	−6	−3	3	10	15	17	15	10	6	1	−4	5
(Finnland)	mm	45	33	34	38	35	43	78	84	72	69	71	5	661
Westeuropa														
Shannon, 2 m	°C	5	6	7	9	12	14	16	16	14	11	8	6	10
(Irland)	mm	94	67	56	53	61	57	77	79	86	86	96	117	929
London, 59 m	°C	4	4	6	8	11	14	16	16	14	11	7	5	10
(Großbritannien)	mm	78	53	60	54	55	58	44	55	67	73	76	80	753
Straßburg, 154 m	°C	1	2	6	10	14	17	19	19	16	11	5	2	10
(Frankreich)	mm	33	35	37	48	75	75	57	68	56	43	47	40	614
Marseille, 36 m	°C	7	8	10	13	17	21	24	23	20	16	11	7	15
(Frankreich)	mm	47	54	44	48	42	28	14	29	47	78	58	56	114

		J	F	M	A	M	J	J	A	S	O	N	D	Jahr
Südeuropa														
Lissabon, 95 m	°C	11	12	14	15	17	20	22	23	22	19	15	12	17
(Portugal)	mm	110	111	69	64	39	21	5	6	26	80	114	108	753
Madrid, 582 m	°C	6	7	9	12	16	20	24	24	20	15	9	6	14
(Spanien)	mm	42	45	30	45	39	26	9	9	28	38	59	44	414
Malaga, 7 m	°C	13	13	15	16	19	23	25	26	24	20	16	13	19
(Spanien)	mm	59	49	62	46	25	6	1	3	28	62	63	66	470
Rom, 3 m	°C	8	9	11	13	17	21	23	24	21	17	13	10	16
(Italien)	mm	81	75	65	55	32	16	15	33	68	93	110	90	733
Palermo, 21 m	°C	13	13	14	16	19	23	26	26	24	20	17	14	19
(Italien)	mm	72	65	60	44	26	12	5	13	42	98	94	80	611
Florenz, 38 m	°C	6	7	10	13	17	21	24	24	20	16	10	6	15
(Italien)	mm	73	69	80	76	73	55	40	76	78	88	111	91	910
Mailand, 211 m	°C	1	3	7	11	15	19	22	21	18	12	6	2	11
(Italien)	mm	68	77	100	106	132	93	67	98	73	107	106	55	1082
Athen, 107 m	°C	9	10	12	15	20	25	27	27	23	18	15	11	18
(Griechenland)	mm	44	48	42	29	18	10	3	4	12	50	51	66	377
Istanbul, 40 m	°C	5	6	8	12	17	21	23	23	20	15	12	8	14
(Türkei)	mm	99	67	62	49	31	22	19	26	41	71	89	122	698
Östliches Mitteleuropa														
Warschau, 106 m	°C	–3	–2	2	8	13	17	18	17	13	8	3	–1	8
(Polen)	mm	22	21	28	32	59	72	67	63	43	38	42	32	519
Budapest, 140 m	°C	–2	1	6	11	16	19	21	20	16	11	5	0	10
(Ungarn)	mm	32	31	29	38	55	63	52	51	40	33	52	40	516
Sliac, 315 m	°C	–4	–1	3	9	14	17	18	17	14	8	3	–2	8
(Slowakei)	mm	44	44	42	47	64	85	59	69	56	50	69	57	686
Osteuropa														
Archangelsk, 8 m	°C	–15	–12	–6	0	7	13	16	13	8	2	–5	–11	1
(Russland)	mm	34	28	27	32	41	55	62	65	61	59	54	43	561
Moskau, 156 m	°C	–9	–8	–2	6	13	17	18	16	11	5	–1	–6	5
(Russland)	mm	45	37	34	40	58	76	92	74	64	58	58	52	688
Kasan, 64 m	°C	–13	–12	–5	5	13	17	19	17	11	4	–3	–9	4
(Russland)	mm	33	28	26	36	37	70	69	67	46	47	46	37	542
Minsk, 231 m	°C	–7	–6	–1	6	13	16	17	17	12	6	1	–4	6
(Weißrussland)	mm	40	34	42	42	62	83	88	72	60	49	52	53	677
Kiew, 167 m	°C	–6	–4	1	9	15	18	19	19	14	8	2	–2	8
(Ukraine)	mm	47	46	39	49	53	73	88	69	47	35	51	52	649
Südosteuropa														
Sofia, 595 m	°C	–2	1	5	10	15	18	20	21	16	11	5	1	10
(Bulgarien)	mm	31	34	37	49	78	75	56	49	38	35	53	44	579
Split, 122 m	°C	8	8	10	14	19	23	25	25	21	17	12	9	16
(Kroatien)	mm	79	68	75	66	56	52	28	48	60	78	110	105	825

Erdgeschichtliche Zeittafel

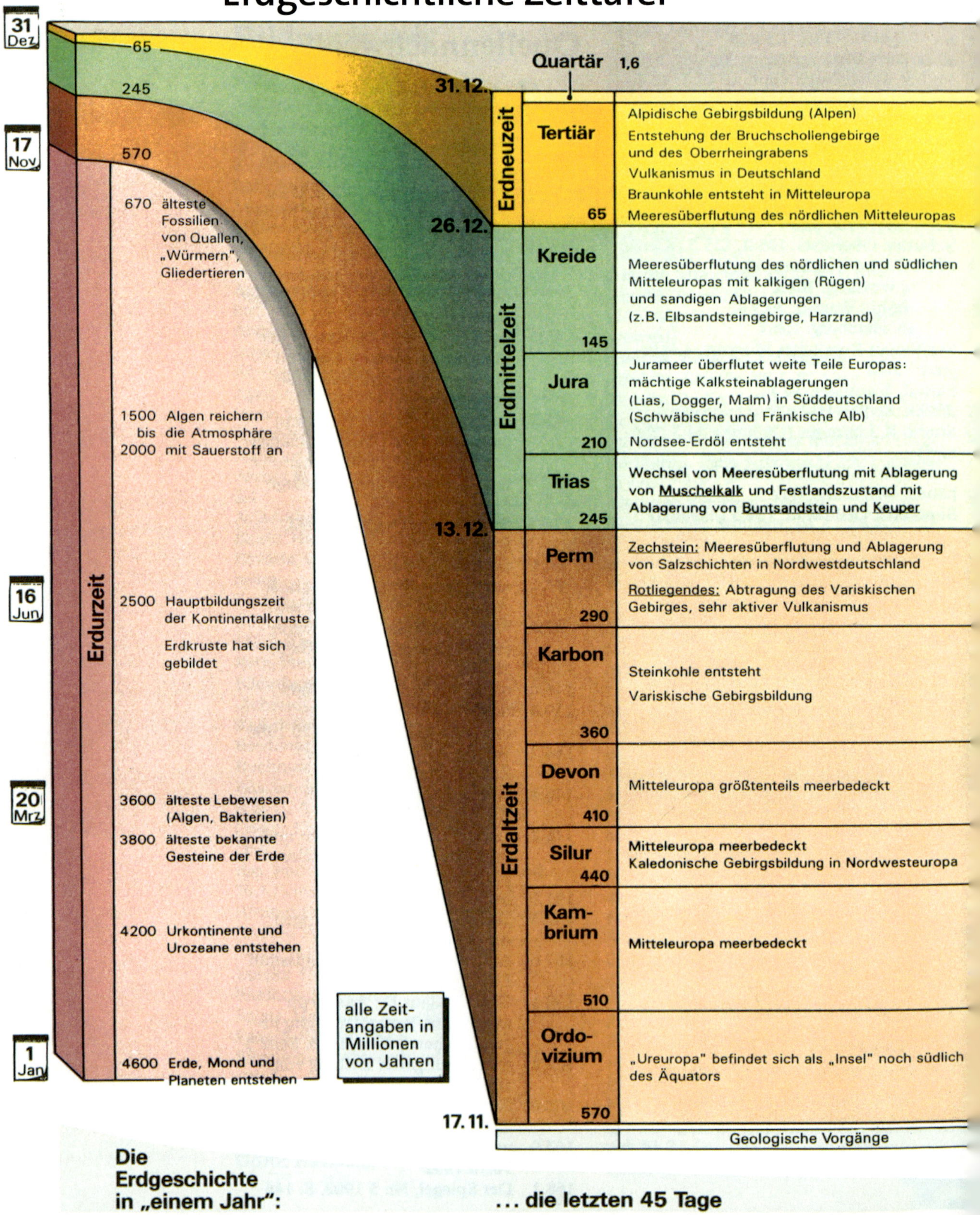

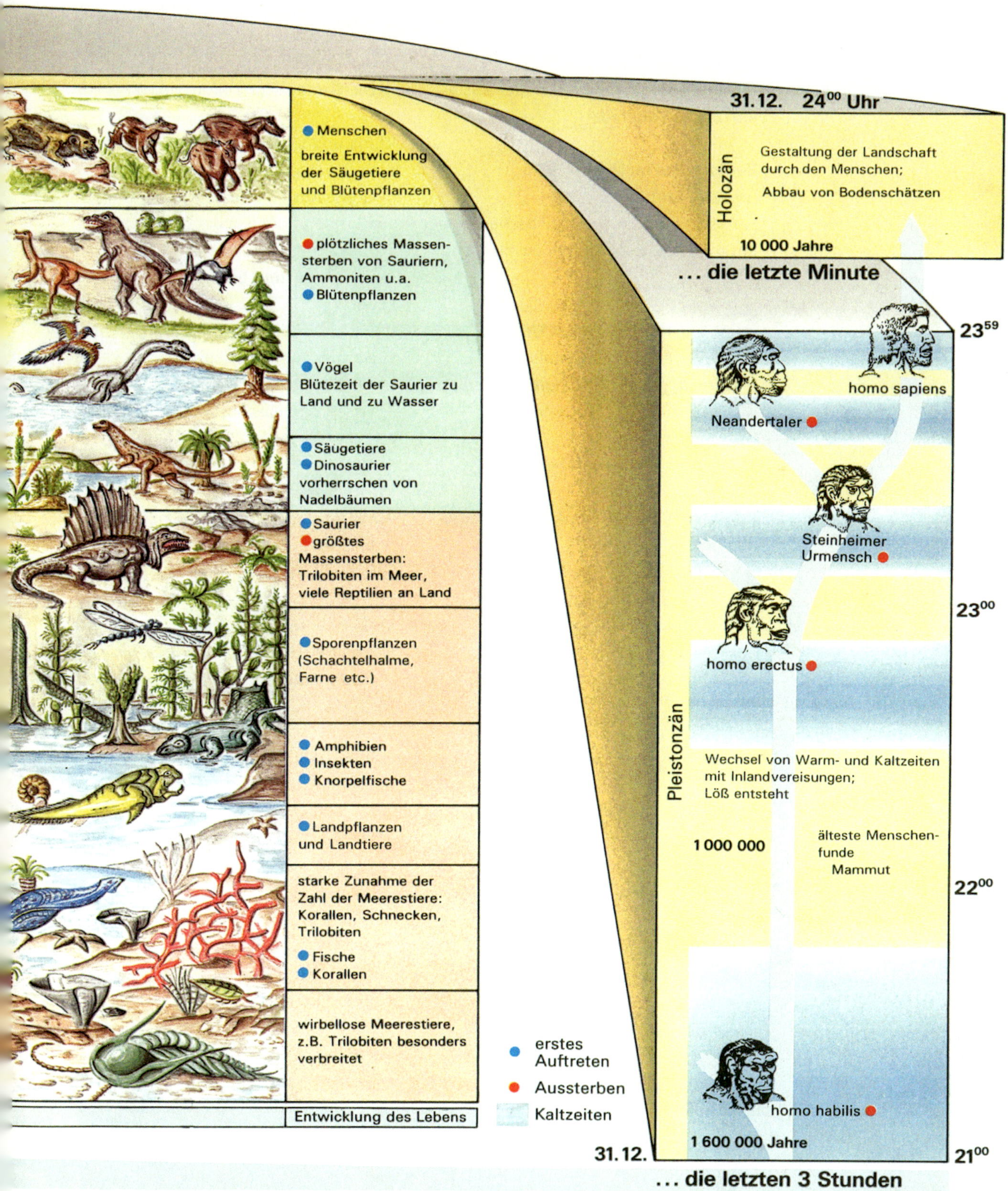

31.12. 24⁰⁰ Uhr
Menschen
breite Entwicklung der Säugetiere und Blütenpflanzen
plötzliches Massensterben von Sauriern, Ammoniten u.a.
Blütenpflanzen
Vögel
Blütezeit der Saurier zu Land und zu Wasser
Säugetiere
Dinosaurier
vorherrschen von Nadelbäumen
Saurier
größtes Massensterben: Trilobiten im Meer, viele Reptilien an Land
Sporenpflanzen (Schachtelhalme, Farne etc.)
Amphibien
Insekten
Knorpelfische
Landpflanzen und Landtiere
starke Zunahme der Zahl der Meerestiere: Korallen, Schnecken, Trilobiten
Fische
Korallen
wirbellose Meerestiere, z.B. Trilobiten besonders verbreitet
Entwicklung des Lebens
erstes Auftreten
Aussterben
Kaltzeiten
Holozän
Gestaltung der Landschaft durch den Menschen;
Abbau von Bodenschätzen
10 000 Jahre
... die letzte Minute
23⁵⁹
homo sapiens
Neandertaler
Steinheimer Urmensch
23⁰⁰
homo erectus
Pleistozän
Wechsel von Warm- und Kaltzeiten mit Inlandvereisungen;
Löß entsteht
1 000 000
älteste Menschenfunde
Mammut
22⁰⁰
homo habilis
1 600 000 Jahre
31.12.
21⁰⁰
... die letzten 3 Stunden

Wichtige Internetadressen

Unsere Erde
www.geo.de/GEOlino/
Viele Geschichten und Bilder aus allen Ländern der Erde

Deutschland im Überblick
www.destatis.de
Aktuelle Daten des statistischen Bundesamtes zu Geographie, Bevölkerung, Verkehr, Landwirtschaft ...

Küste und norddeutsches Tiefland
www.wattenmeer-nationalpark.de
Homepage des Nationalparks Schleswig-Holsteinisches Wattenmeer
www.bauernhof.net/
Rund um den Bauernhof

Ruhrgebiet und Niederlausitz – Regionen im Umbruch
www.ruhrgebietsbilder.de
Bilderreise durch das Ruhrgebiet
www.f60.de
Homepage eines Besucherbergwerkes in einem ehemaligen Braunkohletagebau

Mittelgebirge und Alpen
www.welterdberge.de
Überblick über die höchsten Berge der Alpen und der Welt
www.nationalpark-saechsische-schweiz.de

Europa wächst zusammen
http://europa.eu.int
Die Europäische Union Online

Klima und Vegetation in Europa
www. klimadiagramme.de
Große Auswahl an Klimadiagrammen zu Klimastationen in der ganzen Welt

Nordeuropa und Südeuropa – Eis und Feuer
www.erdkunde.com/info/erdbeben.htm
Links zum Thema Erdbeben
www.reisefuehrer-island.de
Wissenswertes über Natur und Menschen auf Island

Westeuropa – dicht besiedelte Räume
www.frankreich-info.de/reisen/paris
Interessante Informationen zu den Sehenwürdigkeiten von Paris

Verkehr in Mitteleuropa
www.bmv.de
Homepage des Bundesministeriums für Verkehr-, Bau- und Wohnungswesen

Nachhaltige Resourcennutzung in Osteuropa?
www.auswaertigesamt.de
Umfassende Informationen zu einzelnen europäischen Staaten

Europa – Wirtschaft im Wandel
http://europa.tiscali.at
Vielseitige Informationen zur Europäischen Wirtschaft

Die Meere – mehr als Wasser
http://europa.eu.int/comm/fisheries/policy_de.htm
Informationen zur Nutzung der Europäischen Meere

Testlösungen

S. 22/23
1a) Breitenkreise
2) Geo macht Spass
6) Längenhalbkreis

S. 66/67
3a) Sylt
8a) Sturmflut

S. 82/83
4) 1 = Abraum, 2 = Kies- und Sandschicht, 3 = Förderbrücke, 4 = Schaufelradbagger, 5 = Kohlekraftwerk, 6 = Braunkohleflöz
6a) Untertagebau b) Strukturwandel

S. 104/105
2a) Rachel
5) Moräne
6a) Watzmann

S. 124/125
3) Europäische Union (EU)
4d) Airbus

S. 144/145
3b) Mittelmeerklima
4a) Trockene, heiße Sommer und milde regenreiche Winter
9d) richtig

S. 166/167
4a) Krater
5a) Mittsommernacht

S. 178/179
3) Foto 2 = Niederlande, Foto 3 = Frankreich
4a) richtig
6a) Polder

S. 198/199
1) Verkehr
2a) Transitgüter
2e) Binnenwasserstraße
8a) Montblanc
8c) Container

S. 210/211
2a) z. B. J = Jaroslawl, N = Nowgorod, K = Kasan, S = Saratow, W = Wolgograd, A = Astrachan
4b) Delta
5) Stausee

S. 224/225
1) Waagerecht: 1 = Grossbritannien, 2 = Tropfbewaesserung, 3 = Strukturwandel, 4 = Planwirtschaft, 5 = Furchenbewaesserung, 6 = Bewaesserungsfeldbau, 7 = Huerta - Senkrecht: 1 = GOP, 2 = TGV, 3 = Dienstleistungssektor
Lösungswort: Wirtschaftswandel
4a) Bergbau
5b) Rohstoff

S. 236/237
4a) Kraftfahrzeuge, b) Säcke, c) Bornholm
5a) Plankton, b) Offshore

TERRALexikon

Almwirtschaft: Landwirtschaftsform in den Alpen oder im → Mittelgebirge, wobei ab dem Frühjahr das Vieh auf die Hochweide getrieben wird. Mit Herbstbeginn bringt man die Tiere wieder ins Tal. Dort verbringt das Vieh auch den Winter in seinen Stallungen.

Bevölkerungsdichte: Durchschnittliche Zahl der Einwohner eines Raumes pro Quadratkilometer, z. B. 253 Ew/km².

Binnenmeer: Meeresteil, der nur durch schmale Zugänge mit dem offenen Weltmeer verbunden ist, z. B. die Ostsee.

Boden: 1. Die an der Erdoberfläche entstandene und sich ständig weiterentwickelnde Schicht aus verwittertem Gestein, die mit Wasser, Luft, Pflanzen und Tieren durchsetzt ist.
2. Wichtiger Teil der Landschaft.

Bodentyp: Bezeichnung für Böden mit ähnlichen Merkmalen (Bodenhorizonten) und Eigenschaften.

Braunkohle: Eine hell- bis dunkelbraune Kohle mit hohem Gehalt an Wasser und Asche. Sie ist aus abgestorbenen Pflanzen unter Luftabschluss und Druck in Millionen von Jahren, jedoch später als die → Steinkohle entstanden.

Bundesland: In Deutschland gibt es drei Ebenen der Verwaltung: Bund, Länder und Gemeinden. Die 16 deutschen Bundesländer sind Gebiete von sehr unterschiedlicher Größe, für die es jeweils eine eigene Verfassung, ein eigenes Parlament und eine eigene Regierung gibt.

Bundesrepublik: Bezeichnung für die Staatsform des heutigen Deutschland. Der Name bezieht sich auf die Vereinigung mehrerer Sataaten (Länder) zu einem Gesamtstaat ohne monarchisches (königliches) Staatsoberhaupt.

Chemische Industrie: Viele Dinge, mit denen wir zu tun haben, sind Produkte der chemischen Industrie. Am bekanntesten und am stärksten verbreitet sind die Kunststoffe. Um sie herzustellen, sind viele einzelne Schritte nötig – und viele Rohstoffe, vor allem Erdöl. Beim Produktionsablauf entstehen oftmals auch giftige Stoffe. Daher muss in der chemischen Industrie sehr vorsichtig gearbeitet werden, damit die Natur und die Menschen keinen Schaden nehmen.

Deich: Künstlich aufgeschütteter Damm entlang Meeresküsten oder Flussufern zum Schutz vor Überschwemmungen.

Delta: Mündungsbereich eines Flusses mit einem Netz von Flussarmen. Aufgrund der großen Mengen an mitgeführten Schwebstoffen und Flussgeröllen wächst das Mündungsgebiet immer weiter in das Meer hinaus. Es bildet sich mit der Zeit ein dreieckförmiger Mündungsbereich, der dem griechischen Buchstaben „Delta" gleicht.

Deltamündung: → Delta

Erdgas: Brennbares Gasgemisch, das bei der Bildung von → Erdöl entsteht und gemeinsam mit Erdöl in dessen Lagerstätten vorkommt. Es wird zur Strom- und Wärmeerzeugung eingesetzt.

Erdöl: Ein dunkles, dickflüssiges öliges Gemisch, das aus winzigen Wassertieren und Wasserpflanzen, dem Plankton, entstanden ist. Unter der Einwirkung von Druck, Wärme und Bakterien wurde das abgestorbene Plankton im Laufe der Zeit in Erdöl umgewandelt.
Erdöl ist heutzutage der wichtigste fossile Brennstoff und findet in einer Vielzahl von Industrien Verwendung.

Erdwärme: Energie, die durch radioaktive Zerfallsprozesse im Erdinneren entsteht und unter bestimmten Umständen zur Energiegewinnung genutzt werden kann.

Europäische Union (EU): Zusammenschluss von 25 europäischen Staaten zur wirtschaftlichen und politischen Zusammenarbeit.

Geographie: (griech.: Erdbeschreibung) Wissenschaft, die sich mit der Beschaffenheit und Entwicklung der Erdoberfläche und den Einwirkungen des Menschen auf diese, aber auch mit den Auswirkungen dieser auf das Leben der Menschen befasst.

Globus: (lat.: Kugel) Maßstabgerechtes und stark verkleinertes Modell (Abbild) der Erdkugel.

Hafen: Verkehrsanlage, die dem Umschlag von Personen und Gütern beim Schiffsverkehr dient.

Hauptstadt: In einer Hauptstadt befinden sich in der Regel die Regierung eines Staates und seine gewählte Volksvertretung (Parlament, bei uns Bundestag) sowie noch weitere Verwaltungseinrichtungen.

Hochgebirge: Bereiche der Erdoberfläche, die eine Höhe von über 2000 m aufweisen.

Hochgebirgsklima: Klima der Gebirgsbereiche oberhalb der Waldgrenze, das durch vergleichsweise niedrigere Jahresdurchschnittstemperaturen als in den benachbarten Tälern gekennzeichnet ist.

Höhenstufen der Vegetation: Die Abfolge unterschiedlicher Vegetation mit zunehmender Höhe. Ursachen für die Ausbildung der Höhenstufen sind die mit der Höhe sinkenden Temperaturen und zunehmenden Niederschläge.

Individualtourismus: Form des → Tourismus, der von einer Person oder einer Kleingruppe individuell durchgeführt wird. Dadurch kommt es zu einer größeren Verteilung der Touristen in der Fläche. Die örtlich auftretenden ökologischen Probleme des → Massentourismus können so vermindert werden. Planung und Organisation erfolgen entweder durch einen Reiseveranstalter oder werden völlig selbstständig durchgeführt.

Industrie: Wichtiger Bereich des sekundären Sektors. Industriebetriebe stellen Halb- und Fertigprodukte in großer Stückzahl her, wobei die meisten Tätigkeiten durch Maschinen ausgeführt werden.

Industrieland: Land mit einem hohen wirtschaftlichen Entwicklungsstand. Merkmale sind der hohe Anteil der Industrie an der Gesamtwirtschaft des Landes und die eher geringe Bedeutung von Landwirtschaft, Forstwirtschaft und Fischerei.

Karte: Verkleinertes, verebnetes und vereinfachtes Abbild der Erdoberfläche oder eines Teiles davon. Der Maßstab einer Karte gibt den Grad der Verkleinerung an, z. B. 1:100 000 bedeutet: 1 cm auf der Karte entspricht einer wirklichen Entfernung von 1 km. Karten können bestimmte Themen (thematische Karte) zum Inhalt haben, z. B. die Oberflächengestalt (→ Relief) oder die → Bevölkerungsdichte. Dazu werden Signaturen (Zeichen und Farben) verwendet, die in einer Legende erklärt werden. Es gibt verschiedene Karten: z. B. Stadtpläne, Wanderkarten, Straßenkarten oder Landschaftskarten.

Kliff: Durch die ständige Abtragung der Meeresbrandung entsteht an der Küste ein steiler Hang, der Kliff genannt wird. Im Laufe der Zeit rückt er immer weiter ins Landesinnere vor.

Klima: Durchschnittlicher Wetterablauf über einen längeren Zeitraum an einem Ort oder in einem Gebiet.

Kontinent: Große zusammenhängende Festlandmasse. Die sieben Kontinente, auch Erdteile genannt, sind: Nord- und Südamerika, Asien, Afrika, Europa, Australien und die Antarktis.

Kontinentalität: Das Ausmaß des Einflusses des Landklimas wird als Kontinentalität bezeichnet. Mit wachsender Kontinentalität steigen die Temperaturunterschiede eines Klimas und die jährlichen Niederschläge fallen geringer aus.

Kraftwerk: Anlage zur Erzeugung von elektrischer Energie mithilfe von Turbinen und Generatoren.

Küste: Bezeichnung für den Übergangsbereich zwischen Festland und Meer. Sie kann als Steilküste oder als Flachküste ausgeprägt sein.

Landschaft: Teil der Erdoberfläche, der nach seinem äußeren Erscheinungsbild oder nach Merkmalen des geologischen Baus, Reliefs oder Bodens abgegrenzt wird, z. B. Lüneburger Heide.

Lawine: An den steilen Hängen im Gebirge rutschen oft große Massen an Schnee und Eis plötzlich ab. Diese Lawinen entstehen, wenn die Schneedecke am Hang zu dick wird.

Legende: Erläuterung aller in einer → Karte verwendeten Zeichen, Symbole, Abkürzungen und Farben.

Massentourismus: Form des → Tourismus, an dem eine große Anzahl von Touristen teilnimmt, z. B. Badeferien am Mittelmeer oder Wintersporturlaub in den Alpen. Durch den Massentourismus sind große Umweltprobleme entstanden. Die Landschaft wird mehr und mehr zugebaut. Auf immer mehr und besseren Straßen nimmt der Verkehr ständig zu. Das bedeutet wachsenden Lärm und eine höhere Luftverunreinigung. Waldstücke weichen Skipisten, auf denen dann der Boden zerstört wird. Der zunehmende Tourismus bringt wachsende Müll- und Abwasserprobleme mit sich.

Metropole: Großstadt, die politischer, wirtschaftlicher und gesellschaftlicher Mittelpunkt eines Staates ist und alle anderen Großstädte an Größe und Bedeutung weit überragt.

Mittelgebirge: Bereiche der Erdoberfläche, die eine Höhe von 200 bis 2000 m aufweisen. Die Bereiche zwischen 200 und 500 m Höhe werden als Mittelgebirgsvorland oder auch als Hügelland bezeichnet.

Ozean: Bezeichnung für große zusammenhängende Wassermassen der Erde. Die drei Ozeane Pazifik, Atlantik und Indik bilden mit ihren Randmeeren das Weltmeer.

Planet: Himmelskörper, der nicht von selbst leuchtet, sondern das Licht von Sternen reflektiert. So kreist die Erde als Planet um den Stern Sonne.

Polder: Durch Eindeichung und Abpumpen von Wasser dem Meer abgerungenes Land.

Pole: Der jeweils nördlichste (Nordpol) oder südlichste (Südpol) Punkt der Erdoberfläche.

Randmeer: Meeresteil, der durch Inseln oder Halbinseln vom offenen Weltmeer abgetrennt ist, z. B. die Nordsee.

Regierungsviertel: Der Teil einer - Hauptstadt, in dem sich die Amtssitze aller Teile der Regierung eines Staates befinden.

Rekultivierung: Die Wiederherstellung von Landschaftsteilen, welche durch die Tätigkeit des Menschen verändert oder zerstört wurden. So werden zum Beispiel Bergbaulandschaften nach erfolgtem Braunkohlentagebau oder Kiesabbau wieder in nutzbares Land zurückverwandelt.

Sand: feines, lockeres, körniges Material mit Korngrößen von 0,02 – 2 mm. Die Einzelkörner können noch mit dem bloßen Auge erkannt werden.

Sorben: Ein slavischer Volksstamm, der seit dem frühen Mittelalter Teile der Bundesländer Brandenburg und Sachsen bewohnt.

Standort: Von einem Unternehmen zu einem bestimmten Zweck (z. B. Nähe zu Rohstoffquellen) gewählte Raumstelle.

Steinkohle: Eine schwarze Kohle, die älter und fester ist als die → Braunkohle. Sie enthält auch mehr Kohlenstoff. Die Steinkohle ist aus abgestorbenen Pflanzen unter Luftabschluss und hohem Druck in Millionen von Jahren entstanden: Pflanzen (unter Wasser) – → Torf – Braunkohle – Steinkohle.

Strukturwandel: Über viele Jahre andauernde grundsätzliche Veränderung der Wirtschaftsstruktur in einer Region. In vielen altindustrialisierten Räumen wie dem Ruhrgebiet ging in den letzten Jahrzehnten der größte Teil der Arbeitsplätze in der Schwerindustrie verloren. Heute werden die meisten Arbeitsplätze im Dienstleistungssektor geschaffen, der so zum wichtigsten Wirtschaftssektor wird.

Tiefland: Bereiche der Erdoberfläche, die sich von der Küste bis zu einer Höhe von 200 m erstrecken.

Torf: Unter Luftabschluss aus abgestorbenen Pflanzen entstandenes Umwandlungsprodukt, welches früher zur Energiegewinnung, heute für den Gartenbau abgebaut wird.

Tourismus: Alles, was mit dem Reisen von Menschen an einen Ort zu tun hat, wo sie sich erholen, vergnügen, etwas besichtigen oder auch bei einem Kuraufenthalt gesund pflegen lassen wollen. Zum Tourismus werden nur Reisen mit Übernachtungen gerechnet.

Transitraum: Region durch die Transitverkehr fließt.

Trogtal: Ein Tal mit einem ehemals V-förmigen Querschnitt, das von → Gletschern vertieft und U-förmig ausgeweitet wurde.

Vegetationszone: Pflanzengürtel der Erde, der durch die Verbreitung einer bestimmten Vegetation gekennzeichnet ist, z. B. durch Nadelwald. Man bezeichnet diese Zone dann als Nadelwaldzone.

Verkehr: Die Bewegung von Personen, Gütern und Nachrichten zwischen verschiedenen Orten.

Verkehrsknoten: Orte, an denen sich verschiedene Verkehrswege kreuzen.

Verkehrsträger: Die Art der Strecke, auf der die Fahrzeuge(Verkehrsmittel) die Waren transportieren: Straßenverkehr, Eisenbahnverkehr, Luftverkehr, Schifffahrt.

Vulkan: Schild- oder kegelförmiger Berg, der durch den Austritt von Magma und Asche entstanden ist. Beim Vulkanausbruch werden flüssige und feste Materialien sowie Gase an die Erdoberfläche befördert.

Sachverzeichnis

Die **fett** gesetzten Begriffe werden im TERRALexikon erklärt:

Bildnachweis

Titelseite: Luftbild Brugger, Stuttgart (Wörthiz)
Adam Opel AG, Rüsselsheim: 212.2;
aid infodienst, Bonn: 207.6;
Airbus Industries, Hamburg: 118.1;
Ajuntamento de Calvia/SPANIEN: 215.9+11;
AKG, Berlin: 157.4;
AP, Frankfurt/Main: 116.1(Probst);
Argus, Hamburg: 60.1, 175.4 (Raupach);
Barricelli, Berlin: 171.5, 173.2+4, 175.5;
Bäsemann, Tromsö: 144.2;
Bauer, Hamburg: 203.3;
Baumbach, Erfurt: 20.2;
Bavaria Bildagentur GmbH: 146.1;
BEHALA AG, Berlin: 184.2;
Bildverlag Thomas Böttger, Witzschdorf: 208;
Brodengeier, Lichtenberg: 102, 103;
Bundesanstalt für Landwirtschaft und Ernährung: 62.2;
Capella, Josep: 213.2, 225.2;
CDZ-FILM, Stuttgart: 6.G;
Christophersen, Marienau: 227.2;
CMA Centrale Marketinggesellschaft, Bonn: 7.F;
Comet Photoshopping, Zürich: 186.1;
Comstock,Luxemburg: 7.E, 24; 112.1, 222;
Corbis, Düsseldorf: 16.1(Kaehler), 16.2(Sygmar/Vanier), 16.3(Souders), 18.1(Kaehler), 190.1(Krist);
DaimlerChrysler, Stuttgart: 92.2–5
Das Fotoarchiv, Essen: 7.D(Tack), 191.3(Riedmüller);
Das Luftbild-Archiv, Kasseburg: 28.2, 40/41;
DEBRIV, Köln: 70.3;
Deuringer, Neusäß: 207.4;
Deutsche Bahn AG, Frankfurt/Main: 182.3;
Deutsche Lufthansa AG, Köln: 183.4;
Deutsches Jugendherbergswerk, Detmold: 225.3;
Deutsches Meeresmuseum, Stralsund: 55.3–6;
DGU, Schwerin: 215.12;
Dorling Kindersley Verlag GmbH, Stuttgart: 6.I;
EDITION UTKIEK Günter Franz, Bremen: 44.2, 45.5;
ELMOS GmbH: 219.5;
Enkelmann, Filderstadt: 6.F, 6.H, 7.A, 7.B, 42.1, 49.4, 55.2, 58.1, 96.2;
Europäische Zentralbank, Frankfurt: 109.4;
f1 online digitale Bildagentur, Frankfurt/Main: 219.6(Trigalou);
F-60 Concept GmbH: 79.3;
Fischer, Eisenach: 151.5;
FOCUS, Hamburg: 147.1(SPL), 159.6(Alexander), 162;
Foto Spelda Atelier, Tabarz: 85;
Fuchs, Paderborn: 173.3;
Gamma, Vanves Cedex: 171.4(Aventurier);
Geiger, Freiburg: 136.1, 217.6, 218.2+4;
Geiger, Landau: 133.9, 136.3, 144.1;
Geiger, Merzhausen: 94.1, 95.2, 100.1, 101.2, 216.1–4;
Geiger, Sonthofen: 13.5;
Gemeiner, Halberstadt: 138.1, 151.6;
Geospace, Salzburg: 109.3;
Gerster, Zumikon: 210.2;
Gesamtverband der deutschen Steinkohle, Essen: 71.9;
Getty Images PhotoDisc, Hamburg: 6.D, 120.1, 121.4, 170, 171.7, 185;
Getty Images, München: 16.4(Stone), 17.7(Stone/Cardozo), 158.3(Husmo);
Gläser, Oberhausen: 73.3;
Götz, Sonthofen: 172.1;
Großglockner Hochalpenstraßen AG, Salzburg: 110.3;
Guignard, Paris: 170.1;

Gutt, Treuenbrietzen: 50.1+2, 51.3–5, 115.5, 148.1, 152.3, 153.5-7;
Hafen Regensburg: 66.1+2;
HB Verlag, Ostfildern-Kemnat: 171.8;
Hebestreit, Erfurt: 142;
Heers, Oldenburg: 46/47, 48.2+3;
Hess, Buckow: 146.3;
Hüttenwerke Krupp Mannesmann, Duisburg: 68/69;
IBA Emscher Park GmbH Gelsenkirchen: 72.2.4;
IFA, Ottobrunn: 152.1(Nägele);
Institut für Länderkunde e.V., Leipzig: 201.3;
ITAR-TASS, Moskva: 205.5;
John, Erfurt: 29.6;
Junghanns, Schöneiche: 155.4;
Jürgens Photo, Berlin: 203.5, 206.2, 222.1;
Kalla, Spenge: 62.1;
Kirchner Druck: 43;
Klammet, Ohlstadt: 84;
Klett-Perthes Verlag, Gotha: 114.2;
Kraftfahrt-Bundesamt, Flensburg: 112.3;
Krupp-Fördertechnik GmbH: 76.2.2;
KVR, Essen: 72.2.1, 72.2.2, 72.2.3, 72.2.5, 75.2, 80.1, 81.2;
Lehnartz, Berlin: 83.4;
Lehnig, Dresden: 76.3;
Leicht, Mutlangen: 20.4;
Look GmbH, München: 110.1(Raach);
Luftbild Franz Thorbecke, Bodolz: 29.5;
Maresch, Rutesheim: 199.2;
Mauritius, Mittenwald: 19.4, 28.4, 37.4, 86.1, 99.3(Reichart), 150.4(Nägele), 156.1, 174.2(Schwarz), 212.1(Rosenfeld), 226;
Medienservice Gunkel und Creuzburg, Friedrichroda: 90.1–6;
Medienzentrum Norden: 56.3;
MEV, Augsburg: 6.B, 7.C, 76.2.1, 112.2, 113.5;
NASA, Washington, D.C.: 126/127, 168/169;
Nebbia, Reykjavik: 6A, 14.1;
Neumann, Jena: 70.2, 114.1, 208.1, 209.2-4;
Nordlicht, Rostock: 53.7;
Obermann, Ettlingen: 43.4, 55.1, 193.2–6;
Okapia, Frankfurt: 229.3;
Otto Hahn, Bopfingen: 6.C;
Pflüger, Berlin: 182.2, 197.2, 197.4;
Picture-Alliance, Frankfurt: 10.1(Coffrini), 20.1(dpa), 52.3, 65.1(dpa), 79.2(ZB), 117.2(dpa), 160.2(dpa), 162.2+3, 173.1, 213.1;
Pressestelle der Universität Bochum: 73.4;
Rausch, Linsenhofen: 70.4, 133.8, 195.3+4;
Rother, Paris: 172.3;
Rother, Schwäbisch Gmünd: 15.5–8, 18.2, 21.5, 21.7, 116, 117, 146.2, 171.6;
Russische Nachrichtenagentur Nowost, Berlin: 204.2; 205.4;
Schmidtke, Melsdorf: 64.2;
Schneider, Boudevilliers/NE: 133.6;
Schneider, Landau: 235.5;
Schreiber, Wilhelmshafen: 179.2;
Schulz, Schwäbisch Gmünd: 17.5, 133.7, 158.1;
SCOPE, Paris: 212(Sierpinski);
Silvestris, Dießen: 156.2;
Sprang, Uplengen-Remels: 121.3;
Stage Holding, Hamburg: 73.6;
Statoil, Stavanger: 226.1;
Stiftung Zollverein, Essen: 72.2.6;
Szczepanski, Oberhausen: 147.3;
Technologiezentrum Dortmund: 73.5;
The J. Allan Cash Photolibrary, London: 220.2;
Thomas, Aachen: 179.3, 218.1;
Thume, Eschenbergen: 207.5;
Thyssen Krupp Stahl AG, Duisburg: 74.1;
Timmermann Foto-Presse, Möhrendorf: 110.4;
Transglobe Agency, Hamburg: 150.3 (Merten);
ullstein bild, Berlin: 12.1(Stoewer);

Europa politisch